普通高等教育计算机类系列教材

计算机图形学

第 3 版

郭晓新　徐长青　杨瀛涛　编著

机械工业出版社

本书系统地介绍了计算机图形学的有关原理、算法及实现。全书共分八章，主要包括：基本图形的生成、图形几何变换、曲线和曲面造型、基本的图形运算、几何造型、消隐算法、真实感图形绘制等内容。在内容编排上通俗易懂、深入浅出，使学生能够充分掌握计算机图形学的基础理论和绘制技术。

本书既可作为高等院校计算机类和电子信息类相关专业本科生、研究生学习计算机图形学的教材，也可作为从事计算机图形学、计算机辅助设计、科学计算可视化、计算机动画等领域的广大科技人员的参考书。

图书在版编目（CIP）数据

计算机图形学/郭晓新，徐长青，杨瀛涛编著. —3 版. —北京：机械工业出版社，2017. 12（2025. 2 重印）

普通高等教育计算机类系列教材

ISBN 978-7-111-58868-9

Ⅰ. ①计⋯ Ⅱ. ①郭⋯ ②徐⋯ ③杨⋯ Ⅲ. ①计算机图形学-高等学校-教材 Ⅳ. ①TP391. 41

中国版本图书馆 CIP 数据核字（2017）第 330890 号

机械工业出版社（北京市百万庄大街 22 号 邮政编码 100037）
策划编辑：路乙达 责任编辑：路乙达 王 康
责任校对：郑 婕 封面设计：张 静
责任印制：邓 博
北京盛通数码印刷有限公司印刷
2025 年 2 月第 3 版第 8 次印刷
184mm×260mm · 15.5 印张 · 376 千字
标准书号：ISBN 978-7-111-58868-9
定价：38.00 元

电话服务 网络服务
客服电话：010-88361066 机 工 官 网：www.cmpbook.com
010-88379833 机 工 官 博：weibo.com/cmp1952
010-68326294 金 书 网：www.golden-book.com
封底无防伪标均为盗版 机工教育服务网：www.cmpedu.com

前　言

计算机图形学是研究通过计算机将数据转换为图形，并在显示设备上显示的原理、方法和技术的学科。计算机图形学研究内容非常广泛，涉及图形交互技术、光栅图形生成算法、图元绘制、曲线曲面造型、实体造型、真实感图形计算与显示、非真实感绘制，以及科学计算可视化、计算机动画、游戏程序设计、虚拟现实、人机交互技术、计算机视觉等领域，并为这些领域提供理论与技术支撑，在计算机类专业的知识结构中起着关键作用。

2004年和2010年，我们分别编撰出版了本书的第1版和第2版，经过这些年的课程教学实践，并同时参考国内外一些专著，我们对第2版又进行了必要的改动和补充，形成了目前的新版本，力图全面、准确地介绍计算机图形学的原理、算法及实现。本书在内容上，介绍了计算机图形学的核心概念、理论与方法；在组织结构上，采用了自底向上和自顶向下相结合和系统化的方法阐述计算机图形学的理论。本书系统地讲解了基本图形的扫描转换、二维变换和裁剪、三维变换和投影、自由曲线和曲面、分形几何、消隐和真实感图形绘制，使读者在较短的时间内了解计算机图形学，学习和掌握基础理论，培养工程实践的应用能力。

郭晓新、徐长青、杨瀛涛共同完成了本书的编撰工作。李群、孙超、李玮等研究生参与了本书的部分资料整理工作，在此对他们的辛苦付出表示衷心感谢。

受水平和能力所限，书中不足之处在所难免，衷心希望读者、专家不吝赐教，给予批评与指正。

编　者
于吉林大学

目　　录

第一章　计算机图形学简介

客观世界中的事物是多姿多彩的，而呈现在人们眼前的往往是它们的外观，通过事物的外观可以进一步地认识及研究它们。以图画为表现形式的图形信息在人类的社会生活中起着非常重要的作用。与其他信息表现形式相比，图形信息具有容易理解、容易记忆、直观等特点。随着现代科学技术的发展，用计算机来处理图形信息，完成图形的构造、显示与分析很自然地成为人们研究与探索的领域。

第一节　计算机图形学

伴随着计算机技术的快速发展，涉及图形方面的应用也越来越深入，比如零件的构造与显示、卫星照片的处理及手写文字的识别等。经过多年的研究与发展，逐渐地形成了多个与图形相关的分支，计算机图形学（Computer Graphics）、图像处理（Image Processing）和模式识别（Pattern Recognition）就是其中的典型代表。

简单来说，计算机图形学是指用计算机产生对象图形的输出的技术。更确切地说，计算机图形学是研究通过计算机将数据转换为图形，并在专门显示设备上显示的原理、方法和技术的学科。它综合了应用数学、计算机科学等多方面的知识。

图形是对象的一种外在表现形式，它是对象有关信息的具体体现。所谓对象，可以是各种具体的、实在的物体，如家具、机械零件、房屋建筑等，也可以是抽象的、假想的事物，如天气形势、人口分布、经济增长趋势等。能够正确地表达出一个对象性质、结构和行为的描述信息，称为这个对象的模型。计算机图形学中产生图形的方法是建立对象的模型，即对该对象做出正确的信息描述，然后利用计算机对该模型进行各种必要的处理，从无到有地产生能正确反映对象某种性质的图形输出。可以说，计算机产生图形的过程就是将数据（对象的模型表示）转化为图形的过程。

图像处理是指用计算机来改善图像质量的数字技术。可见或不可见的图像经过量化后输入到计算机中（扫描仪扫描输入、数码相机拍照），由计算机按应用的需要对已有的图像进行增强、复原、分割、重建、编码、存储、传输等种种不同的处理，再把加工后的图像进行输出。在太空探索中分析宇宙飞船发回的各种照片，在生物医学工程中发展起来的计算机 X 射线断层摄影技术（Computer Tomography，CT）是计算机图像处理技术的典型例子。

模式识别是指用计算机对输入图形进行识别的技术。图形信息输入计算机后，先进行特征抽取等预处理，然后用统计判定方法或语法分析方法对图形做出识别，最后按照使用的要求给出图形的分类或描述。各种中西文字符及工程图纸的自动阅读装置，是模式识别技术的应用实例。

与计算机图形处理有关的上述三门学科是独立发展起来的。当前由于光栅扫描显示器的广泛使用及解决复杂实际问题的需要，它们已经相互渗透，也使人们对这三门学科的相互关系和共同技术产生越来越大的兴趣。

图 1-1 是计算机图形学、图像处理和模式识别的相互关系。

此外，与计算机图形学关系密切的学科还有计算几何学。计算几何学是研究几何模型和数据处理的学科。几何模型指描述物体形状的数据集合。显然，寻找对复杂形体的描述方法和在计算机中存放适当的数据结构并不容易。通常认为，二维、三维物体及曲线、曲面的描述，以及几何问题算法的设计和分析，都是计算几何学研究的内容。

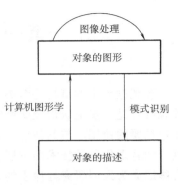

图 1-1　图像处理、模式识别和
计算机图形学的相互关系

交互式计算机图形学是指用计算机交互式地产生图形的技术。交互式绘图允许操作人员以对话方式控制和操纵图形的生成。图形可以边生成，边显示，边修改，直到产生符合使用要求的图形为止。交互式绘图可以使人的逻辑思维能力、分析能力和计算机准确快速的计算能力结合起来，从而发挥更大的威力，使人们运用起来更加方便。其中，交互设备是实现交互技术，完成交互任务的基础。一般来说，交互设备有定位、键盘、选择、取值和拾取。交互式技术是用户用交互设备把信息输入计算机的不同方式，交互任务是用户输入到计算机的一个单元信息，基本任务有四种：定位、字串、选择、取数，如用鼠标选择菜单项或定位坐标点作图等。开发软件系统的人员需要了解相应的概念与原理，以便选择适宜的交互设备实现计算机系统和用户的沟通，而用户只需了解交互设备的作用和种类即可。交互技术是完成交互任务的手段，它的实现有赖于交互设备及其支撑环境。

第二节　计算机图形学的起源与发展

1946 年 2 月 14 日，世界上第一台电子计算机 ENIAC 在美国宾夕法尼亚大学问世。1950 年，第一台图形显示器诞生于麻省理工学院，从此计算机具有了图像显示功能，也搭建了图形显示与计算机技术联系的桥梁。1959 年，麻省理工学院林肯实验室第一次使用了具有指挥和控制功能的阴极射线管显示器，让单纯显示的"被动式"图形学开始迈向交互式计算机图形学。同一时期，许多商业公司也陆续在工业设计和工业生产中运用计算机图形技术，比如美国 Calcomp 公司的滚筒式绘图仪和美国 GerBer 公司的平板式绘图仪。这些学术研究和商业应用初步奠定了计算机图形学作为一个学科研究领域的基础。

"计算机图形学"这一术语最早出现在伊凡·苏泽兰（Ivan Sutherland）于 1962 年在麻省理工学院发表的博士生论文《Sketchpad：一个人机交互通信的图形系统》中。伊凡·苏泽兰在这篇论文中阐述并展望了交互计算机图形学这一具有前瞻性的研究领域，并提出了一些至今仍被广泛使用的技术与基本概念，比如交互技术和分层存储符号的数据结构等。该博士论文的发表被视为是计算机图形学作为一个正式独立学科分支的开始。伊凡·苏泽兰也因为在交互式图形学方向的杰出贡献获得 1988 年的图灵奖。

在 20 世纪 60~70 年代，随着光栅显示器的诞生，对光栅图形学算法的研究迅速地发展壮大起来，大量基本概念以及相应的算法应运而生，计算机图形学进入了第一个兴盛时期。光栅图形学将图像转化为点阵表示，通过区域填充、裁剪、反走样等技术将图像在显示器上尽可能完美地显示出来。光栅图形的出现弥补了矢量图形数据结构复杂、难以进行位置搜索和难以计算多边形形状和面积的缺点。同时，随着实用图形软件的发展，人们提出了大量图形软件的基本标准，比如 Core Graphics System（ACM SIGGRAPH，1977）、Computer Graphics Metafile（ANSI，ISO/IEC，W3C，1986）等。这些标准为计算机图形学的推广、应用以及资源的共享发挥了巨大作用。

20 世纪 70 年代以来，真实感图形学和实体造型技术开始获得广泛的关注和研究，产生了大量开创性的工作。1970 年，美国计算机专家 Bouknight 提出了第一个光反射模型；1971 年，法国计算机专家 Gourand 提出"漫反射模型+插值"的思想；1975 年，美国计算机专家 Phong 提出 Phong 模型；这些光照模型都使得计算机图像显示更加接近人们日常生活中的真实场景。此外，在 20 世纪 70 年代初期，英国剑桥大学的 BUILD-1 系统，德国柏林工业大学的 COMPAC 系统，日本北海道大学的 TIPS-1 系统和美国罗切斯特大学的 PADL-1、PADL-2 系统等实体造型系统相继出现，这些系统都使用了多面体表示形体的方式，为计算机辅助设计等领域的发展做出了重要贡献。20 世纪 80 年代中期之后，随着计算机硬件的高速发展，特别是 20 世纪 90 年代出现的图形处理器（GPU），计算机图形学开始具有强大的硬件计算基础。在此基础上发展起来的全局光照模型推动了真实感图形学的进一步发展，并大量运用于 CAD、科学计算可视化、动画、影视娱乐等各个领域。

计算机图形学是人们和计算机通信最通用和最有力的手段。计算机图形显示对不同年龄的用户都具有强大的吸引力，图形直观清晰的特性也大大推广了它的应用范围。大规模集成电路技术以及新型廉价硬件的诞生使计算机图形学得到飞速的发展。由于各种图形设备性能不断提高、价格不断下降，计算机图形学的应用领域正在逐渐增加。毋庸置疑，这一技术将继续普及和发展。

第三节　计算机图形学的研究内容及应用

计算机图形学在诸如工业、商业、政府部门、教育、科研、医学、娱乐和广告等领域，都有着广泛的应用。

在科学技术事业中，可以使用计算机来绘制表示数值计算或数据处理结果的图形。例如各种函数的图形、统计用的直方图、百分比图等。

在制图学方面，可以利用计算机来绘制精确的地形图、天气图、海洋图、石油开发图、人口密度图等。

计算机辅助设计（Computer Aided Design，CAD）和计算机辅助制造（Computer Aided Manufacturing，CAM）是计算机图形学的重要应用领域。CAD 和 CAM 技术已经相当广泛地应用到电子、机械、建筑、汽车、飞机、船舶等方面的设计和制造工作中。

在计算机仿真与动画方面，可以用计算机制作动画电影来表现真实物体或模拟物体的运动或变化，例如训练飞行员可以使用一种采用计算机控制的能够产生所需动态效果的飞行模拟器。

在过程控制中，可用以显示被控制对象有关环节在操作过程中的状态，使操作人员可以进行必要的调节和处理。

在办公室自动化方面，图形显示技术有助于数据及其相互关系的有效表达，以帮助人们进行正确的决策。

计算机艺术的出现，使计算机的应用进入到艺术领域。利用计算机可以创造出具有一定水平和独特风格的艺术作品，例如传统的中国绘画、书法、油画、美术图案以及动画电影和广告等。

计算机图形学的一个新的应用是虚拟现实（Virtual Reality，VR），由计算机生成一个虚拟的环境，用户在其中可与三维场景中的对象进行交互。

图形用户界面（Graphical User Interface，GUI）为应用软件方便快捷的使用奠定了坚实的基础。其中窗口、图标和菜单是图形操作界面的典型元素。

随着计算机的推广和普及，计算机图形学的应用领域还将继续深入和扩大。

计算机图形学的研究内容是十分丰富的。虽然有些部分的研究工作已经进行了多年，取得了不少成果，但随着图形显示技术应用领域的扩大和深入，不断有新的研究课题涌现出来。从计算机图形学发展和应用的现状看，这门学科的主要研究内容可以概括为以下几个方面：

1）图形的生成和表示技术。例如线段、圆弧、曲线和曲面的生成算法，区域填充算法，基本几何体的截交、相贯及展开算法以及投影、隐藏线和隐藏面消除，浓淡处理，灰度与色彩等各种表示技术。

2）图形的操作与处理方法。例如图形的剪裁、开窗、平移、旋转、放大、缩小等各种操作的方法及软件或硬件的实现技术。

3）图形输出设备与输出技术的研究。

4）图形输入设备、交互技术及用户接口技术的研究。

5）图形信息的数据结构及存储、检索方法。例如图形信息的各种机内表示方法，组织形式，存取技术，图形数据库的管理，图形信息的通信等。

6）几何模型构造技术。刻画被处理对象几何性质的描述信息就构成它的几何模型。图形生成和操作的基础就是对象的几何模型，所以要研究几何模型的构造方法及性能分析等。

7）动画技术。研究实现各种高速动画生成的各种软硬件方法、开发工具、动画语言等。

8）图形软硬件的系列化、模块化和标准化研究。

9）科学计算的可视化。科学计算可视化是指应用计算机图形生成技术将科学及工程计算的结果和测量数据等以图像的形式在计算机屏幕上显示出来，使人们能观察到用常规手段难以观察到的自然现象和规律，实现计算环境和工具的进一步现代化。

第四节　图形系统的硬件

如同其他任何一个计算机研究的分支，计算机图形学也有其必不可少的硬件基础。在计算机的发展史上，各个部分的硬件同图形学本身共同进步，相互促进。硬件水平的提高为更高级的图形学算法和技术提供了必需的物质准备，而图形学的进步也不断地为硬件的发展提出了要求和方向。

一般情况下，计算机图形学的硬件系统分为计算机、显示处理器、图形显示器、输入设备和硬拷贝设备五个部分。其中某些部分从图形学的专业角度来看，尤其值得关注。

一、显示处理器

显示处理器（Graphic Processing Unit, GPU）是专门用于图形显示过程中涉及运算的处理器，是一种具有专门用途的 CPU。1999 年，NVIDIA 公司发布 GeForce 256 图形处理芯片时率先提出了 GPU 这一概念。由于在现代的计算机系统中，图形的处理变得越来越重要，除了计算机本身的 CPU 以外，还需要一个专门处理图形计算的处理器，这便是 GPU。GPU 的加入实现了将三维图像和特效处理功能集中在显示芯片内，即所谓的"硬件加速"功能，使图形的显示效率大大提高。

图形处理过程中涉及多种运算，如多边形转换与光源处理（Transform and Lighting, T&L）运算。它是 3D 渲染中的一个重要部分，用于计算多边形的 3D 位置并处理动态的光线效果。良好的 T&L 单元可以细致入微地展现 3D 物体和高级的光线特效。但是，在过去的大多数 PC 中，T&L 运算同其他计算机内的运算一样交由 CPU 处理，这也被称为软件 T&L。

作为整个计算机系统的中央处理单元，CPU 通常任务繁忙，即使不考虑 T&L，也要为内存管理、输入输出响应等基本工作提供运算服务。在这种情况下，还要让 CPU 去承担运算负荷极大的图形运算，势必会导致运算效率低下，同时也影响了 CPU 原本的正常工作。所以显示卡等待 CPU 数据运算完成的情况非常常见，这样的运算速度是完全不能满足当下复杂的三维图形处理（最具代表性的就是大型三维游戏）要求的。

此时，GPU 便应运而生，它能够在硬件水平基础上完成图形处理过程中的多种运算。GPU 独立地完成了这些专门的运算，使得 CPU 从繁重的工作中解脱了出来。另外，由于 GPU 的专用性，在它的设计过程中可以充分考虑图形运算的特性，而放弃其他运算所需要的元素，使其图形运算范围内的工作效率更优于通用 CPU。

今天，GPU 通用计算技术的不断发展受到多方的广泛关注，GPU 的工作能力已不再仅仅局限于 3D 图形处理。各种各样的事实也证明在浮点运算、并行计算等方面，GPU 可以提供数十倍乃至上百倍于 CPU 的性能。在微软新发布的操作系统中，一个显著的特性就是能够协同地发挥 GPU 和 CPU 各自的优势，充分挖掘 GPU 的硬件价值，CPU 运算复杂的序列代码，而 GPU 则处理大规模的并行计算。

二、图形显示器

图形显示器是将最终的显示效果呈现出来的部件。随着计算机图形学的蓬勃发展，图形显示器也经历了从存储管式显示器、随机扫描显示器、光栅扫描显示器、彩色 CRT 光栅扫描显示器到平板显示器等发展阶段。而目前，液晶显示器已经成为显示器领域的主流，除了通用计算机外，还广泛应用于手持式计算机、个人数字助理（PDA）等设备的显示屏幕。

阴极射线管（Cathode Ray Tube, CRT）曾是最为广泛使用的显示器。CRT 纯平显示器可视角度大、无坏点、色彩还原度高、响应时间短。在 CRT 作为主要显示器的时代，光栅扫描方式应用较广。在光栅扫描工作方式的显示器中，电子束从显示器后部的电子枪中发出，逐行击打在扫描显示平面上的所有点上。当电子束从屏幕的左上角扫描到达右下角时，即完成了整个屏幕的扫描。根据每一个点待显示的色彩不同，电子束击打在各个位置时的能量也不同，这样便形成了一幅具有丰富色彩的画面。每一次这样的扫描过程所产生的图像称为一帧，然后电子束回到屏幕的左上角的起始位置，开始下一个重复的扫描过程。

而作为图形显示领域的后起之秀，现在的液晶显示器（Liquid Crystal Display, LCD）已取代了 CRT 显示器。19 世纪末，奥地利的植物学家发现了液晶这种同时具备液体的流动性和类似晶体排列特性的物质，并在今天大大地改变了人类将纯粹的数据生动地呈现在眼前的方法。LCD 在制造时把液晶灌入两个有细槽的平面之间，两个平面上的槽互相垂直，使得一个平面上的分子和另一个平面上的分子相互垂直地排列，而两个平面之间的分子却呈现出90°扭转。因为光线的传播方向顺着分子的排列方向，所以经过液晶的时候光线的传播也会90°扭转。但当给液晶加上一个电压时，分子便会重新垂直排列，使光线能直射出去，而不再扭转。用于通用计算机的 LCD，需要采用更加复杂的结构来实现彩色显示，所以还需要具备彩色显示处理能力的色彩过滤层。

与传统的 CRT 显示器相比，LCD 体积小、厚度薄、重量轻、能耗低、无辐射、无闪烁。在人们更加看重便捷性和健康的今天，LCD 的这些优势远远超越了前者。

在光栅扫描图形显示器和液晶显示器中，屏幕上可以点亮或熄灭的最小单位称为像素。像素的总数称为分辨率，通常情况下描述为每行的像素数与行数的乘积，例如，分辨率为1024×768。分辨率是表现图形显示器性能最重要的参数，显而易见，显示器的分辨率越大，就越能够细致地描绘显示画面，显示的质量就越好。

图形显示器性能的另一个重要参数是亮度等级。亮度等级（或称灰度等级）指的是单色显示器一个像素的亮度从完全黑色到完全白色之间可以有多少种不同的变化。彩色显示器稍微复杂一些，涉及两个参数，一个是显示器可以显示的颜色总数，另一个是在一帧画面上可以出现多少种颜色。

图形显示器中有一块存储空间，称为帧存储器，用来存储各个像素的值。可以将帧存储器视为一个二维矩阵，其中的值保存的是显示器上对应位置的颜色或亮度。在颜色数为 256的情况下，帧存储器的每一单元至少占据 8 个 bit，则分辨率为 1024×768 的显示器中帧存储器的大小约为 1MB。彩色显示器的颜色系统有多种构造形式，其中 RGB（红、绿、蓝）形式最为常见。

第五节　计算机图形编程接口

近些年来，包括 DirectX 和 OpenGL 等计算机图形编程接口的广泛发展和诸如 Open Inventor 的图形库在业界的大规模使用，更是极大地促进了高质量图形界面的开发和推广。

一、OpenGL

OpenGL 被定义为"图形硬件的一种软件接口"。从本质上说，它是一个 3D 图形和模型库，具有高度的可移植性，并且具有非常快的速度。OpenGL 严格按照计算机图形学原理设计而成，符合光学和视觉原理，可以创建极其逼真的 3D 图形。

OpenGL 的前身是 SGI 的 IRIS GL。它最初是个 2D 图形函数库，后来逐渐演化为由这家公司的高端 IRIS 图形工作站所使用的 3D 编程 API。OpenGL 就是 SGI 对 IRIS GL 的移植性进行改进和提高的结果。这个新的图形 API 不仅具有 GL 的功能，而且是一个"开放"的标准。它的输入来自于其他图形硬件厂商，并且更容易应用到其他硬件平台和操作系统。从根本上说，OpenGL 就是为了 3D 几何图形处理而量身定做的。

作为 GL 与硬件无关的版本，OpenGL 在 20 世纪 90 年代早期就制定出来。这一图形软件包现在由代表许多图形公司和组织的 OpenGL 结构评议委员会（OpenGL Architecture Review Board）进行维护和更新。OpenGL 函数库专为高效处理三维应用而设计，但它也能按 z 坐标为零的三维特例来处理二维场景描述。

图形函数定义为独立于任何程序设计语言的一组规范。语言绑定则是为特定的高级程序语言而定义的。它给出该语言访问各种图形函数的语法。每一个语言绑定以最佳地使用有关的语言能力及处理好数据类型、参数传递和出错等各种语法问题为目标来定义。图形软件包在特定语言中的实现描述由国际标准化组织来制定。OpenGL 的 C 和 C++语言绑定也一样如此。

在 OpenGL 中允许视景对象用图形方式表达，例如，由物体表面顶点坐标集合构成的几何模型。这些图形数据含有丰富的几何信息，得到的仿真图像能充分表达出其形体特征；而且在 OpenGL 中有针对三维坐标表示的顶点的几何变换，通过该变换可使顶点在三维空间内进行平移和旋转，对于由顶点的集合表达的物体则可以实现其在空间的各种运动。

OpenGL 通过光照处理能表达出物体的三维特征，其光照模型是整体光照模型，它把顶点到光源的距离、顶点到光源的方向向量以及顶点到视点的方向向量等参数代入该模型，计算顶点颜色。因此，可视化仿真图形的颜色体现着物体与视点以及光源之间的空间位置关系，具有很强的三维效果。

为弥补图形方法难于生成复杂自然背景的不足，OpenGL 提供了对图像数据的使用方法，即直接对图像数据读、写和拷贝，或者把图像数据定义为纹理，与图形方法结合在一起生成视景图像以增强效果。为增强计算机系统三维图形的运算能力，有关厂家已经研制出了专门对 OpenGL 进行加速的三维图形加速卡，其效果可与图形工作站相媲美。

二、DirectX

同 OpenGL 一样，DirectX 中的 Direct3D 也是一套底层三维图形 API，是微软公司所制定的 API，与 Windows 操作系统兼容性好，可绕过图形显示接口（GDI）直接进行支持该 API 的各种硬件的底层操作，大大提高了图形渲染速度。

DirectX 是基于组件对象模型（Component Object Model，COM）的，它不是一个单一的实体，而是多个互相作用互相依赖的组件的集合。它包含的组件主要有：DirectGraphics（Direct3D 和 DirectDraw）、DirectInput、DirectPlay、DirectSound，为开发应用程序提供了一整套的多媒体接口方案。DirectX 开发之初是为了弥补 Windows 3.1 系统对图形、多媒体处理能力的不足，而今已发展成对整个多媒体系统的各个方面都有决定性影响的接口。Direct3D 为应用程序提供了 3D 图形处理的能力，其在 3D 图形方面的优秀表现，让 DirectX 的其他方面显得黯淡无光。DirectDraw 为应用程序提供了 2D 处理能力。目前 DirectDraw 和 Direct3D 合称为 DirectGraphics，为开发图形应用程序提供了强有力的底层支撑。DirectInput 为外围设备（比如游戏手柄）提供了相应的支持。DirectPlay 利用网络来为多人游戏提供支撑。DirectSound 把声音整合进了应用程序中。

DirectX 从 5.0 版本开始逐渐成熟起来，目前已发展到 13.0 版本，现在大部分常见的 3D 游戏都支持 DirectX。微软也正以两个月就更新一次 DirectX 版本的速度快速发展。从 9.0 版本开始，DirectX 对硬件新功能的支持已超过 OpenGL。从 DirectX 的发展史中可以看到，微软的 3D API 和硬件一同发展，新硬件带来新的 DirectX 特性，新的 DirectX 特性加速硬件的发展。

三、Open Inventor

Open Inventor（以下简称 OIV）是 SGI 公司开发的基于 OpenGL 的面向对象三维图形软

件开发包，使用 OIV 开发包，程序员可以快速、方便地开发出各种类型的交互式三维图形软件，且可以任意修改。OIV 具有平台无关性，可以在 Microsoft Windows，Unix，Linux 等多种操作系统中使用。OIV 允许使用 C、C++、Java、DotNet 等多种编程语言进行程序开发。经过十多年的发展，Open Inventor 已经基本上成为面向对象的 3D 图形开发的工业标准，广泛地被应用在机械工程设计与仿真、医学和科学图像、石油钻探、虚拟现实、科学数据可视化等科技领域。OIV 是由很多系列的对象模块组成的，通过利用这些对象模块，工程人员有可能以最少的编程成本，开发出能充分利用其强大的图形硬件特性的程序。OIV 是一个建立在 OpenGL 基础上的对象库，开发人员可以任意使用、修改和扩展对象库。OIV 对象包括：形体、属性、组、数据库图元和引擎等对象；还有例如像轨迹球和手柄盒等操作器、材质编辑器、方向灯编辑器、examiner 观察器等组件。OIV 提供了一个完整且经济高效的面向对象系统。

OIV 是面向对象的，因为它本身就是使用 C++ 编写的，允许用户从已存在的类中派生出自己的类，通过派生的方式可以很容易地扩展 OIV 库。OIV 支持场景、观察器和动作等高级功能，用户可以把 3D 物体保存在场景中，通过观察器来显示 3D 物体。利用动作可以对 3D 物体进行特殊的操作（例如拾取操作、选中操作等）。正是因为有了这些高级功能，才使得普通程序员也能编写出功能强大的三维交互式应用软件。

Open Inventor 应用领域包括商业图形、机械 CAE 和 CAD、绘画、建筑设计、医学和科学图像、化学工程设计、地学、虚拟现实、科学数据可视化和仿真动画。

习　题

1. 试比较计算机图形学与图像处理、模式识别的共同点和不同点。
2. 试举出几个计算机图形学的应用实例。

第二章　图形基元的显示

光栅扫描图形显示系统的出现极大地推动了计算机图形学的发展。在光栅扫描显示器中，帧缓冲存储器中每个地址都必须有正确的图形亮度值，图形描述模型中的点、线和面的表示都必须转换成存储图形的像素矩阵表示。将图形描述转换成用像素矩阵表示的过程称为扫描转换。每次图形改变都要进行扫描转换，因此高效快速的扫描转换算法是非常重要的。

直接采用像素矩阵描述图形显然是不方便的。实际图形往往由一些基本图形组合产生。图形基元，或称输出图形元素，是图形系统能产生的最基本图形。图形基元的选择可以不同，但通常都把线段、圆、椭圆、多边形等图形选为图形基元。本章将讨论线段、圆、椭圆、多边形等图形基元的扫描转换算法。

第一节　直线扫描转换算法

一、DDA 直线扫描转换算法

在高级图形系统中，画一条线段通常要求给出线段的两个端点，线段扫描转换算法的任务是根据端点位置求出构成该线段的所有像素位置的坐标。如图 2-1 所示，在光栅扫描显示方式中像素坐标是行和列的位置值，只能取整数，是理想线段上点坐标的近似值。显然，当光栅扫描图形显示器的显示分辨率较低时，画出的线段会呈现阶梯状。好的线段扫描转换算法画出的线段应尽可能逼近原直线，线的亮度应均匀且与线的方向无关，线段两端截断要精确，要能够尽可能快速地产生整条线段。

设待画线段两端点的坐标值是 (x_1, y_1) 和 (x_2, y_2)，不妨假定 $x_1 < x_2$，待画线段所在直线方程是

$$y = mx + b \qquad (2-1)$$

则有

$$m = \frac{y_2 - y_1}{x_2 - x_1}, \ b = \frac{x_2 y_1 - x_1 y_2}{x_2 - x_1} \qquad (2-2)$$

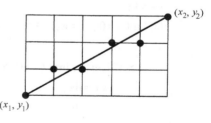

图 2-1　光栅扫描方式显示的直线

于是得到线段扫描转换最直接的算法：给出 (x_1, y_1) 和 (x_2, y_2)，利用式（2-2）求出 m 和 b。当 $|m| \leqslant 1$ 时，对 x 每增加 1 取允许的各整数值，用式（2-1）进行乘法和加法运算求 y 后再取整；当 $|m| > 1$ 时，应先对 y 取各整数值再计算 x，如图 2-2 所示。这个算法计算量大，画线慢，不是好的扫描转换算法。

注意到对直线，其数值微分是

$$m = \frac{\Delta y}{\Delta x} = \frac{y_{i+1} - y_i}{x_{i+1} - x_i} \qquad (2-3)$$

由式（2-3）得，$y_{i+1} = y_i + m(x_{i+1} - x_i)$，可知，当 x_i 增加 1，即 $x_{i+1} = x_i + 1$ 时，$y_{i+1} = y_i + m$ 为画线精确，应使画出的相邻点的坐标值最大相差 1，这样便得到绘制线段的数值微分分析

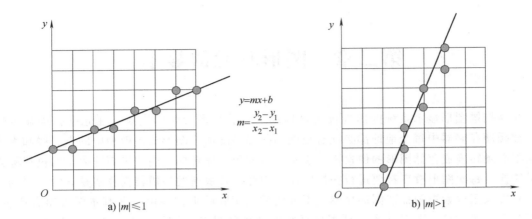

图 2-2 ｜ m ｜ ≤ 1 和 ｜ m ｜ > 1 时的直线扫描转换算法

器（Digital Differential Analyzer，DDA）算法，如下：

算法 2-1　数值微分分析器算法

```
void DDALine( int x1, int y1, int x2, int y2)
{
    double dx,dy,e,x,y;
    dx = x2-x1;
    dy = y2-y1;
    e = ( fabs( dx)>fabs( dy))? fabs( dx):fabs( dy);
    dx/ = e;
    dy/ = e;
    x = x1;
    y = y1;
    for( int i = 0; i< = e; i++)
    {
        SetPixel( ( int)( x+0.5), ( int)( y+0.5));
            x+ = dx;
            y+ = dy;
    }
}
```

算法中（int）（x+0.5），（int）（y+0.5）是四舍五入后取得的整数。注意到算法在逐点计算的循环中已经没有乘除运算，但计算下一点位置的加法是实数运算。

下面给出采用 DDA 算法绘制从 P_0（0，0）到 P_1（5，2）直线段的例子。各步数据见表 2-1，绘制结果如图 2-3 所示。

表 2-1　采用 DDA 算法绘制直线段的各步数据

x	0	1	2	3	4	5
int($y+0.5$)	0	0	1	1	2	2
$y+0.5$	0	0.4+0.5	0.8+0.5	1.2+0.5	1.6+0.5	2.0+0.5

二、中点画线法

为了讨论方便，假定直线斜率在 0~1 之间。其他情况可参照下述讨论进行处理。如图 2-4 所示，若直线在 x 方向上增加一个单位，则在 y 方向上的增量只能在 0~1 之间。假设 x 坐标为 x_i 的各像素点中，与直线最近者已确定，为 (x_i, y_i)。那么，下一个与直线最近的像素只能是正右方的 $P_1(x_i+1, y_i)$ 或右上方的 $P_2(x_i+1, y_i+1)$ 两者之一。再以 M 表示 P_1 与 P_2 的中点，即 $M=(x_i+1, y_i+0.5)$。又设 Q 是理想直线与垂直线 $x=x_i+1$ 的交点。显然，若 M 在 Q 的下方，则 P_2 离直线近，应取为下一个像素；否则应取 P_1。这就是中点画线法的基本原理。

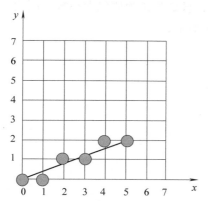

图 2-3 采用 DDA 算法绘制直线段的例子

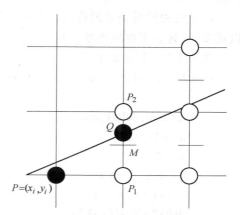

图 2-4 判别式<0 时的像素和中点示意图

下面来讨论中点画线法的实现。假设直线段的起点和终点分别为 (x_0, y_0) 和 (x_1, y_1)，则直线方程为

$$F(x,y)=ax+by+c=0 \tag{2-4}$$

式中，$a=y_0-y_1$；$b=x_1-x_0$；$c=x_0y_1-x_1y_0$。对于直线上的点，$F(x, y)=0$；对于直线上方的点，$F(x, y)>0$；而对于直线下方的点，$F(x, y)<0$。因此，欲判断前述 Q 在 M 的上方还是下方，只要把 M 代入 $F(x, y)$，并判断它的符号。构造判别式

$$d=F(M)=F(x_i+1,y_i+0.5)=a(x_i+1)+b(y_i+0.5)+c \tag{2-5}$$

当 $d<0$ 时，M 在直线下方（即在 Q 的下方），故应取右上方的 P_2 作为下一个像素，如图 2-4 所示。而当 $d>0$，则应取正右方的 P_1，如图 2-5 所示。当 $d=0$ 时，二者一样合适，可以随便取一个。这里约定取正右方的 P_1。

对每一个像素计算判别式 d，根据它的符号确定下一像素。至此已经可以写出完整的算法。但是注意到 d 是 x_i 和 y_i 的线性函数，可采用增量计算，提高运算效率。在 $d \geqslant 0$ 的情况下，取正右方像素 P_1，欲判断再下一个像素应取哪个，应计算

$$d_1=F(x_i+2,y_i+0.5)=$$
$$a(x_i+2)+b(y_i+0.5)+c=d+a \tag{2-6}$$

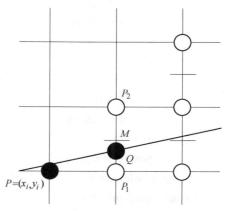

图 2-5 判别式≥0 时的像素和中点示意图

故 d 的增量为 a。而若 $d<0$，则取右上方像素 P_2。要判断再下一个像素，则要计算

$$d_2 = F(x_i+2, y_i+1.5) = a(x_i+2) + b(y_i+1.5) + c = d+a+b \qquad (2\text{-}7)$$

故在第二种情况，d 的增量为 $a+b$。

再看 d 的初始值。显然，第一个像素应取左端点 (x_0, y_0)，相应的判别式值为

$$
\begin{aligned}
d_0 &= F(x_0+1, y_0+0.5) = a(x_0+1) + b(y_0+0.5) + c \\
&= ax_0 + by_0 + c + a + 0.5b \\
&= F(x_0, y_0) + a + 0.5b
\end{aligned}
\qquad (2\text{-}8)
$$

但由于 (x_0, y_0) 在直线上，故 $F(x_0, y_0) = 0$。因此，d 的初始值为 $d_0 = a+0.5b$。

由于使用的只是 d 的符号，而且 d 的增量都是整数，只是其初始值包含小数。因此，可以用 $2d$ 代替，来摆脱小数，写出仅包含整数运算的算法如下：

算法 2-2　中点画线算法

```
void MidpointLine ( int x0,int y0,int x1,int y1)
{
    int a,b,delta1,delta2,d,x,y ;
    a = y0-y1 ;
    b = x1-x0 ;
    d = 2 * a +b ;
    delta1 = 2 * a ;
    delta2 = 2 * (a+b) ;
    x = x0 ;
    y = y0 ;
    SetPixel( x,y) ;
    while( x<x1)
    {
        if( d<0)
        {
            x ++;
            y ++;
            d+ = delta2;
        }
        else
        {
            x ++;
            d+ = delta1;
        }
        SetPixel( x,y) ;
    } / * while * /
} / * MidpointLine * /
```

上述就是中点画线算法程序。如果进一步把算法中 2 * a 改为 a+a 等，那么，这个算法不仅只包含整数变量，而且不包含乘除法，适合硬件实现。

作为一个例子，看一下中点画线法如何光栅化一条连接两点（0，0）和（5，2）的直线段。由于（x_0，y_0）=（0，0）且（x_1，y_1）=（5，2），直线斜率 $k=2/5$ 满足 $0 \leqslant k \leqslant 1$，所以可以应用上述算法。

第一个像素应取线段左端点（0，0）。判别式 d 的初始值为 $d_0 = 2a+b = 1$（$a = y_0 - y_1 = -2$，$b = x_1 - x_0 = 5$）。d 往正右方向的增量 $\Delta_1 = 2a = -4$；d 往右上方的增量 $\Delta_2 = 2(a+b) = 6$。

由于 $d_0 > 0$，所以迭代循环的第一步取初始点的正右方像素（1，0），x 递增 1，并将 d 更新为：$d = d_0 + \Delta_1 = 1-4 = -3$。

因为 $x=1<x_1$，所以进入第二步迭代运算。这时由于 $d<0$，故取右上方像素（2，1），x、y 同时递增 1，并将 d 更新为：$d = -3+\Delta_2 = 3$。这样继续分析下去可知，x、y、d 的初值和循环迭代过程中各步数据见表 2-2。

表 2-2　采用中点画线法绘制直线段的各步数据

x	0	1	2	3	4	5
y	0	0	1	1	2	2
d	1	-3	3	-1	5	1

三、Bresenham 画线算法

Bresenham 提出了一个更好的算法，算法中可以只用整数运算，自然也不必有四舍五入。为了说明简便，假定直线斜率 m 在 0～1 之间，并且 $x_2 > x_1$。设在第 i 步已经确定最接近直线的第 i 个像素点位置是（x_i，y_i），现在看第 $i+1$ 步如何确定第 $i+1$ 个像素点的位置。

如图 2-6 所示，第 $i+1$ 个像素点是（x_i+1，y_i）和（x_i+1，y_i+1）两者中的一个。在 $x=x_i+1$ 处直线上点的 y 值是 $y = m(x_i+1)+b$，该点到点（x_i+1，y_i）和点（x_i+1，y_i+1）的距离分别是 d_1 和 d_2，即

$$d_1 = y-y_i = m(x_i+1)+b-y_i \qquad (2-9)$$
$$d_2 = (y_i+1)-y = (y_i+1)-m(x_i+1)-b \qquad (2-10)$$

这两个距离的差是

$$d_1-d_2 = 2m(x_i+1)-2y_i+2b-1 \qquad (2-11)$$

若此差值为正，则 $d_1 > d_2$，下一个像素点应取（x_i+1，y_i+1）；若此差值为负，则 $d_1 < d_2$，下一个像素点应取（x_i+1，y_i）；若此差值为零，则 $d_1 = d_2$，下一个像素点可取上述两个像素点中的任意一个。但由于 m 是分式，d_1-d_2 的符号计算不够简便，为此引入一个新的判别量 p_i

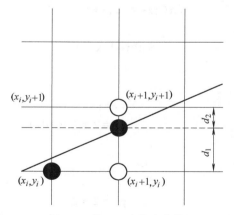

图 2-6　第 $i+1$ 个像素点的位置计算（$0 \leqslant m \leqslant 1$）

$$p_i = \Delta x(d_1-d_2) = 2\Delta y \cdot x_i - 2\Delta x \cdot y_i + c \qquad (2-12)$$

式中，$\Delta x = x_2-x_1$；$\Delta y = y_2-y_1$；$c = 2\Delta y + \Delta x(2b-1)$。因为这里 $\Delta x > 0$，故 p_i 与 d_1-d_2 同号，可以作判别量。下面看怎样从 p_i 计算 p_{i+1}。将式（2-12）中 i 换成 $i+1$，有

$$p_{i+1} = 2\Delta y x_{i+1} - 2\Delta x y_{i+1} + c \qquad (2-13)$$

将式（2-12）两边减式（2-12）两边，并利用 $x_{i+1} = x_i+1$，可得

$$p_{i+1} - p_i = 2\Delta y - 2\Delta x(y_{i+1} - y_i) \qquad (2-14)$$

注意到 $p_i \geqslant 0$ 时，应取 $y_{i+1} = y_i + 1$，此时式（2-14）给出

$$p_{i+1} = p_i + 2(\Delta y - \Delta x) \qquad (2\text{-}15)$$

而 $p_i < 0$ 时，应取 $y_{i+1} = y_i$，此时式（2-14）给出

$$p_{i+1} = p_i + 2\Delta y \qquad (2\text{-}16)$$

为形成算法，还需要说明初始判别量 p_1 如何确定。因为线段上第一个像素点可取起点，即

$$x_1 = x_1, y_1 = \frac{\Delta y}{\Delta x} x_1 + b \qquad (2\text{-}17)$$

将其代入式（2-12），令 $i = 1$，可计算求出

$$p_1 = 2\Delta y - \Delta x \qquad (2\text{-}18)$$

现在将上述说明整理为如下算法：

算法 2-3 Bresenham 画线算法

```
void BresenhamLine( int x1, int y1, int x2, int y2)
{
    int x, y, dx, dy, p;
    x = x1;
    y = y1;
    dx = x2 - x1;
    dy = y2 - y1;
    p = 2 * dy - dx;
    for( ; x <= x2; x++)
    {
        SetPixel( x, y);
        if( p >= 0)
        {
            y++;
            p += 2 * ( dy - dx);
        }
        else
        {
            p += 2 * dy;
        }
    }
}
```

下面给出采用 Bresenham 算法绘制从（0，0）到（6，3）直线段的例子。算法中各变量的初始值如下：$dx = x_2 - x_1 = 6$，$dy = y_2 - y_1 = 3$，$p = 2dy - dx = 0$，$2(dy - dx) = -6$，$2dy = 6$。表 2-3 给出了各步数据，绘制结果如图 2-7 所示。

注意这里给出的算法有限制条件 $0 \leqslant m \leqslant 1$，$x_1 < x_2$。去掉上述限制，通过推广上述算法可以写出能够画出任意线段的整数 Bresenham 算法，如图 2-8 所示。

产生线段的整数 Bresenham 算法中只有整数相加和乘 2 运算，对二进制数乘 2 可以利用向左移位实现，因此，这个算法速度快并易于硬件实现，是线段扫描转换的一个好算法。

表 2-3　采用 Bresenham 算法绘制直线段的各步数据

x	0	1	2	3	4	5	6
y	0	1	1	2	2	3	3
p	0	-6	0	-6	0	-6	0
Δ	-6	6	-6	6	-6	6	

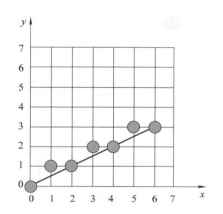

图 2-7　采用 Bresenham 算法绘制直线段的例子

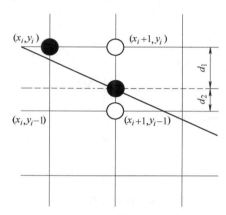

图 2-8　第 $i+1$ 个像素点的位置计算 （$m<0$）

第二节　圆的扫描转换算法

与直线的扫描转换类似，圆的扫描转换要在光栅网格中挑选出最靠近圆周的像素。为了简便，假定圆心是在原点，要画出半径为 R 的圆。这时，利用圆的方程 $x^2 + y^2 = R^2$ 可以得到最直接的扫描转换算法是令 x 以单位步长从 0 增加至 R，每一步用 $y = \sqrt{R^2 - x^2}$ 解出 y，再将 y 四舍五入到最接近的整数，就可以得到 1/4 圆周。这个算法中有乘方和开方运算，效率不高。并且在 x 接近 R 时，圆周上计算求得的点间隔较大，如图 2-9a 所示。

如图 2-9b 所示，如果改用圆的参数方程，则

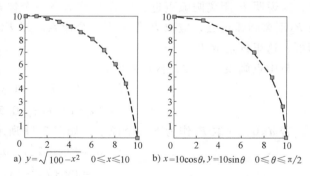

图 2-9　圆的直接绘制方法和参数方程绘制方法

$$x = R\cos\theta$$
$$y = R\sin\theta \tag{2-19}$$

令 θ 以单位步长从 0 增至 $\pi/2$，可以避免大的间隔问题，但效率仍然不高。这里圆的对称性是应该充分利用的。图 2-10 说明如果 x 从 0 增至 $R/\sqrt{2}$，能用效率较高的方法求得相应的 y 值，那么根据圆的八方向对称性质，其他七个点都可以容易地得到。

一、中点画圆法

下面讨论如何从点（0，R）至（$R/\sqrt{2}$，$R/\sqrt{2}$）的八分之一圆周顺时针地确定最佳逼近于该圆弧的像素序列。假定 x 坐标为 x_i 的像素中与该圆弧最近者已确定，为（x_i，y_i），那么下一个像素只能是正右方（x_i+1，y_i）的 P_1 点或右下方（x_i+1，y_i-1）的 P_2 点两者之一。如图 2-11 所示。

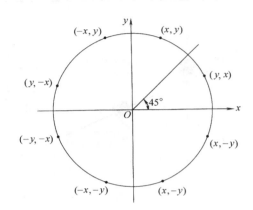

图 2-10　圆周上的八个对称点

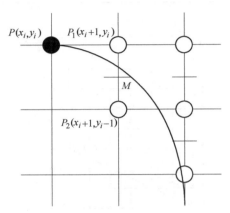

图 2-11　当前像素与下一像素的候选者（$d<0$）

构造函数

$$F(x,y)=x^2+y^2-R^2=0 \tag{2-20}$$

对于圆上的点，$F(x,y)=0$；对于圆外的点，$F(x,y)>0$；而对于圆内的点，$F(x,y)<0$。假设 M 是 P_1 和 P_2 的中点，即 $M=(x_i+1,y_i-0.5)$。那么，当 $F(M)<0$ 时，M 在圆内，这说明 P_1 距离圆弧更近，应取 P_1 作为下一个像素。而当 $F(M)>0$ 时，M 在圆外，这说明 P_2 距离圆弧更近，应取 P_2 作为下一个像素。当 $F(M)=0$ 时，在 P_1 与 P_2 之中随便取一个即可，这里约定取 P_2。

与中点画线法一样，构造判别式

$$\begin{aligned}
d &= F(M)=F(x_i+1,y_i-0.5)\\
&= (x_i+1)^2+(y_i-0.5)^2-R^2
\end{aligned} \tag{2-21}$$

若 $d<0$，应取 P_1 作为下一个像素，如图 2-11 所示。再下一个像素的判别式为

$$\begin{aligned}
d' &= F(x_i+2,y_i-0.5)\\
&= (x_i+2)^2+(y_i-0.5)^2-R^2\\
&= d+2x_i+3
\end{aligned} \tag{2-22}$$

所以，沿正右方向，d 的增量为 $2x_i+3$。

而若 $d\geqslant0$，应取 P_2 作为下一个像素，如图 2-12 所示。再下一个像素的判别式为

$$\begin{aligned}
d' &= F(x_i+2,y_i-1.5)\\
&= (x_i+2)^2+(y_i-1.5)^2-R^2\\
&= d+2x_i-2y_i+5
\end{aligned} \tag{2-23}$$

所以，沿正右方向，d 的增量为 $2（x_i-y_i）+5$。

由于这里讨论的是按顺时针方向生成第二个八分之一圆，因此，第一个像素是（0，

R），判别式 d 的初始值为

$$d_0 = F(1, R-0.5) = 1 + (R-0.5)^2 - R^2 = 1.25 - R$$

$$(2-24)$$

根据上述分析，即可写出中点画圆算法如下：

算法 2-4 中点画圆算法

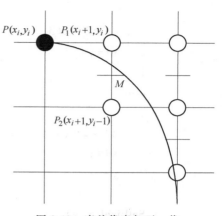

图 2-12 当前像素与下一像
素的候选者 （$d \geq 0$）

```
void MidpointCircle(int R)
{
    int x,y;
    double d;
    x=0;y=R;d=1.25-R;
    SetPixel(x,y);
    while(x<y)
    {
        if(d<0)
        {
            d+=2*x+3;
            x++;
        }
        else
        {
            d+=2*(x-y)+5;
            x++;
            y--;
        }
        SetPixel(x,y);
    }
}
```

在上述算法中，使用了浮点数来表示判别式 d。为了简化算法，摆脱浮点数，在算法中全部使用整数，可以使用 $e = d - 0.25$ 代替 d。显然，初始化运算 $d = 1.25 - R$ 对应于 $e = 1 - R$。判别式 $d < 0$ 对应于 $e < -0.25$。算法中其他与 d 有关的式子可把 d 直接换成 e。又由于 e 的初值为整数，且在运算过程中的增量也是整数，故 e 始终是整数，所以 $e < -0.25$ 等价于 $e < 0$。因此，可以写出完全用整数实现的中点画圆算法，算法中 e 仍用 d 来表示。算法如下：

算法 2-5 采用整数计算的中点画圆算法

```
void MidpointCircle1(int R)
{
    int x,y,d;
    x=0;y=R;d=1-R;
    SetPixel(x,y);
    while(x<y)
    {
        if(d<0)
```

```
        {
            d+ = 2 * x+3;
            x++;
        }
        else
        {
            d+ = 2 * ( x-y) +5;
            x++;
            y--;
        }
        SetPixel( x,y) ;
    }
}
```

通过使用增量计算技术，可以进一步改进上述算法的效率。注意到上述算法中判别式 d 的增量是 x、y 的线性函数。若 $d<0$，P_1 为下一个像素，d 的增量为

$$\Delta_1 = 2x+3 \tag{2-25}$$

由式（2-25）可见，x 的变化将影响 Δ_1 的值。若 $d\geqslant0$，P_2 为下一个像素，d 的增量为

$$\Delta_2 = 2(x-y)+5 \tag{2-26}$$

由式（2-26）可见，x 和 y 的变化都将影响 Δ_2 的值。

每当 x 递增1，Δ_1 递增2，Δ_2 递增2。每当 y 递减1，Δ_2 递增2。所以归纳起来，若 $d<0$，P_1 为下一个像素，x 递增1，Δ_1 递增2，Δ_2 递增2；若 $d\geqslant0$，P_2 为下一个像素，x 递增1，y 递减1，Δ_1 递增2，Δ_2 递增4。由于初始像素为（0，R），所以 Δ_1 的初值为3，Δ_2 的初值为 $-2R+5$。再注意到乘2运算可以改用加法实现，至此可写出不含乘法，仅用整数实现的中点画圆算法。

修改后的算法由如下步骤组成：①基于前一步计算出的判别式 d 的符号选择下一个像素；②使用前一步计算出的增量值 Δ_1 或 Δ_2 来更新判别式 d 的值；③根据新像素移动的位置来更新增量值 Δ_1 或 Δ_2；④移向下一个像素。使用增量计算技术得到修改后的算法如下：

算法2-6　采用加法进行增量计算的中点画圆算法

```
void MidpointCircle2( int R)
{
    int x,y,deltax,deltay,d;
    x = 0;y = R;d = 1-R;
    deltax = 3;
    deltay = 2-R-R;
    SetPixel( x,y) ;
    while( x<y)
    {
        if( d<0)
        {
            d+ = deltax;
```

```
            deltax+=2;
            x++;
        }
    else
        {
            d+=(deltax+deltay);
            deltax+=2;
            deltay+=2;
            x++;
            y--;
        }
    SetPixel(x,y);
    }
}
```

下面给出采用整数实现的中点画圆算法绘制圆心为（0，0）、半径为 $R=10$ 的八分之一圆弧的例子。算法中各变量的初始值如下：$\Delta_1=3$，$\Delta_2=5-R-R=-15$，$d=1-R=-9$。表 2-4 给出了各步数据，绘制结果如图 2-13 所示。

表 2-4　采用中点画圆算法绘制八分之一圆弧的各步数据

x	0	1	2	3	4	5	6	7
y	10	10	10	10	9	9	8	7
d	-9	-6	-1	6	-3	8	5	6
Δ_1	3	5	7	9	11	13	15	17
Δ_2	-15	-13	-11	-9	-5	-3	1	5

二、Bresenham 画圆算法

下面来看常用的 Bresenham 画圆算法怎样画出从点（0，R）至（$R/\sqrt{2}$，$R/\sqrt{2}$）的八分之一圆周。在 $0 \leqslant x \leqslant y$ 的八分之一圆周上，像素坐标 x 值单调增加，y 值单调减少。通过对圆方程式（2-20）两端微分

$$d(x^2+y^2+R^2)=2x\mathrm{d}x+2y\mathrm{d}y=0 \qquad (2\text{-}27)$$

简单计算可知，此段圆弧满足

$$\left|\frac{\mathrm{d}y}{\mathrm{d}x}\right|=\left|-\frac{x}{y}\right|\leqslant 1 \qquad (2\text{-}28)$$

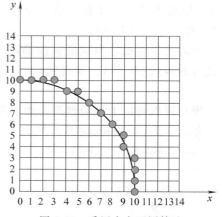

图 2-13　采用中点画圆算法
绘制圆弧的例子

故取 $x_{i+1}=x_i+1$ 时，圆周上相应点 y 值变化小于 1。设第 i 步已确定（x_i，y_i）是待画圆上的像素点，看第 $i+1$ 步像素点（x_{i+1}，y_{i+1}）应如何确定。下一个像素点只能是（x_i+1，y_i）或者（x_i+1，y_i-1）中的一个，分别记为 H 和 D，如图 2-14 所示。这时两点离圆心距离的二次方差是

$$d_H = (x_i+1)^2 + y_i^2 - R^2 \qquad (2\text{-}29)$$

$$d_D = R^2 - (x_i+1)^2 - (y_i-1)^2 \qquad (2\text{-}30)$$

需要有一个与画线段整数 Bresenham 算法中类似的判别量。这里令

$$p_i = d_H - d_D \qquad (2\text{-}31)$$

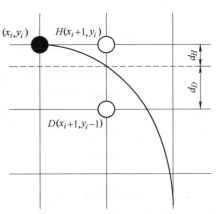

图 2-14　圆与两个候选像素的位置关系

若精确圆弧是图 2-15 中的③，则 $d_H>0$ 和 $d_D>0$。这时若 $p_i<0$，即 $d_H<d_D$，这表示 H 点比 D 点离圆弧近，所以应选 H 点（x_i+1，y_i）为第 $i+1$ 步像素点。若 $p_i \geq 0$，即 $d_H \geq d_D$ 应选 D 点（x_i+1，y_i-1）为第 $i+1$ 步像素点。若精确圆弧是①或②，显然 H 是应选择点，而此时 $d_H \leq 0$，$d_D>0$，必有 $p_i<0$。若精确圆弧是④或⑤，显然 D 是应选择点，而此时 $d_H>0$，$d_D \leq 0$，必有 $p_i>0$。于是可得出结论：可以利用式（2-13）中的 p_i 作判别量，当 $p_i<0$ 时，选 H 点为下一个像素点；当 $p_i \geq 0$ 时，选 D 点为下一个像素点。

下面看怎样从 p_i 计算 p_{i+1}，为此把式（2-29）和式（2-30）代入式（2-31）可得

$$p_i = 2(x_i+1)^2 + 2y_i^2 - 2y_i - 2R^2 + 1 \qquad (2\text{-}32)$$

式（2-32）中用 $i+1$ 换 i，得

$$p_{i+1} = 2(x_{i+1}+1)^2 + 2y_{i+1}^2 - 2y_{i+1} - 2R^2 + 1 \qquad (2\text{-}33)$$

式（2-33）两边减式（2-32）两边，得

$$p_{i+1} - p_i = 2(y_{i+1}^2 - y_i^2 - y_{i+1} + y_i) + 4x_i + 6 \qquad (2\text{-}34)$$

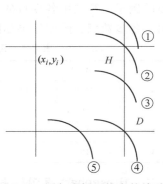

图 2-15　圆与光栅网格点的关系

当 $p_i \geq 0$ 时，应选 D 为下一个像素点，即选 $y_{i+1}=y_i-1$，代入式（2-34），则可得 $p_{i+1}=p_i+4(x_i-y_i)+10$。当 $p_i<0$ 时，应选 H 为下一个像素点，即选 $y_{i+1}=y_i$，代入式（2-34），得 $p_{i+1}=p_i+4x_i+6$。

还需要说明初始判别量 p_1 的确定。注意画圆的起始点是（0，R），即 $x_1=0$，$y_1=R$，代入式（2-34），令 $i=1$，就得到

$$p_i = 3 - 2R \qquad (2\text{-}35)$$

现在可以将以上说明整理为如下算法：

算法 2-7　Bresenham 画圆算法

```
void BresenhamCircle( int R)
{
    int x,y,p;
    x = 0;
    y = R;
    p = 3 - 2 * R;
    for( ;x<=y;x++)
    {
        SetPixel(x,y);
```

```
        if( p>=0)
        {
            p+=4*(x-y)+10;
            y--;
        }
        else
        {
            p+=4*x+6;
        }
    }
}
```

注意 Bresenham 画圆算法也做到了只需要整数加法和乘 2 运算，因此有较高的效率。

下面给出采用 Bresenham 画圆算法绘制圆心为（0，0）、半径为 $R=5$ 的八分之一圆弧的例子。算法中各变量的初始值如下：$p=3-2R=-7$。表 2-5 给出了各步数据，绘制结果如图 2-16 所示。

表 2-5　采用 Bresenham 画圆算法
绘制八分之一圆弧的各步数据

x	0	1	2	3
y	5	5	5	4
p	-7	-1	9	7
Δ	6	10	-2	

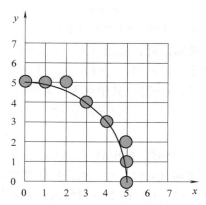

图 2-16　采用 Bresenham 画圆算法绘制圆弧的例子

上述算法只画出八分之一圆周。只需修改 SetPixel（x，y）语句，变成绘制八个对称点的一组 SetPixel（x，y）语句（如图 2-10 所示），就可以画出全部圆周。在该步加一个平移，就可以画出圆心在任意位置的圆周。

第三节　椭圆扫描转换算法

中点画圆法推广到一般的二次曲线可以得到椭圆扫描转换中点算法，设椭圆圆心在坐标原点的标准椭圆，其方程为

$$F(x,y)=b^2x^2+a^2y^2-a^2b^2=0 \tag{2-36}$$

1）对于椭圆上的点，有 $F(x, y)=0$。

2）对于椭圆外的点，有 $F(x, y)>0$。

3）对于椭圆内的点，有 $F(x, y)<0$。

以弧上斜率为 -1 的点作为分界将第一象限椭圆分为上下两部分，如图 2-17 所示。

椭圆上一点 (x, y) 处的法向量为

$$N(x,y)=\frac{\partial F}{\partial x}i+\frac{\partial F}{\partial y}j=2b^2xi+2a^2yj \qquad (2\text{-}37)$$

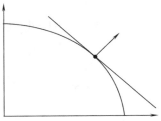

(i, j) 为 x 轴、y 轴的单位向量。在上部分，法向量的 y 分量更大，而在下部分，法向量的 x 分量更大。因此，若在当前中点，法向量 $[2b^2(x_p+1), 2a^2(y_p-0.5)]$ 的 y 分量比 x 分量大，即

$$b^2(x_p+1)<a^2(y_p-0.5) \qquad (2\text{-}38)$$

图 2-17　第一象限圆弧与其分界点

而在下一个中点，不等号改变方向，则说明椭圆弧从上部分转为下部分。

与中点画圆算法类似，一个像素确定后，接着在两个候选像素的中点计算一个判别式的值。并根据判别式符号确定两个候选像素哪个离椭圆近。这里设当前点 (x_i, y_i) 已逼近理想椭圆，根据其逼近规律，对于上部分，下一点可能是 (x_i+1, y_i) 点，也可能是 (x_i+1, y_i-1) 点，那么下一对候选像素的中点是 $(x_i+1, y_i-0.5)$。因此判别式为

$$d_1=F(x_i+1,y_i-0.5)=b^2(x_i+1)^2+a^2(y_i-0.5)^2-a^2b^2 \qquad (2\text{-}39)$$

当 $d_1\geqslant0$ 时，则中点 $(x_i+1, y_i-0.5)$ 位于椭圆之外或椭圆上，那么 (x_i+1, y_i-1) 点距理想椭圆弧近，故选 (x_i+1, y_i-1) 点逼近该理想椭圆，如图 2-18 所示。进一步计算，如果确定了 (x_i+1, y_i-1) 点，那么 (x_i+1, y_i-1) 的下一对候选像素就是 (x_i+2, y_i-1) 和 (x_i+2, y_i-2)，其中点为 $(x_i+2, y_i-1.5)$。因此，中点 $(x_i+2, y_i-1.5)$ 的判别式为

$$d_1'=F(x_i+2,y_i-1.5)=b^2(x_i+2)^2+a^2(y_i-1.5)^2-a^2b^2$$
$$=d_1+b^2(2x_i+3)+a^2(-2y_i+2) \qquad (2\text{-}40)$$

当 $d_1<0$ 时，则中点 $(x_i+1, y_i-0.5)$ 位于椭圆之内，那么 (x_i+1, y_i) 点距理想椭圆弧近，故选 (x_i+1, y_i) 点逼近该理想椭圆，如图 2-19 所示。如果确定了 (x_p+1, y_p) 点，那么 (x_i+1, y_i) 的下一对候选像素就是 (x_i+2, y_i) 和 (x_i+2, y_i-1)，其中点为 $(x_i+2, y_i-0.5)$。因此，中点 $(x_i+2, y_i-0.5)$ 的判别式为

$$d_1'=F(x_1+2,y_1-0.5)=b^2(x_1+2)^2+a^2(y_1-0.5)^2-a^2b^2$$
$$=d_1+b^2(2x_1+3) \qquad (2\text{-}41)$$

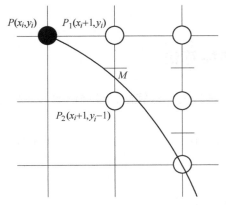

图 2-18　判别式 ≥0 时上部分圆弧的逼近规律

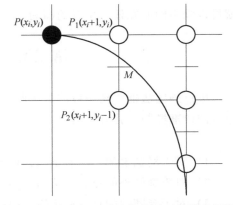

图 2-19　判别式 <0 时上部分圆弧的逼近规律

需要说明的是，对于式（2-40）与式（2-41）中的 $2b^2x_i$ 运算，由于它发生于中点判别式递推计算的每一步，因此可利用在递推过程中每次 x 都加 1 这一机会，叠加常量 $2b^2$ 以实现该运算；而对于 $2a^2y_i$ 运算，由于它仅发生在 $d_1 \geqslant 0$ 期间，因此可以利用当 y 减 1 时，从常量 $2a^2y_0$ 中递减常量 $2a^2$ 以实现该运算。经过这样处理之后，递推公式（2-40）与式（2-41）就只剩下简单的加减法运算了。

下面确定上部分的判别式 d_1 的初始条件：由于椭圆弧从（0，b）点处开始画点，所以 $x_0=0$，$y_0=b$，则第一点的中点坐标为（1，$b-0.5$），相应判别式为

$$d_1^0 = F(1, b-0.5) = b^2 + a^2(-b+0.25) \tag{2-42}$$

对于下部分，当前点（x_i，y_i）的下一点可能是（x_i，y_i-1）点，也可能是（x_i+1，y_i-1）点，那么下一对候选像素的中点是（$x_i+0.5$，y_i-1）。因此判别式为

$$d_2 = F(x_i+0.5, y_i-1) = b^2(x_i+0.5)^2 + a^2(y_i-1)^2 - a^2b^2 \tag{2-43}$$

当 $d_2 \geqslant 0$ 时，则中点（$x_i+0.5$，y_i-1）位于椭圆之外或椭圆上，那么（x_i，y_i-1）点距理想椭圆弧近，故选（x_i，y_i-1）点逼近该理想椭圆，如图 2-20 所示。如果确定了（x_i，y_i-1）点，那么（x_i，y_i-1）的下一对候选像素就是（x_i，y_i-2）和（x_i+1，y_i-2），其中点为（$x_i+0.5$，y_i-2）。因此，中点（$x_i+0.5$，y_i-2）的判别式为

$$\begin{aligned} d_2' &= F(x_i+0.5, y_i-2) = b^2(x_i+0.5)^2 + a^2(y_i-2)^2 - a^2b^2 \\ &= d_2 + a^2(-2y_i+3) \end{aligned} \tag{2-44}$$

当 $d_2 < 0$ 时，则中点（$x_i+0.5$，y_i-1）位于椭圆之内，那么（x_i+1，y_i-1）点距理想椭圆弧近，故选（x_i+1，y_i-1）点逼近该理想椭圆，如图 2-21 所示。如果确定了（x_i+1，y_i-1）点，那么（x_i+1，y_i-1）的下一对候选像素就是（x_i+1，y_i-2）和（x_i+2，y_i-2），其中点为（$x_i+1.5$，y_i-2）。因此，中点（$x_i+1.5$，y_i-2）的判别式为

$$\begin{aligned} d_2' &= F(x_i+1.5, y_i-2) = b^2(x_i+1.5)^2 + a^2(y_i-2)^2 - a^2b^2 \\ &= d_2 + b^2(2x_i+2) + a^2(-2y_i+3) \end{aligned} \tag{2-45}$$

下面确定下部分的判别式 d_2 的初始条件：显然下部分的起点应从以弧上斜率为 -1 的点开始，但弧上斜率为 -1 的点坐标计算复杂且为非整数，使用极为不便，可考虑通过对椭圆方程式（2-36）两端微分

$$dF(x,y) = d(b^2x^2 + a^2y^2 - a^2b^2) = 2b^2xdx + 2a^2ydy = 0 \tag{2-46}$$

故

$$\frac{dy}{dx} = -\frac{2b^2x}{2a^2y} \tag{2-47}$$

令 $\Delta x = 2b^2x$，$\Delta y = 2a^2y$，则有结论：当 $\Delta x = \Delta y$ 时，此时的 x，y 坐标对应于弧上斜率为 -1 的点；当 $\Delta x < \Delta y$ 时，此时的 x，y 坐标对应上部分；当 $\Delta x > \Delta y$ 时，此时的 x，y 坐标对应下部分。又因 $2b^2x$ 与 $2a^2y$ 的计算在画上部分时已解决，故这里只需简单比较一下两者的大小就能达到判断所画上部分是否到达或越过弧上斜率为 -1 的点。

下部分中点判别式初始值的处理如下。设前一点仍属上部分，按上部分的递推公式推算，当前点已越过临界点，因此应把当前点的中点判别式 d_2' 转换为下部分起点的中点判别式 d_2^0。所以有

当前点的判别式（上部分）：$d_2^{0'} = [b(x+1)]^2 + [a(y-0.5)]^2 - a^2b^2$

当前点的判别式（下部分）：$d_2^0 = [b(x+0.5)]^2 + [a(y-1)]^2 - a^2 b^2$

故

$$d_2^0 = d_2^0{}' + 3(a^2 - b^2)/4 - (b^2 x + a^2 y)$$

$$= d_2^0{}' + 3(a^2 - b^2)/4 - (\Delta x + \Delta y)/2 \tag{2-48}$$

当式（2-48）中的 d_2^0 作为下部分中点判别式的初始值，并运用前面给出的判别式的推算，就能到达（a，0）点处，从而完成四分之一弧的绘制。

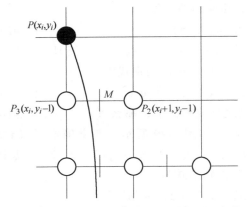

图 2-20　判别式≥0 时下部分圆弧的逼近规律

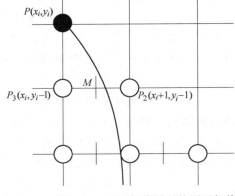

图 2-21　判别式<0 时下部分圆弧的逼近规律

综上所述，第一象限椭圆弧的扫描转换中点算法如下：

算法 2-8　中点椭圆扫描转换算法

```
void MidpointEllipse(int a,int b)
{
    int x,y;
    double d1,d2;
    x=0;y=b;
    d1=b*b+a*a*(-b+0.25);
    SetPixel(x,y);
    while(b*b*(x+1)<a*a*(y-0.5))
    {
        if(d1<0)
        {
            d1+=b*b*(2*x+3);
            x++;
        }
        else
        {
            d1+=(b*b*(2*x+3)+a*a*(-2*y+2));
            x++;
            y--;
        }
    }
```

```
        SetPixel(x,y);
    }
    d2 = b*b*(x+0.5)*(x+0.5)+a*a*(y-1)*(y-1)-a*a*b*b;
    while(y>0)
    {
        if(d2<0)
        {
            d2+=b*b*(2*x+2)+a*a*(-2*y+3);
            x++;
            y--;
        }
        else
        {
            d2+=a*a*(-2*y+3);
            y--;
        }
        SetPixel(x,y);
    }
}
```

与中点画圆法类似，可以采用增量法计算判别式以提高计算效率。

第四节　区域填充

一、种子填充算法

区域是指光栅网格上的一组像素。区域填充是把某确定的像素值送入到区域内部的所有像素中。区域填充可以使用光栅图形显示，能够更逼真地表现形体表面的颜色和亮度，有相当广泛的应用。

区域填充可以用很多方法解决，这些方法可以分为两大类。其中一类方法是把区域看作是由多边形围成的，区域事实上由多边形的顶点序列来定义。这时复杂形状的区域就需要用多边形去拟合，相应的技术称为基于多边形的区域填充，如图 2-22a 所示，具体内容将在后面讨论。另一类方法是通过像素的值来定义区域的内部，这时可以定义出任意复杂形状的区域，相应的技术称为基于像素的区域填充，如图 2-22b 所示。本节将对基于像素的区域填充进行简单的讨论。

通过像素的值来定义区域有两种常用的方法。一种是内定义区域，定义方法是指出区域内部所具有的像素值。此时，区域内部所有像素具有某个相同像素值（oldvalue），而区域边界上的所有像素都不具有该值。另外一种是由边界定义区域，定义方法是指出区域边界所具有的像素值。此时，区域边界上的所有像素具有某个相同边界值（boundaryvalue）。区域的边界应该是封闭的，并且应该指明区域的内部。

基于像素的区域填充主要是依据区域的连通性进行。图 2-23 说明了区域中一个像素与

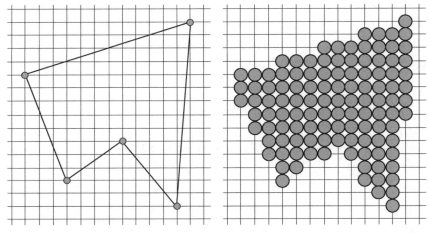

a) 基于多边形的区域填充　　　　　　b) 基于像素的区域填充

图 2-22　区域填充的分类

相邻的八个像素间的关系。如果从区域中的一个像素出发，经连续地向上下左右四个相邻像素移动，就可以到达区域内的另一个任意像素，就称区域是四连通的。如果除了要经上下左右的移动，还要经左上、右上、左下和右下的移动，才能由一个像素走到区域中另外任意一个像素，则称区域是八连通的。图 2-24a 给出了八连通与四连通区域示意图，图 2-24b 说明了八连通区域与四连通区域的关系，显然四连通区域必是八连通的，但反之则不一定。

左上	上	右上
左	P	右
左下	下	右下

图 2-23　像素 P 与相邻的八个像素的关系

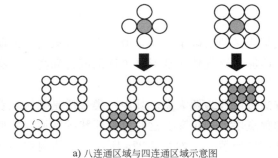

a) 八连通区域与四连通区域示意图

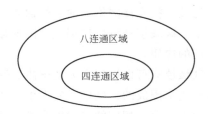

b) 八连通区域与四连通区域的关系

图 2-24　八连通区域与四连通区域

　　利用区域的连通性进行区域填充，除了需要区域应该明确定义外，还需要事先给定一个区域内部像素，这个像素称为种子。做区域填充时，要对光栅网格进行遍历，找出由种子出发能达到而又不穿过边界的所有像素。利用连通性填充的主要优点是不受区域不规则性的影响，主要缺点是需要事先知道一个内部像素。因此，这种区域填充特别适合于交互式图形显示，此时用户可以随意地画出不规则的一条轮廓线，然后指出内部一个像素（即给定种子），就可以进行区域填充了。

　　一个对四连通内定义的区域进行填充的算法可表述如下：

算法2-9 泛洪填充算法

void Floodfill(int x,int y,COLORREF oldvalue,COLORREF newvalue)

/ *

(x,y)是给出的种子位置,oldvalue是区域内像素原值,newvalue是要取代原值的新值,应不等于原值。

 * /

```
{
    if (GetPixel(x,y) = = oldvalue)
    {
        SetPixel(x,y,newvalue);//改变原值为新值
        Floodfill(x,y-1,oldvalue,newvalue);//向四个方向扩散
        Floodfill(x,y+1,oldvalue,newvalue);
        Floodfill(x-1,y,oldvalue,newvalue);
        Floodfill(x+1,y,oldvalue,newvalue);
    }
}
```

其中,GetPixel (x, y) 是一个函数,返回值是对应位置 (x, y) 处的像素值。

这个算法首先看 (x, y) 点的像素是否在区域内并且尚未被访问过。如果是,就改变其像素值,然后再检验相邻的四个像素,并如此继续,直到区域内部的像素全部被赋以新值为止。

对于四连通边界定义的区域进行填充,有类似的简单递归算法,可表述如下:

算法2-10 边界填充算法

void Boundaryfill(int x,int y,COLORREF boundaryvalue,COLORREF newvalue)

/ *

(x,y)是给出的种子的位置

boundaryvalue 是边界上像素的值

newvalue 是区域内像素应被送入的新值

未填充前区域内不应有值为 newvalue 的像素

 * /

```
{
    if( GetPixel(x,y)！=boundaryvalue //没有到达边界
    &&GetPixel(x,y)！=newvalue)//并且没有被访问过
    {
        SetPixel(x,y,newvalue);//赋以新值
        Boundaryfill(x,y-1,boundaryvalue,newvalue);//向四个方向扩散
        Boundaryfill (x,y+1,boundaryvalue,newvalue);
        Boundaryfill(x-1,y,boundaryvalue,newvalue);
        Boundaryfill(x+1,y,boundaryvalue,newvalue);
    }
}
```

这个算法的工作方式与前面的算法 Floodfill 是一样的，只是在检查区域内某像素是否已进行处理时分为两部分，一个是看是否达到了边界，另一个是看是否已经被访问过了。如果这两个条件皆不满足，则进行填充。在待填充的新值 newvalue 不等于边界值 boundaryvalue 的情况下，为了能够进行正确的填充，在填充前要求区域的任何内点不应该具有像素值 newvalue，否则有可能出现错误的填充结果。比如待填充区域内存在像素值为 newvalue 的内点，且这些内点围成了一个区域，所围成的这个区域是应该被填充的，而这里的算法认为这些内点已经被访问过而不去填充，会造成错误的运行结果，所以满足上述限制是必要的。如果新值 newvalue 恰好等于边界值 boundaryvalue，就不需要上述限制，因为这时若存在像素值是新值 newvalue 的点，则这些点应该是边界点或者被看作边界点，而不是区域内的一部分。

很容易将这里的两个算法扩展成为对八连通区域适用的算法，只需要把算法中向四个方向的扩散改为向八个方向的扩散。

这些算法虽很简单，但有多层的递归，因此比较花费时间。当存储空间有限时，还会引起堆栈的溢出。下面给出的一个改进算法，使用了这类算法通常采用的想法，即一行一行地处理，称为扫描线种子填充算法。

二、扫描线填充算法

扫描线填充算法针对边界定义的区域进行填充。将区域内由边界点限定的同一行内相连接的不具有新值 newvalue 的一组像素称为一个像素段，像素段用它的种子像素来标识。图 2-25 各图中的数字，就是不同像素段的标识。一般情况下，像素段的种子像素是该像素段最右边的像素。但是，若位于相邻上下两行的像素段超出了当前行中与之连通的像素段的右边界，则这些位于相邻行的像素段的种子像素就是与当前行像素段右边界位置相同的像素点。

算法实际处理的大体步骤如下：

1）对种子所在像素段进行填充。

2）从右至左检查种子所在行的上一横行，将查得的像素段依次编号存入堆栈。实际存入堆栈内的可以是每个像素段种子像素的地址。接着对种子所在行的下一横行同样处理。

3）若堆栈为空则算法结束，否则从堆栈顶部取出一个像素段。因为按先进后出的顺序，所以将取出编号最大的像素段。实际取出的是这个像素段种子像素的地址。就以这个像素为新的种子，返回到 1。

下面用 C 语言写出扫描线填充算法。

算法 2-11　扫描线填充算法

```
voidScanlineSeedfill( CDC * pDC, int x, int y, COLORREF boundaryvalue, COLORREF newvalue)
{
        using namespace std;
        int x0,xl,xr,y0,xid;
        bool flag;
        stack <CPoint> s;
        CPoint p;
        s. push( CPoint( x,y) );//种子像素入栈
```

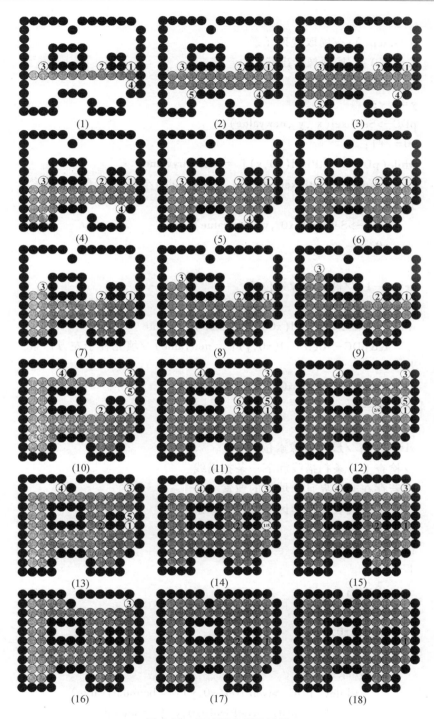

图 2-25 区域填充算法示例

（边界定义区域填充算法图中数字标出的是像素段的编号，在一个横行里可能有不止一个像素段）

```
while( ! s. empty( ) )//判断栈是否为空
```

```
{
    p=s. top( );//读取栈顶元素
    s. pop( );//栈顶像素出栈
    x=p. x;
    y=p. y;
    pDC->SetPixel( x ,y ,newvalue);
    x0=x+1;
    while( pDC->GetPixel( x0,y)！ =boundaryvalue
        &&pDC->GetPixel(x0,y)！ =newvalue)//填充种子右方像素
    {
        pDC->SetPixel( x0 ,y ,newvalue);
        x0++;
    }
    xr=x0-1;//最右边像素位置
    x0=x-1;
    while( pDC->GetPixel( x0,y)！ =boundaryvalue
        &&pDC->GetPixel(x0,y)！ =newvalue)//填充种子左方像素
    {
        pDC->SetPixel( x0 ,y ,newvalue);
        x0--;
    }
    xl=x0+1;//最左边像素位置
    //检查上一条扫描线和下一条扫描线
    //若存在非边界且未填充的像素
    //则选取代表各连续区间的种子像素入栈
    y0=y;
    for( int i=1;i>=-1;i-=2)
    {
        x0=xr;
        y=y0+i;
        while( x0>=xl)
        {
            flag=false;
            while((pDC->GetPixel(x0,y)！ =boundaryvalue)
                && (pDC->GetPixel(x0,y)！ =newvalue)
                && (x0>=xl))//寻找当前像素段的种子像素
            {
                if(！ flag)
                {
```

```
                    flag = true;
                    xid = x0;
              }
              x0--;
        }
        //将当前像素段的种子像素压入栈中
        if( flag)
        {
              s. push( CPoint( xid,y) );
              flag = false;
        }
        //检查当前填充行是否被中断
        //若被中断,即当前点为边界点或已填充点
        //寻找左方第一个可填充像素,当前点向左移动
        while( ( pDC->GetPixel( x0,y) = = boundaryvalue)//判断当前点是否为
                                                            边界点
                    || ( pDC->GetPixel( x0,y) = = newvalue) )//判断当前点是否为已
                                                            填充点
              x0--;
        }//while( x0>= xl)
    }//for( int i = 1;i>= -1;i- = 2)
  }//while( ! s. empty( ))
}
```

图 2-25 是这个算法运行的说明性例子。其中图 2-25（1）表明包含种子的那行像素段已被填充，接着确定了上行有像素段 1、2、3，下行有像素段 4。各像素段按标出数字的顺序进入堆栈，下次处理编号为 4 的像素段。到图 2-25（2）时，原来编号为 4 的像素段已经处理结束，在检查上下两行时，仅在下一行发现两个像素段，重新编号为 4、5。接下去该处理编号为 5 的像素段，并如此继续进行，直到堆栈被全部取空为止。在算法执行过程中，同一像素作为种子点可能会被重复压栈，如图 2-25（12）中的 2 号和 6 号种子点，以及（14）中的 1 号和 5 号种子点，但这并不影响算法的正确运行。因为当弹栈时，若弹出的种子像素所在的像素段已被填充，算法不会再重复填充除种子像素以外的其他像素。

三、多边形的扫描转换算法

基于多边形的区域填充把区域看作是由多边形所围成的。设多边形用其顶点坐标的逆时针方向的序列来确定，即沿顶点序列前行时多边形内部在左侧。对多边形围成区域进行填充，也就是做多边形扫描转换，是要找出所有位于多边形内部的像素，并赋以适当的像素值，使能产生面填充的图形。多边形扫描转换可以依据区域的一种"奇偶"性质，即一条直线与任意封闭的曲线相交时，总是从第一个交点进入内部，再从第二个交点退出，以下交替地进入退出，即奇数次进入，偶数次退出，如图 2-26 所示。当然可能有一些"相切"的点应特殊处理。下面的多边形扫描转换算法就是从这一性质出发建立起来的。

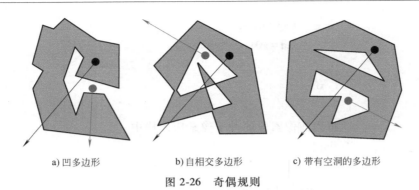

a) 凹多边形　　　b) 自相交多边形　　　c) 带有空洞的多边形

图 2-26　奇偶规则

图 2-27 举例说明了算法完成多边形扫描转换的基本过程。在这个算法中，必须知道扫描线上的哪些像素段是在多边形内，从而应该填充。这可以分如下三个步骤来做：

1）找出扫描线与多边形边界线的所有交点。

2）按 x 坐标增加顺序对交点排序。

3）在交点对之间进行填充。

例如在图 2-27 中，对扫描线 $y = 8$，排序后的交点可表示为（2，4，9，13），因此，对区间（2，4）和（9，13）进行填充。对通过多边形的所有扫描线做这三步处理，就完成了对多边形的填充。

但如果排序后交点表中交点个数是奇数，往后的填充就会出错。这种情况在扫描线正通过多边形的顶点时就会发生。例如，考察图 2-27 中的扫描线 $y = 3$，求出它与多边形所有各边的交点排序后所得是（2，2，10），这因为在点（2，3）处，扫描线同时与多边形的两条边在顶点相交，这时填充（2，2）和从 10 往后的像素显然就不对了。在扫描线 $y = 5$ 上的顶点（13，5）处的情形类似。

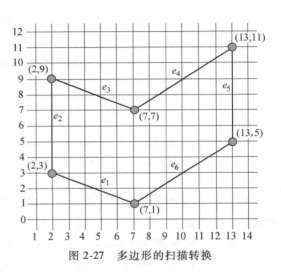

图 2-27　多边形的扫描转换

容易想到的解决办法是当扫描线经过多边形顶点时两个相同交点看作一个。但这是不行的，因为不难验证在图 2-27 中的扫描线 $y = 1$、7、9、11 上，扫描线经过的顶点，即两个相同交点，应看作两个。

对比上面两组顶点的不同情况可以发现，正确的解决办法是，当顶点为局部极大或局部极小时，就看作是两个，否则看作一个。如果一个顶点的相邻前后两顶点的 y 坐标都小于该顶点的 y 坐标，则该顶点是局部极大。局部极小可类似地确定。例如，在图 2-27 中扫描线 $y = 1$ 和 7 上的顶点（7，1）和（7，7）是局部极小，扫描线 $y = 9$ 和 11 上的顶点（2，9）和（13，11）是局部极大。

实际处理这个问题可以有一个简便办法，那就是对应该看作是一个的顶点，将其上面的边缩短两条相邻扫描线对应的一个单位，如图 2-28 所示。事实上如果多边形顶点的坐标是整数，这种缩短对多边形的填充是毫无影响的。

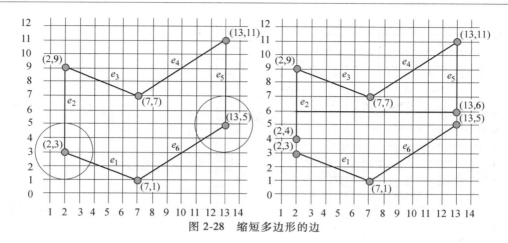

图 2-28　缩短多边形的边

现在来说明在三步处理的第一步应该怎样计算扫描线与多边形边界线的交点。注意到若扫描线 y_i 与多边形边界线交点 x 的坐标是 x_i，则对下一条扫描线 y_{i+1}，它与那条边界线的交点的 x 坐标 x_{i+1} 可如下求出：

$$x_{i+1} = x_i + \frac{1}{m} \tag{2-49}$$

式中，m 是那条边界线的斜率，因为

$$m = \frac{y_{i+1} - y_i}{x_{i+1} - x_i} \tag{2-50}$$

这里是对相继的扫描线，故有 $y_{i+1} - y_i = 1$，于是

$$x_{i+1} - x_i = \frac{1}{m} \tag{2-51}$$

容易看到对任意一条扫描线，不必用它与多边形所有边求交，只要让它与有相交的各边求交就可以了。因此可以引入一个活跃边表（Active Edge Table，AET），用这个表存储与当前扫描线相交的各边。每次离开一条扫描线进入下一条之前，将表中有但与下一条扫描线不相交的边清除出表，将与下一条扫描线相交而表中没有的边加入表中。活跃边表中存放的 x 坐标还要在实际填充时使用，所以应保持一个按 x 坐标递增的次序。为了使对 AET 的操作更有效率，还可以引入一个边表（Edge Table，ET），ET 中各登记项按 y 坐标递增排序，每一登记项下的"吊桶"按所记 x 坐标递增排序。假定边不与 x 轴平行，"吊桶"中各项的内容依次是：

1）边的上端点的 y 坐标 $y_{\max}$。

2）边的下端点的 x 坐标 $x_{\min}$。

3）斜率的倒数，即 $1/m$。

4）next 为指向下一个"吊桶"的指针。

图 2-29 给出了"吊桶"数据的结构。例如，对图 2-27 所示多边形构造形成的边表 ET，如图 2-30 所示。注意，其中边 e_2 和 e_5 做了缩短。

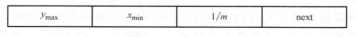

$y_{\max}$	$x_{\min}$	$1/m$	next

图 2-29　"吊桶"的数据结构

在边表 ET 已经正确构造完成后，整个扫描转换算法可以按以下步骤实行：

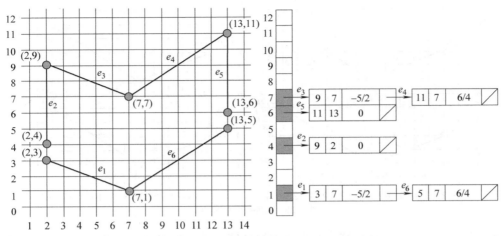

图 2-30 对图 2-27 中多边形建立的"吊桶"已排序的边表 ET

算法 2-12 多边形的扫描转换算法

void Polygonfill(EdgeTable ET,COLORREF color)

{

    1. y = ET 中各登记项对应的 y 坐标的最小值；

    2. AET 初始化为空表；

    3. while(ET 非空或 AET 非空) //处理 ET 中的每一条扫描线

    {

        3.1 将 ET 中登记项 y 对应的各"吊桶"合并到 AET 中,将 AET 中各"吊桶"按 x 坐标递增排序；

        3.2 在扫描线 y 上,按照 AET 提供的 x 坐标对,用 color 值实施填充；

        3.3 将 AET 中有 $y = y_{max}$ 的各项清除出表；

        3.4 对 AET 中留下的各项,分别将 x 换为 $x+1/m$,这是求出 AET 中各边与下一条扫描线交点的 x 坐标；

        3.5 由于前一步可能破坏了 AET 中各项 x 坐标的递增次序,故按 x 坐标重新排序；

        3.6 $y = y+1$,去处理下一条扫描线。

    }

}

对图 2-27 所示多边形实施这个扫描转换算法，活跃边表的变化如图 2-31 所示。

这个扫描转换算法利用了扫描线的相关性和边的相关性，因此极大地提高了效率。这里扫描线相关性指在一条扫描线上，相邻的像素只有通过边界线时才能从内部变到外部或者从外部变到内部，边的相关性指对多边形的每一条边，相邻的扫描线只有在通过线段的端点时才会改变与边的相交情形。这个算法可以高效率地完成对单个多边形的扫描转换，算法采用的平面扫描思想，在处理许多图形问题时都可以应用。此外，由于多边形扫描转换算法满足奇偶规则，因此该算法也能填充自相交多边形和带有空洞的多边形封闭区域。

多边形扫描转换算法是一种非常有效的算法，它使所显示的每一个像素只访问一次。这样，输入/输出的要求可降为最少。由于该算法与输入/输出的细节无关，因此它也与设备无关。本算法的主要缺点在于对各种表的维持和排序的开销太大。

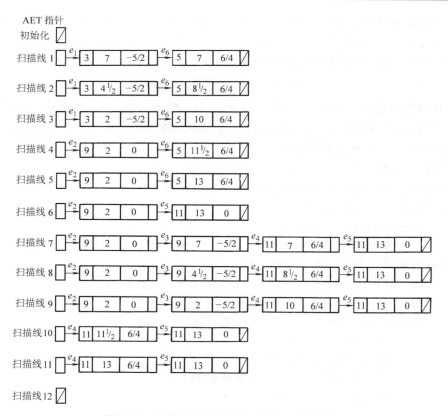

图 2-31 对图 2-27 多边形，活跃边表的变化

四、边填充算法

边填充算法也称为正负相消法。该填充算法的基本思想是：对于每一条扫描线和每条多边形边的交点 (x_s, y_s)，都将该扫描线上交点右方的所有像素取补，并对多边形的每条边按一定顺序（逆时针、顺时针均可）做此处理，如图 2-32 所示。

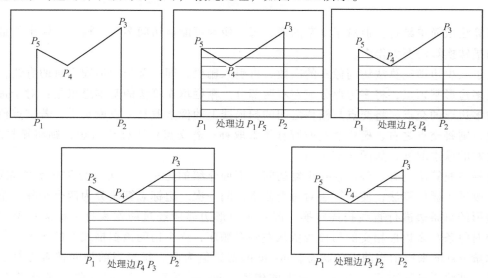

图 2-32 边填充算法

设 D 为待填充区域，取矩形 $R(x_1 \leqslant x \leqslant x_2, y_1 \leqslant y \leqslant y_2) \supset$ 区域 D，定义布尔数组 $MASK$ $(x_1 \cdots x_2, y_1 \cdots y_2)$，并置初始值 $MASK(x, y) = false$，其中 $(x, y) \in R$。

对区域的每一条边与扫描线的每一个交点 (x_s, y_s)，当 $x \geqslant x_s$ 时，令

$$MASK(x, y_s) = \overline{MASK(x, y_s)} \tag{2-52}$$

当沿 D 的边界经历一周后，只要 $(x, y) \in D$，则 $MASK(x, y) = true$，否则 $MASK(x, y) = false$。然后，对 $MASK(x, y) = true$ 的各点，调用函数 SetPixel $(x, y, color)$，完成对区域 D 内各点的填充。其填充程序如下：

算法 2-13　边填充算法

```
void EdgeFill(PointArray& ptArray,COLORREF color){
    for(y=y1;y<=y2;y++)
        for(x=x1;x<=x2;x++)
            MASK[y][x]=false;
    for(区域 D 内的每一条边 P_iP_{i+1}){
        xs=x[i];  dxs=(x[i+1]-x[i])/(y[i+1]-y[i]);
        dys=abs(y[i+1]-y[i])/(y[i+1]-y[i]);
        for(ys=y[i]; ys! = y[i+1];ys+=dys){
            Ixs=int(xs +0.5);
            for(x=Ixs;x<=x2;x++)
                MASK[ys][x] =! MASK[ys][x];
            xs= xs + dys * dxs;
        }
    }
    for(y=y1;y<=y2;y++)
        for(x=x1;x<=x2;x++)
            if(MASK[y][x])
                SetPixel(x,y,color);
}
```

该算法虽简单易行，但对于复杂图形，每一像素可能被访问多次，输入、输出的量比多边形扫描转换算法要大得多。

为了减少边填充算法访问像素的次数，可引入栅栏，即一条与扫描线垂直的直线，通常使其过多边形某顶点，将多边形分成左右两部分。栅栏填充算法的基本思想是：对于每条扫描线与多边形的交点，将交点与栅栏之间的扫描线上的像素取补。也就是说，若交点位于栅栏左边，则将交点之右、栅栏之左的所有像素取补；若交点位于栅栏右边，则将栅栏之右、交点之左的像素取补，如图 2-33 所示。

栅栏填充算法仍有一些像素被重复访问。下面介绍的边标志算法（也称轮廓填充算法）进一步改进了栅栏算法，使得算法对每个像素访问一次。边标志算法分为两个步骤：第一步对多边形的每条边进行直线扫描转换，即对多边形边界所经过的像素打上标志；第二步填充，即对每条与多边形相交的扫描线依从左到右顺序，逐个访问该扫描线上的像素。使用一个布尔量 inside 来指示当前点的状态，inside 的初始值为假。每当当前访问像素为打上边标志的点，就将 inside 取反，对未打标志的像素，inside 不变；对 inside 做必要操作后，若

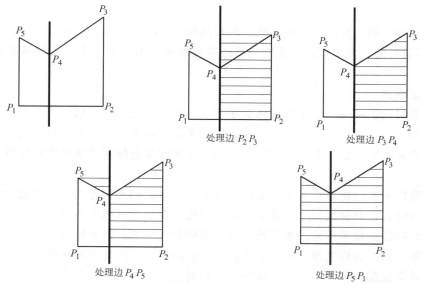

图 2-33　栅栏填充算法

inside 为真，则把该像素量按多边形填充。综上所述，得到边标志算法的程序如下：

算法 2-14　边标志算法

```
void EdgeMarkFill( PointArray& ptArray,COLORREF color) {
    for( y = y1 ; y < = y2 ; y++)
        for( x = x1 ; x < = x2 ; x++)
            MASK[ y] [ x] = false ; //形成轮廓线
    for( 区域 D 内的每一条边 P_iP_{i+1} ) {
        xs = x[ i] ; dxs = ( x[ i+1] -x[ i] )/( y[ i+1] - y[ i] ) ;
        dys = abs( y[ i+1] - y[ i] )/( y[ i+1] - y[ i] ) ;
        for( ys = y[ i] ; ys! = y[ i+1] ; ys+ = dys) {
            Ixs = int( xs +0. 5) ;
            MASK[ ys] [ Ixs] = ! MASK[ ys] [ Ixs] ;
            xs = xs +dys * dxs ;
        }
    }

    for( y = y1 ; y < = y2 ; y++) { //按轮廓线填充
        inside = false ;
        for( x = x1 ; x < = x2 ; x++) {
            if( MASK[ y] [ x] )
                inside = ! inside ;
            if( inside)
                SetPixel( x,y,color) ;
        }
    }
}
```

　　}

　　上述算法中，第二步是扫描轮廓线，每扫描到轮廓线就把 inside 取反，而填充则是依据 inside 的状态进行的。也可以采用搜索轮廓线进行填充，不过对于非凸区域和有孔区域要进行适当处理。

五、图案填充

　　前面几节讨论了在一个给定的区域里如何填充单一颜色的算法思想。在本小节将引入另外一种填充形式，在给定的区域填充一种固定的图案。填充一个由像素位图组成的图案，可以在扫描转换算法中增加一个相应的控制结构，使实际填充像素的颜色值是从像素位图中提取出来的。

　　图案填充的主要问题是要决定图案区域和填充区域的相互位置关系，也就是说要决定图案区域粘贴的位置，只有这样才能决定图案中的像素在填充区域中的像素位置。

　　第一种解决办法是采用将图案粘贴在多边形的顶点位置，例如将多边形的最左边像素定位在图案的第一列。这样选择，对一个几何性较强的图案，即使填充区域移动了位置，填充图案的视觉效果也是一致的。但是，这种基于相对定位的方式，对有些多边形是很难找到确切的左边界点，特别是对一些平滑变化的填充区域，像圆和椭圆根本没有合适的点存在。因此，程序人员必须明确指出某个填充区域边界点或者填充区域内部点作为粘贴位置，例如圆和椭圆的中心。

　　第二种方法是采用绝对定位，即认为整个屏幕被图案覆盖，则标准的粘贴位置是屏幕的原点。由此带来的副作用是图案与填充区域并非紧密相关，也就是说，当填充区域移动时，其视觉效果可能是有差异的。但是，如果图案的几何方向性不是十分强的话，用户可能感觉不到这种差异。采用这种技术能够提高计算效率。

　　设图案通常是由较小的 $m \times n$ 像素阵列 pattern [m] [n] 组成的，图案原点对应屏幕的坐标原点（对窗口处理而言，图案原点对应窗口坐标系的原点），这样就可以用模运算 x mod n 和 y mod m 来获取 x，y 像素位置所对应的图案像素。例如：

```
void PatternFill( int x, int y, COLORREF * pattern, int m, int n)
{
    SetPixel(x,y,pattern[y%m][x%n]);
}
```

其中 $m \times n$ 是插入图案的大小。在给定填充图案的情况下，用函数 PatternFill 替换多边形扫描转换算法中的 SetPixel 语句，就可将该算法由实心填充转换为图案填充。当然，这种图案填充采用的是基于绝对位置的填充方式。

　　当图案为一些简单的影线时，可不必使用位图，而直接使用程序语言实现。例如斜影线填充：

```
voidShadowFill( int x, int y, COLORREF color)// 斜影线填充
{
    const int p = 5;
    if( ( x-y)%p = = 0)SetPixel( x, y,color);
}
```

其中 color 为斜影线颜色，斜影线间的间隔像素数为 $p-1$。下面两段代码是生成交叉影线和

对角交叉影线的例子：

```
voidShadowFill( int x，int y，COLORREF color)// 交叉影线填充
{
    const int p=5；
    if((x*y)%p==0)SetPixel(x，y,color)；
}
voidShadowFill( int x，int y，COLORREF color) // 对角交叉影线填充
{
    const int p=5；
    if(((x+y)%p==0)||((x-y)%p==0))SetPixel(x，y,color)；
}
```

同样，用函数 ShadowFill 替换多边形扫描转换算法中的 SetPixel 语句，就可实现影线填充。有兴趣的读者可以通过修改判断条件和计算公式，自己设计一些有规则的填充图案。

习 题

1. 解释下列名词：扫描转换、图形基元、四连通、八连通、内定义区域、边界定义区域。

2. 如果线段端点坐标值不是整数，采用 DDA 算法产生的直线和将端点坐标值先取整再用 Bresenham 算法产生的直线是否完全相同？为什么？能否扩充整数 Bresenham 算法使之能处理当线段端点坐标值不是整数的情况（比端点坐标先取整数产生的直线更精确）。

3. 推广本章第一节给出的产生线段的整数 Bresenham 算法，去掉 $0 \leqslant m \leqslant 1$ 和 $x_1 < x_2$ 的限制，使能完成对任意线段的扫描转换。

4. 在本章第一节说明 Bresenham 算法如何选择下一个像素点位置的图 2-6 中，其实是假定了在当前选择的点是 $(x，y)$ 时，真正直线与横坐标为 $x+1$ 的直线的交点是在 y 到 $y+1$ 之间。如果不是这样，而是下面两种情况：

(1) 在 y 到 $y-1$ 之间。例如从 $(0，0)$ 到 $(7，2)$ 的直线，在点 $(2，1)$ 处向后。

(2) 在 $y+1$ 到 $y+2$ 之间，例如从 $(0，0)$ 到 $(7，5)$ 的直线，在点 $(2，1)$ 处向后。

试说明为什么对所列两种情况算法仍能正确地工作。

5. 本章介绍的 Bresenham 直线算法是否可以利用对称性，通过判别量 p 同时从直线两端向中心画线？当 $0 < \Delta y < \Delta x$，Δx 和 Δy 有最大公因数 c，而且 $\Delta x/c$ 为偶数和 $\Delta y/c$ 为奇数时，两种方法画出的线是否一致？当 Δx 是 $2\Delta y$ 的整数倍时两种方法画出的线是否一致。

6. 推广本章第二节给出的 Bresenham 画圆算法，使能够画出一个内部填充的实心圆。

7. 设像本章第二节那样要画出圆心在原点，半径为 R，从点 $(0，R)$ 开始顺时针走向的八分之一圆弧，可采用如下循环内已经没有乘法的算法：

(1) ［准备］ $e \leftarrow 1-R$，$u \leftarrow 1$，$v \leftarrow 1-2R$，$x \leftarrow 0$，$y \leftarrow R$；

(2) ［逐点画圆］ 若 $x \geqslant y$ 则到 (3)，否则：

1) 画点 $(x，y)$，$x \leftarrow x+1$，$u \leftarrow u+2$；

2) 若 $e < 0$ 则 $v \leftarrow v+2$，$e \leftarrow e+u$，否则 $v \leftarrow v+4$，$e \leftarrow e+v$，$y \leftarrow y-1$；

3) 返回 (2) 开始。

(3) ［结束］若 $x = y$ 则画点 $(x，y)$ 后结束，否则直接结束。

试以 $R = 10$ 为例分别运行 Bresenham 算法和这个算法，验证关系 $p = 2e+1$，然后解释这个算法所依据的理由。

8. 本章第六节叙述了使用活跃边表的多边形扫描转换算法中 ET 的填写方法。试写一个算法，输入多边形顶点坐标的逆时针序列，输出正确填写的 ET。

9. 多边形扫描转换的活跃边表算法如何处理给出顶点序列连成多边形时各边有相交的情况？如何处理多边形内部又有多边形空洞的情况？请举例说明。

10. 设五边形的五个顶点是（10.5，10.5）、（15，5）、（12，5）、（8，2.5）、（4，5.5），要利用使用活跃边表的扫描转换算法进行填充，写出应填写的 ET，写出活跃边表的变化情况。

第三章 图 形 变 换

图形变换是计算机图形学的基础内容之一。计算机图形显示可以比喻为用假想照相机对被描述的对象进行拍照，并将产生的照片贴在屏幕或图纸上的指定位置进行观察。而被描述对象所处的环境和屏幕或图纸所处的环境是不相同的，不仅位置不同，大多数情况下尺寸也不相同。这就要协调二者之间的关系。此外，三维的图形要在二维的屏幕或图纸上表示出来，就要通过投影变换；同时为了从不同方向去观察对象，就要求能对对象做旋转、放大、缩小和平移等变换。绘图过程中还要用窗口来规定要显示的内容，用视区来规定在屏幕或图纸上显示的位置。每一个被描述的对象都要经过这一系列的变换才能输出。

为了描述物体的形状，需要引入坐标系。电子计算机本身只能处理数字信息，各种图形在计算机系统内也是以数字的形式存在的，对图形的处理实际上就是对这些数字信息的加工和处理。而坐标系建立了图形和数字信息之间的联系。为了使被显示对象数字化，就需要在被显示对象所在的空间中定义一个坐标系，这个坐标系

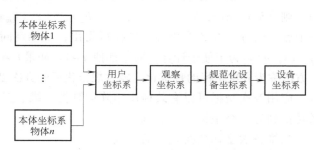

图 3-1 图形显示过程中坐标系的变换

的长度单位和坐标轴方向要适合对被显示对象的描述。而为了要在图形显示器上或在绘图机上将描述的被显示对象显示或绘制出来，就需要在显示器屏幕或绘图机幅面上定义一个二维的直角坐标系。图 3-1 给出了图形显示过程中坐标系的变换。

首先是构成复杂景物的每一个简单物体都在各自所处的空间坐标系，也就是在本体坐标系中设计和描述，然后在用户坐标系中组合成一个整体，接下去将景物在用户坐标系中的描述转变为在观察坐标系中的描述，再转换到规范化设备坐标系中，最后转换到具体使用的设备（如显示器或绘图机）的设备坐标系中进行显示。本体坐标系，也称模型坐标系，是为规定基本形体而引入的便于描述的坐标系。用户坐标系，也称世界坐标系，是用户引入描述整个形体的坐标系。观察坐标系，也称视坐标系或目坐标系，为说明观察者眼睛所处的位置而引入。在计算机图形学中，通常对观察坐标系的约定为：假想眼睛位于原点，x 轴方向水平向右，y 轴方向竖直向上，z 轴方向水平向前（离开眼睛），这样形成的是左手系观察坐标系。如果让 z 轴的方向水平向后，这样得到的就是右手系观察坐标系。右手系和左手系观察坐标系如图 3-2 所示。设备坐标系，也称显示器坐标

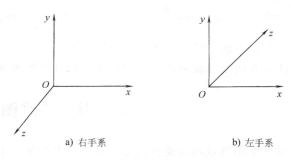

图 3-2 右手系和左手系观察坐标系

系或屏坐标系，是各种图形设备自身规定的在显示表面上采用的坐标系。要显示的景物最终要在这个坐标系中显示出来。不同图形设备的设备坐标系一般不同，图形系统为了与具体设备无关而引入了规范化设备坐标系，约定它是二维正方形或三维正方体，即各坐标范围规定为从 0 至 1。

本章将讨论物体从建模到被显示过程中的坐标变换及二维、三维图形的各种变换。

第一节　齐　次　坐　标

齐次坐标表示法就是用 $n+1$ 维向量表示一个 n 维向量。n 维空间中点的位置向量用非齐次坐标表示时，具有 n 个坐标分量 $(P_1, P_2, \cdots P_n)$，并且是唯一的。如果用齐次坐标表示时，该向量有 $n+1$ 个坐标分量 $(hP_1, hP_2, \cdots, hP_n, h)$，并且是不唯一的。普通的或"物理的"坐标与齐次坐标的对应关系是一对多。如二维点 (x, y) 的齐次坐标表示为 (hx, hy, h)，则 (h_1x, h_1y, h_1)，(h_2x, h_2y, h_2)，$\cdots$，(h_mx, h_my, h_m) 都是表示二维空间中的同一个点 (x, y) 的齐次坐标。同样可得出，三维空间中的坐标点的齐次坐标可表示为 (hx, hy, hz, h)。为了便于计算，通常都使 $h=1$。如果 $h \neq 0$，就可以用 h 除齐次坐标的各分量，这一方法称为齐次坐标的规范化。经过规范化后的齐次坐标就是唯一的了。

应用齐次坐标可以有效地用矩阵运算把二维、三维甚至更高维空间中的点集从一个坐标系转换到另一个坐标系中。例如：

二维齐次坐标变换矩阵的形式为

$$T_{2D} = \begin{pmatrix} a & d & g \\ b & e & h \\ c & f & i \end{pmatrix}$$

三维齐次坐标变换矩阵的形式为

$$T_{3D} = \begin{pmatrix} a_{11} & a_{12} & a_{13} & a_{14} \\ a_{21} & a_{22} & a_{23} & a_{24} \\ a_{31} & a_{32} & a_{33} & a_{34} \\ a_{41} & a_{42} & a_{43} & a_{44} \end{pmatrix}$$

使用齐次坐标还可以表示无穷远点。在 $n+1$ 维中，$h=0$ 的齐次坐标实际上表示了一个 n 维的无穷远点。例如二维的齐次坐标 (a, b, h)，在 $h=0$ 时表示了二维空间中的一条直线 $bx-ay=0$，也就是在 $y = \dfrac{b}{a}x$ 上的连续点 (x, y) 逐渐趋近于无穷远，但其斜率不变。在投影变换时，齐次坐标有很重要的应用。

使用齐次坐标和利用矩阵可以统一地处理各种变换。

第二节　二维图形变换

对一个图形做几何变换就是对该图形上的每一个点做相应的几何变换。但实际上并不需要对图形上的所有点做变换，而只需要对图形上的某些特殊的点做变换，再根据变换后得到的这些特殊点来求出变换后的图形。例如，对一条线段做几何变换，只需对线段的两个端点做几何变换，然后将变换后得到的两点之间连线，这样得到的线段就是原线段经过几何变换后所得到的结果。

二维图形变换顾名思义就是对平面图形的变换。常见的基本二维图形几何变换有平移变换、比例变换和旋转变换。

平移变换是将平面上的一点 (x, y)，沿平行于 x 轴方向移动 T_x，沿平行于 y 轴方向移动 T_y 变成点 (x', y')，则有

$$x' = x + T_x, y' = y + T_y$$

平移变换如图 3-3 所示。

比例变换是相对于原点，将平面上的一点 (x, y) 沿 x 轴方向乘以乘数 S_x，沿 y 轴方向乘以常数 S_y 后变成点 (x', y')，则有

$$x' = xS_x, y' = yS_y$$

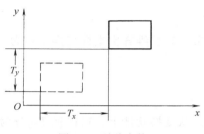

图 3-3　平移变换

可见，如果 $S_x = S_y = 1$，则为恒等比例变换，即该变换未对图形作任何改变；如果 $S_x = S_y > 1$，则图形被放大了；如果 $S_x = S_y < 1$，则图形被缩小了；如果 $S_x \neq S_y$，则图形在 x 轴、y 轴两个方向上有不同的拉长或缩短。比例变换如图 3-4 所示。

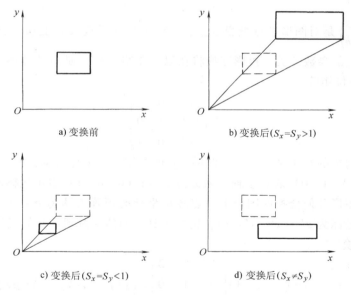

a) 变换前

b) 变换后($S_x = S_y > 1$)

c) 变换后($S_x = S_y < 1$)

d) 变换后($S_x \neq S_y$)

图 3-4　比例变换

旋转变换是将图形绕某一旋转中心转动一个角度。通常约定以逆时针方向为正方向。最简单的旋转变换是以坐标原点（0，0）为旋转中心，将平面上一点 (x, y) 旋转 θ 后变成点 (x', y')，则有

$$x' = x\cos\theta - y\sin\theta, y' = x\sin\theta + y\cos\theta$$

旋转变换如图 3-5 所示。

利用齐次坐标和矩阵运算可以得到图形变换的变换矩阵，方便了图形变换的实现。由前

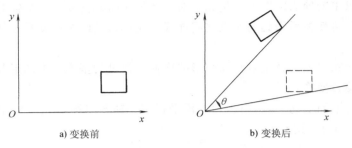

a) 变换前　　　　　　　　　b) 变换后

图 3-5　旋转变换

一节已知二维齐次坐标变换矩阵为

$$T_{2D} = \begin{pmatrix} a & d & g \\ b & e & h \\ c & f & i \end{pmatrix}$$

从变换功能上，可以把 T_{2D} 分为四个子矩阵，即

$$\begin{pmatrix} a & d \\ b & e \end{pmatrix}, (c \quad f), \begin{pmatrix} g \\ h \end{pmatrix}, (i)$$

其中，矩阵 $\begin{pmatrix} a & d \\ b & e \end{pmatrix}$ 是对图形进行比例、旋转、对称、错切等变换；矩阵 $(c \quad f)$ 是对图形进行平移变换；矩阵 $\begin{pmatrix} g \\ h \end{pmatrix}$ 是对图形进行投影变换，g 和 h 是在透视投影变换下分别控制 x 轴和 y 轴方向上主消失点的参数，关于投影变换将在以后介绍；(i) 是对整体图形进行比例变换。如果 T_{2D} 是一个单位矩阵

$$T_{2D} = \begin{pmatrix} 1 & 0 & 0 \\ 0 & 1 & 0 \\ 0 & 0 & 1 \end{pmatrix}$$

则定义了二维空间中的直角坐标系，此时的 T_{2D} 可看作是三个行向量：$(1 \quad 0 \quad 0)$ 表示 x 轴上的无穷远点；$(0 \quad 1 \quad 0)$ 表示 y 轴上的无穷远点；$(0 \quad 0 \quad 1)$ 表示坐标原点。

假设做二维图形几何变换前图形上一点齐次坐标的矩阵表达为 $p = (x \quad y \quad 1)$，变换后齐次的矩阵表达坐标为 $p' = (x' \quad y' \quad 1)$，则可得到下面的二维图形几何变换矩阵。

（1）平移变换

$$p' = (x' \quad y' \quad 1) = (x \quad y \quad 1) \begin{pmatrix} 1 & 0 & 0 \\ 0 & 1 & 0 \\ T_x & T_y & 1 \end{pmatrix} = (x + T_x \quad y + T_y \quad 1) = pT(T_x, T_y)$$

式中，T_x、T_y 分别是图形在 x 轴和 y 轴上的平移量。

（2）比例变换

$$p' = (x' \quad y' \quad 1) = (x \quad y \quad 1) \begin{pmatrix} S_x & 0 & 0 \\ 0 & S_y & 0 \\ 0 & 0 & 1 \end{pmatrix} = (xS_x \quad yS_y \quad 1) = pS(S_x, S_y)$$

式中，S_x、S_y 分别是图形在 x 轴和 y 轴上的缩放比例，该比例变换是以坐标原点为参考点的。

（3）旋转变换

$$\boldsymbol{p}' = (x'\quad y'\quad 1) = (x\quad y\quad 1)\begin{pmatrix} \cos\theta & \sin\theta & 0 \\ -\sin\theta & \cos\theta & 0 \\ 0 & 0 & 1 \end{pmatrix}$$

$$= (x\cos\theta - y\sin\theta \quad x\sin\theta + y\cos\theta \quad 1) = \boldsymbol{pR}(\theta)$$

式中，θ 是图形以坐标原点为旋转中心的旋转角度。

可以用 $\boldsymbol{T}(T_x,\ T_y)$、$\boldsymbol{S}(S_x,\ S_y)$、$\boldsymbol{R}(\theta)$ 来表示平移、比例、旋转这三种基本的几何变换。多数常见的二维几何变换都可以通过这三种基本几何变换的组合来达到。例如，上面所提到的比例变换和旋转变换都是相对于坐标原点进行的，如果希望相对于任意一点（x_0，y_0）做变换，可以先平移到原点，相对于原点做变换后，再平移回去。相对于任意一点（x_0，y_0）的比例变换和旋转变换矩阵如下：

$$\boldsymbol{T}(-x_0,-y_0) \cdot \boldsymbol{S}(S_x,S_y) \cdot \boldsymbol{T}(x_0,y_0)$$

$$= \begin{pmatrix} 1 & 0 & 0 \\ 0 & 1 & 0 \\ -x_0 & -y_0 & 1 \end{pmatrix}\begin{pmatrix} S_x & 0 & 0 \\ 0 & S_y & 0 \\ 0 & 0 & 1 \end{pmatrix}\begin{pmatrix} 1 & 0 & 0 \\ 0 & 1 & 0 \\ x_0 & y_0 & 1 \end{pmatrix} = \begin{pmatrix} S_x & 0 & 0 \\ 0 & S_y & 0 \\ x_0(1-S_x) & y_0(1-S_y) & 1 \end{pmatrix}$$

$$\boldsymbol{T}(-x_0,-y_0) \cdot \boldsymbol{R}(\theta) \cdot \boldsymbol{T}(x_0,y_0)$$

$$= \begin{pmatrix} 1 & 0 & 0 \\ 0 & 1 & 0 \\ -x_0 & -y_0 & 1 \end{pmatrix}\begin{pmatrix} \cos\theta & \sin\theta & 0 \\ -\sin\theta & \cos\theta & 0 \\ 0 & 0 & 1 \end{pmatrix}\begin{pmatrix} 1 & 0 & 0 \\ 0 & 1 & 0 \\ x_0 & y_0 & 1 \end{pmatrix}$$

$$= \begin{pmatrix} \cos\theta & \sin\theta & 0 \\ -\sin\theta & \cos\theta & 0 \\ x_0(1-\cos\theta)+y_0\sin\theta & y_0(1-\cos\theta)-x_0\sin\theta & 1 \end{pmatrix}$$

在二维图形几何变换中，对称变换和错切变换也比较常见。

（1）对称变换

$$\boldsymbol{p}' = (x'\quad y'\quad 1) = (x\quad y\quad 1)\begin{pmatrix} a & d & 0 \\ b & e & 0 \\ 0 & 0 & 1 \end{pmatrix} = (ax+by\quad dx+ey\quad 1)$$

当 a、b、d、e 取不同的值时，产生不同的对称变换。

1）当 $b=d=0$，$a=-1$，$e=1$ 时，有 $x'=-x$，$y'=y$，产生相对于 y 轴对称的反射图形。

2）当 $b=d=0$，$a=1$，$e=-1$ 时，有 $x'=x$，$y'=-y$，产生相对于 x 轴对称的反射图形。

3）当 $b=d=0$，$a=e=-1$ 时，有 $x'=-x$，$y'=-y$，产生相对于原点对称的反射图形。

4）当 $b=d=1$，$a=e=0$ 时，有 $x'=y$，$y'=x$，产生相对于直线 $y=x$ 对称的反射图形。

5）当 $b=d=-1$，$a=e=0$ 时，有 $x'=-y$，$y'=-x$，产生相对于直线 $y=-x$ 对称的反射图形。

对称变换如图 3-6 所示。

（2）错切变换

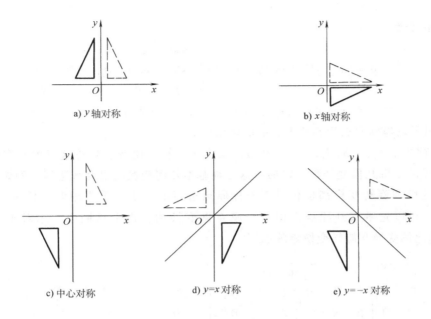

a) y 轴对称

b) x 轴对称

c) 中心对称

d) $y=x$ 对称

e) $y=-x$ 对称

图 3-6 对称变换

$$\boldsymbol{p}' = (x' \quad y' \quad 1) = (x \quad y \quad 1) \begin{pmatrix} 1 & d & 0 \\ b & 1 & 0 \\ 0 & 0 & 1 \end{pmatrix} = (x+by \quad dx+y \quad 1)$$

1）当 $d=0$ 时，$x'=x+by$，$y'=y$，此时图形的 y 坐标值不变，x 坐标值随初值（x，y）及变换系数 b 做线性变化。如图 3-7a 所示：$b>0$ 时，图形沿 x 轴正方向做错切移位；当 $b<0$ 时，图形沿 x 轴负方向做错切移位。

2）当 $b=0$ 时，$x'=x$，$y'=dx+y$，此时图形的 x 坐标值不变，y 坐标值随初值（x，y）及变换系数 d 做线性变化。如图 3-7b 所示：$d>0$ 时，图形沿 y 轴正方向做错切移位；当 $d<0$ 时，图形沿 y 轴负方向做错切移位。

3）当 $b\neq 0$，且 $d\neq 0$ 时，$x'=x+by$，$y'=dx+y$，图形沿 x 轴、y 轴两个方向做错切移位。

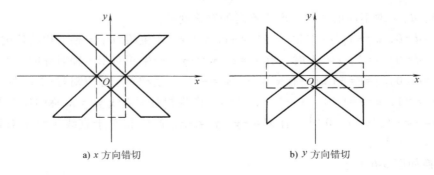

a) x 方向错切

b) y 方向错切

图 3-7 错切变换

以上是常见的二维图形几何变换，有几点需要注意：平移变换只改变图形的位置，不改变图形的大小和几何形状；旋转变换保持了图形的大小和几何形状；比例变换改变了图形的大小和几何形状；错切变换将引起图形各部分之间角度关系的变化，会导致图形发生畸变。

第三节 二维视见变换

为了把在用户坐标系中定义的图形对象在实际的显示器上显示出来，就必须把用户坐标系转换成具体的设备坐标系。用户坐标系是无限的，它在各个方向上是无限延伸的。而所有的显示界面，如绘图纸和屏幕都是有限的，是有边界的。所以在做从用户坐标系向设备坐标系转换之前，应该首先确定用户坐标系中的哪一个局部是想要显示的，然后对这一部分进行转换。窗口就是在观察坐标系中指出的那个要显示出来的区域，这一区域通常为矩形区域。窗口可以用其左下角点和右上角点的坐标来表示，也可以用左上角点和右下角点的坐标来表示，或者用一个角点的坐标和矩形区域的长、宽来表示。窗口是可以嵌套的，即可以在第 1 层窗口中再定义第 2 层窗口，以此类推，在第 k 层窗口中再定义第 $k+1$ 层窗口。在某些情况下，根据需要也可将窗口定义成圆形，用圆心和半径来表示；或多边形，用多边形的边界来表示。但除在特殊情况下，很少这样定义窗口。

用户还需要确定被显示图形在屏幕上出现的位置和大小，使屏幕上既可以只显示一个图形，也可以在不同位置显示多个图形。通常把整个屏幕区域称作屏幕域，它是设备输出图形的最大区域，是有限的区域。而视见区是屏幕域中的一个子区域，通常为矩形区域，它最大时与屏幕域等同。视见区用于显示窗口中的图形。窗口与视见区的差别在于：窗口是在观察坐标系中确定的，它指出了要显示的图形，也就是我们想要看见什么；而视见区在设备坐标系中确定，它指出了实际显示的图形处于屏幕的哪一部分，也就是我们要用屏幕的哪部分实际去看。视见区在设备坐标系中定义，也可以用矩形区域的左下角点和右上角点的坐标来表示。视见区也可以嵌套。如果用户定义的是圆形或多边形窗口，视见区也可以定义成圆形或多边形。在同一个屏幕域中可以定义多个视见区，用于不同的应用。

窗口规定了产生显示图形的范围，视见区规定了显示图形在屏幕上的位置和大小，视见变换就是将用户坐标系窗口内的图形变换到屏幕上设备坐标系的视见区中以产生显示。在视见变换中，二维视见变换比较简单，本节将简要介绍二维视见变换的实现。

设窗口和视见区都是矩形区域。窗口用其左下角点坐标（wxl，wyl）和右上角点坐标（wxh，wyh）来确定，在这里 wxl、wyl、wxh、wyh 分别是窗口的左边界、底边界、右边界、上边界。视见区也用左下角点坐标（vxl，vyl）和右上角点坐标（vxh，vyh）来确定，同理，这里的 vxl、vyl、vxh、vyh 分别是视见区的左边界、底边界、右边界、上边界。因为是对两个不同的坐标系的矩形区域做变换，所以可以将两坐标系视为重合后再应用平移变换和比例变换，求得总的变换关系。

二维视见变换如图 3-8 所示，先平移窗口使其左下角与坐标原点重合，再进行比例变换使其大小与视见区相等，最后再通过平移将其移到视见区规定位置。窗口中的全部图形经过与此相同的变换后就成为视见区中的图形了。因此可得视见变换矩阵为

$$H = T_1 \cdot S \cdot T_2$$

$$= \begin{pmatrix} 1 & 0 & 0 \\ 0 & 1 & 0 \\ -wxl & -wyl & 1 \end{pmatrix} \begin{pmatrix} \dfrac{vxh-vxl}{wxh-wxl} & 0 & 0 \\ 0 & \dfrac{vyh-vyl}{wyh-wyl} & 0 \\ 0 & 0 & 1 \end{pmatrix} \begin{pmatrix} 1 & 0 & 0 \\ 0 & 1 & 0 \\ vxl & vyl & 1 \end{pmatrix}$$

$$= \begin{pmatrix} \dfrac{vxh-vxl}{wxh-wxl} & 0 & 0 \\ 0 & \dfrac{vyh-vyl}{wyh-wyl} & 0 \\ vxl-wxl\dfrac{vxh-vxl}{wxh-wxl} & vyl-wyl\dfrac{vyh-vyl}{wyh-wyl} & 1 \end{pmatrix}$$

a) 用户坐标系中的窗口   b) 平移变换 T_1

c) 比例变换 S d) 平移变换 T_2

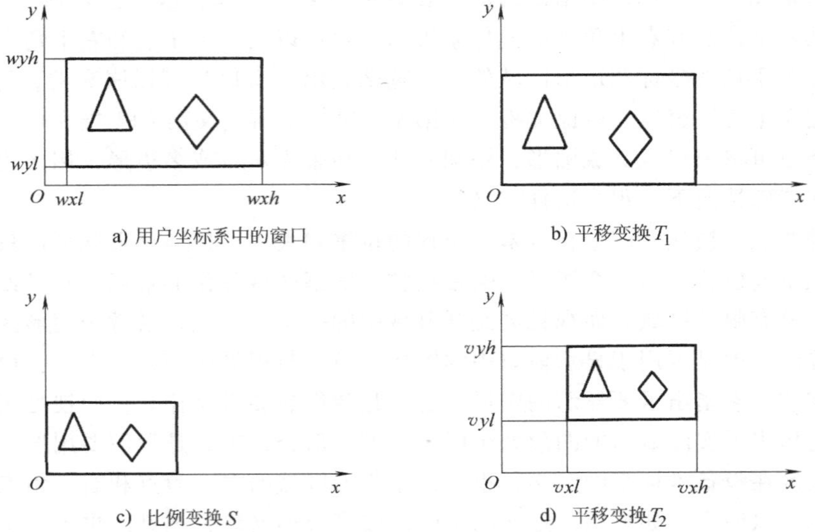

图 3-8　二维视见变换

设窗口中图形上的某一点坐标为 (x, y)，该点显示在视见区中的坐标为 (x', y')，利用视见变换矩阵可得出以下计算公式：

$$x' = vxl + (x-wxl)\frac{vxh-vxl}{wxh-wxl}$$

$$y' = vyl + (y-wyl)\frac{vyh-vyl}{wyh-wyl}$$

在多数绘图系统中都可以由用户设置窗口和视见区的大小和位置，系统根据用户设定构成视见变换矩阵，并作用于之后的所有图形显示，使在用户坐标系中的图形描述变换成设备坐标系中的图形描述。在实际应用中可以利用这一点来达到改变图形形状的目的，比如保持视见区的大小不变而减小窗口，就可以使显示图形放大。

用户定义的图形从窗口到视见区的输出过程是这样的：首先定义要显示图形的用户坐标系，然后定义用户坐标系中的窗口，对窗口进行裁剪后，做窗口到规格化设备坐标系中指定的视见区的变换，以及视见区从规格化坐标系到设备坐标系的变换，完成后在图形设备上输出图形。

第四节 三维图形变换

三维图形几何变换可由二维图形几何变换来推得。通常约定三维世界坐标系为右旋坐标系，即张开右手，大拇指向外伸展，使大拇指和食指分别与 x 轴和 y 轴方向一致，则手掌向外的方向是 z 轴方向。这时表示三维空间中任意一点的齐次坐标是四维向量。所以，表达三维变换，就要使用 4×4 的变换矩阵。

与二维图形几何变换相同，对于三维图形几何变换矩阵 $\boldsymbol{T}_{3D}$ 有

$$\boldsymbol{T}_{3D}=\begin{pmatrix} a_{11} & a_{12} & a_{13} & a_{14} \\ a_{21} & a_{22} & a_{23} & a_{24} \\ a_{31} & a_{32} & a_{33} & a_{34} \\ a_{41} & a_{42} & a_{43} & a_{44} \end{pmatrix}$$

也可以从变换功能上分成四个子矩阵，$\begin{pmatrix} a_{11} & a_{12} & a_{13} \\ a_{21} & a_{22} & a_{23} \\ a_{31} & a_{32} & a_{33} \end{pmatrix}$ 产生比例、旋转、错切等几何变换；$(a_{41} \quad a_{42} \quad a_{43})$ 产生平移变换；$\begin{pmatrix} a_{14} \\ a_{24} \\ a_{34} \end{pmatrix}$ 产生投影变换；(a_{44}) 产生整体比例变换。

设三维空间中任意一点 P 齐次坐标的矩阵表达为 $\boldsymbol{P}=(x \quad y \quad z \quad 1)$，该点做三维图形几何变换后得到的点 P' 齐次坐标的矩阵表达为 $\boldsymbol{P}'=(x' \quad y' \quad z' \quad 1)$，可得下面的三维图形几何变换矩阵。

一、平移变换

$$\boldsymbol{P}'=(x' \quad y' \quad z' \quad 1)=(x \quad y \quad z \quad 1)\begin{pmatrix} 1 & 0 & 0 & 0 \\ 0 & 1 & 0 & 0 \\ 0 & 0 & 1 & 0 \\ D_x & D_y & D_z & 1 \end{pmatrix}=\boldsymbol{P}\cdot\boldsymbol{T}(D_x,D_y,D_z)$$

式中，D_x、D_y、D_z 分别是沿 x 轴、y 轴、z 轴方向上的平移量。

三维平移变换如图 3-9 所示。

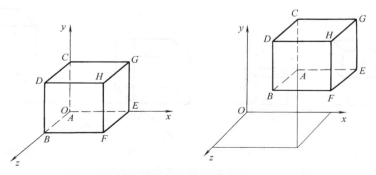

图 3-9 三维平移变换

二、比例变换

$$P' = (x' \quad y' \quad z' \quad 1) = (x \quad y \quad z \quad 1) \begin{pmatrix} S_x & 0 & 0 & 0 \\ 0 & S_y & 0 & 0 \\ 0 & 0 & S_z & 0 \\ 0 & 0 & 0 & 1 \end{pmatrix} = P \cdot S(S_x, S_y, S_z)$$

该比例变换以坐标原点为参考点。上式中的 S_x、S_y、S_z 分别是沿 x 轴、y 轴、z 轴方向上的放缩比例。以坐标原点为参考点的三维比例变换如图 3-10 所示。

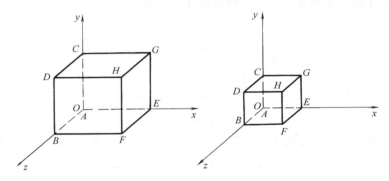

图 3-10   以坐标原点为参考点的三维比例变换

如果要以三维空间中的任意一点 (x_0, y_0, z_0) 为参考点做比例变换，只需采用与二维比例变换相同的方法，先平移至原点做比例变换后再平移回到点 (x_0, y_0, z_0)，比例变换矩阵为

$$S = \begin{pmatrix} 1 & 0 & 0 & 0 \\ 0 & 1 & 0 & 0 \\ 0 & 0 & 1 & 0 \\ -x_0 & -y_0 & -z_0 & 1 \end{pmatrix} \begin{pmatrix} S_x & 0 & 0 & 0 \\ 0 & S_y & 0 & 0 \\ 0 & 0 & S_z & 0 \\ 0 & 0 & 0 & 1 \end{pmatrix} \begin{pmatrix} 1 & 0 & 0 & 0 \\ 0 & 1 & 0 & 0 \\ 0 & 0 & 1 & 0 \\ x_0 & y_0 & z_0 & 1 \end{pmatrix}$$

$$= \begin{pmatrix} S_x & 0 & 0 & 0 \\ 0 & S_y & 0 & 0 \\ 0 & 0 & S_z & 0 \\ (1-S_x) \cdot x_0 & (1-S_y) \cdot y_0 & (1-S_z) \cdot z_0 & 1 \end{pmatrix}$$

以任意点 P 为参考点的三维比例变换如图 3-11 所示。

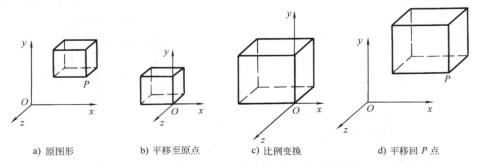

a) 原图形   b) 平移至原点   c) 比例变换   d) 平移回 P 点

图 3-11   以任意点 P 为参考点的三维比例变换

三、旋转变换

三维旋转变换比较复杂，需先给出分别绕三根坐标轴旋转的变换矩阵。旋转的正方向通常约定按右手法则来确定，即面向旋转变换所绕坐标轴的正方向看，逆时针方向为旋转的正方向，绕三根坐标轴旋转的正方向如图 3-12 所示。

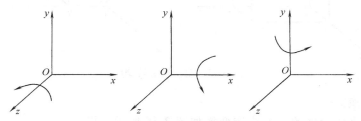

图 3-12　绕三根坐标轴旋转的正方向

1. 绕 z 轴旋转

图形绕 z 轴旋转时，所有 z 坐标值都不会变化，而 x 和 y 坐标值变化，与在 $z = 0$ 平面上绕原点的旋转变换相当。用直角坐标，空间中任意一点 (x, y, z) 绕 z 轴旋转 θ 角，变为 (x', y', z')，有

$$x' = x\cos\theta - y\sin\theta$$
$$y' = x\sin\theta + y\cos\theta$$
$$z' = z$$

改写成齐次坐标后，有绕 z 轴旋转的变换矩阵

$$\boldsymbol{P}' = (x' \quad y' \quad z' \quad 1) = (x \quad y \quad z \quad 1)\begin{pmatrix} \cos\theta & \sin\theta & 0 & 0 \\ -\sin\theta & \cos\theta & 0 & 0 \\ 0 & 0 & 1 & 0 \\ 0 & 0 & 0 & 1 \end{pmatrix} = \boldsymbol{P} \cdot \boldsymbol{R}_z(\theta)$$

式中，θ 为图形绕 z 轴旋转的角度。用类似的方法可以得到另外两个旋转变换矩阵。

2. 绕 x 轴旋转

$$\boldsymbol{P}' = (x' \quad y' \quad z' \quad 1) = (x \quad y \quad z \quad 1)\begin{pmatrix} 1 & 0 & 0 & 0 \\ 0 & \cos\theta & \sin\theta & 0 \\ 0 & -\sin\theta & \cos\theta & 0 \\ 0 & 0 & 0 & 1 \end{pmatrix} = \boldsymbol{P} \cdot \boldsymbol{R}_x(\theta)$$

式中，θ 为图形绕 x 轴旋转的角度。

3. 绕 y 轴旋转

$$\boldsymbol{P}' = (x' \quad y' \quad z' \quad 1) = (x \quad y \quad z \quad 1)\begin{pmatrix} \cos\theta & 0 & -\sin\theta & 0 \\ 0 & 1 & 0 & 0 \\ \sin\theta & 0 & \cos\theta & 0 \\ 0 & 0 & 0 & 1 \end{pmatrix} = \boldsymbol{P} \cdot \boldsymbol{R}_y(\theta)$$

式中，θ 为图形绕 y 轴旋转的角度。

图形绕 y 轴旋转 90°如图 3-13 所示。

与二维图形几何变换相同，多数常见的三维图形几何变换都可以通过平移、比例、旋转三种基本变换的组合来实现。这里讨论一下如何通过组合平移和旋转变换来实现绕空间中任

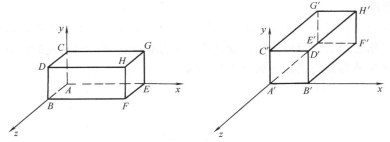

图 3-13　绕 y 轴旋转 $90°$

意直线的旋转变换。

以空间任意直线为轴的三维旋转变换如图 3-14 所示，设三维空间中有一条任意直线，它由直线上一点 Q 和沿直线方向的单位方向向量 n 确定。Q 点坐标为 (x_0, y_0, z_0)，而 $n = (n_1 \quad n_2 \quad n_3)$，$|n| = \sqrt{n_1^2 + n_2^2 + n_3^2} = 1$。以这条直线为旋转轴做旋转 θ 角的旋转变换，使三维空间中任意一点 P 变成 P'。

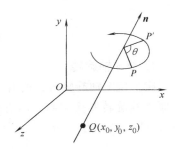

图 3-14　以空间任意直线
为轴的三维旋转变换

为了实现该变换可以先做平移变换 $T(-x_0, -y_0, -z_0)$，使旋转轴成为通过坐标原点的一条直线，然后做绕通过坐标原点的旋转轴旋转 θ 角的旋转变换 $R(\theta)$，最后再做平移变换 $T(x_0, y_0, z_0)$，即开始时所做平移变换的逆变换，使旋转轴平移回到原来的位置。这样，完成所要求变换的变换矩阵就是

$$T(-x_0, -y_0, -z_0) \cdot R(\theta) \cdot T(x_0, y_0, z_0)$$

现在只需求出 $R(\theta)$ 即可。$R(\theta)$ 是实现以过坐标原点的任意直线为旋转轴做旋转变换的变换矩阵。按所设，旋转轴方向由单位向量 $(n_1 \quad n_2 \quad n_3)$ 确定。这个以过坐标原点的任意直线为旋转轴的旋转变换可分为五步实现：

第一步：做绕 x 轴旋转 α 角的变换 $R_x(\alpha)$，使旋转轴落在 $y = 0$ 平面上。

第二步：做绕 y 轴旋转 β 角的变换 $R_y(\beta)$，使旋转轴与 z 轴重合。

第三步：做绕 z 轴旋转 θ 角的旋转变换。

第四步：做第二步的逆变换，即做旋转变换 $R_y(-\beta)$。

第五步：做第一步的逆变换，即做旋转变换 $R_x(-\alpha)$。

先看第一步，绕 x 轴旋转 α 角如图 3-15 所示，图中 O 是坐标原点，点 N 的坐标是 (n_1, n_2, n_3)，因此 ON 是被作为旋转轴的任意直线。记 $v = \sqrt{n_2^2 + n_3^2}$，则有

$$\cos\alpha = \frac{n_3}{v}, \quad \sin\alpha = \frac{n_2}{v}$$

因此可得

$$R_x(\alpha) = \begin{pmatrix} 1 & 0 & 0 & 0 \\ 0 & \dfrac{n_3}{v} & \dfrac{n_2}{v} & 0 \\ 0 & -\dfrac{n_2}{v} & \dfrac{n_3}{v} & 0 \\ 0 & 0 & 0 & 1 \end{pmatrix}$$

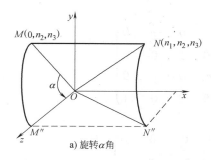
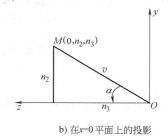

a) 旋转 α 角　　　　　　　b) 在 $x=0$ 平面上的投影

图 3-15　绕 x 轴旋转 α 角

此变换将点 N 变换成 N'，用齐次坐标记法表示有

$$N' = (n_1 \quad n_2 \quad n_3 \quad 1)\boldsymbol{R}_x(\alpha) = (n_1 \quad 0 \quad v \quad 1)$$

可见旋转轴已经落在 $y=0$ 平面上了。

再看第二步，绕 y 轴旋转 β 角如图 3-16 所示，记 $d = \sqrt{n_1^2 + n_2^2 + n_3^2}$ ，这里要注意的是面向 y 轴，图中的 β 角是沿顺时针方向给出的，按照对旋转正方向的约定，这是旋转的负方向。再因为 $d=1$，所以有

$$\cos\beta = \frac{v}{d} = v, \quad \sin\beta = -\frac{n_1}{d} = -n_1$$

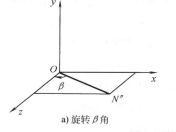
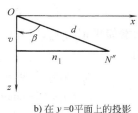

a) 旋转 β 角　　　　　　　b) 在 $y=0$ 平面上的投影

图 3-16　绕 y 轴旋转 β 角

因此所做变换的矩阵是

$$\boldsymbol{R}_y(\beta) = \begin{pmatrix} v & 0 & n_1 & 0 \\ 0 & 1 & 0 & 0 \\ -n_1 & 0 & v & 0 \\ 0 & 0 & 0 & 1 \end{pmatrix}$$

此变换将点 N' 变换成 N''，用齐次坐标记法表示有

$$N'' = (n_1 \quad 0 \quad v \quad 1)\boldsymbol{R}_y(\beta) = (0 \quad 0 \quad 1 \quad 1)$$

可见旋转轴已经落到 z 轴上。

然后看第三步，绕 z 轴旋转 θ 角，变换矩阵 $\boldsymbol{R}_z(\theta)$ 是

$$\boldsymbol{R}_z(\theta) = \begin{pmatrix} \cos\theta & \sin\theta & 0 & 0 \\ -\sin\theta & \cos\theta & 0 & 0 \\ 0 & 0 & 1 & 0 \\ 0 & 0 & 0 & 1 \end{pmatrix}$$

继续看第四步，变换矩阵 $\boldsymbol{R}_y(-\beta)$ 是

$$\boldsymbol{R}_y(-\beta)=\begin{pmatrix} v & 0 & -n_1 & 0 \\ 0 & 1 & 0 & 0 \\ n_1 & 0 & v & 0 \\ 0 & 0 & 0 & 1 \end{pmatrix}$$

最后看第五步，变换矩阵 $\boldsymbol{R}_x(-\alpha)$ 是

$$\boldsymbol{R}_x(-\alpha)=\begin{pmatrix} 1 & 0 & 0 & 0 \\ 0 & \dfrac{n_3}{v} & -\dfrac{n_2}{v} & 0 \\ 0 & \dfrac{n_2}{v} & \dfrac{n_3}{v} & 0 \\ 0 & 0 & 0 & 1 \end{pmatrix}$$

至此可知，实现以过坐标原点任意直线为旋转轴的旋转变换的变换矩阵 $\boldsymbol{R}(\theta)$ 是

$$\boldsymbol{R}(\theta)=\boldsymbol{R}_x(\alpha)\cdot\boldsymbol{R}_y(\beta)\cdot\boldsymbol{R}_z(\theta)\cdot\boldsymbol{R}_y(-\beta)\cdot\boldsymbol{R}_x(-\alpha)$$

$$=\begin{pmatrix} n_1^2+(1-n_1^2)\cos\theta & n_1 n_2(1-\cos\theta)+n_3\sin\theta & n_1 n_3(1-\cos\theta)-n_2\sin\theta & 0 \\ n_1 n_2(1-\cos\theta)-n_3\sin\theta & n_2^2+(1-n_2^2)\cos\theta & n_2 n_3(1-\cos\theta)+n_1\sin\theta & 0 \\ n_1 n_3(1-\cos\theta)+n_2\sin\theta & n_2 n_3(1-\cos\theta)-n_1\sin\theta & n_3^2+(1-n_3^2)\cos\theta & 0 \\ 0 & 0 & 0 & 1 \end{pmatrix}$$

容易看出 $\boldsymbol{R}(\theta)$ 中各元素如果记为 r_{ij}，$1\leqslant i$，$j\leqslant 4$，则可以写出：

对 $1\leqslant i$，$j\leqslant 3$，有

$$r_{ij}=n_i n_j(1-\cos\theta)-(-1)^{i+j}n_k\sin\theta, i<j$$
$$r_{ij}=n_i n_j(1-\cos\theta)+(-1)^{i+j}n_k\sin\theta, i>j$$
$$r_{ii}=n_i^2+(1-n_i^2)\cos\theta, i=j$$

对 $i=4$ 或 $j=4$，有

$$r_{i4}=0,\ 1\leqslant i\leqslant 3$$
$$r_{4j}=0,\ 1\leqslant j\leqslant 3$$
$$r_{44}=1$$

式中，$k\in\{1,2,3\}$，k 不同于 i 和 j。

第五节　投　影　变　换

在现阶段，绝大多数的图形显示设备的显示表面都是平面的，也就是二维的，而我们所观察到的世界中的物体都是三维的。为了解决如何把观察到的三维物体在显示设备的二维显示表面上显示出来的问题，就需要用到投影变换。

一般来说，投影法就是把 n 维空间中的点投射到小于 n 维的空间中去的方法，其相应的变换为投影变换。绝大多数情况下能够用到的只是三维形体在二维平面上的投影，所以通常所说的投影变换就是指把三维物体变为二维图形显示的方法。投影是这样形成的：首先在三

维空间中确定一个投射中心和一个投影面，然后从投射中心引出一些投射线，这些直线通过物体上的每一点与投影面相交，在投影面上就形成了物体的投影。根据投射中心与投影面之间距离的不同，投影变换可以分为平行投影和透视投影。

当投射中心与投影面相距无穷远时，投射线成为一组平行线，这种投影变换称为平行投影。

当投射中心与投影面相距有限远时，投射线交于一点，这种投影变换称为透视投影。

下面分别介绍这两种投影变换。

一、平行投影

平行投影可以分为两种类型，即正投影和斜投影。

1. 正投影

正投影指投射方向与投影面的法向相同，也就是说投射方向垂直于投影面。常见的正投影是主视图、俯视图和左视图，也就是我们常说的三视图。三视图的投影面分别使之垂直于某个坐标轴，而坐标轴方向恰好就是投射方向。

如果投影面是 $z=0$ 的平面，投射方向是沿 z 轴方向，设三维空间中有直角坐标为 (x, y, z) 的一点 P，投射后成为点 P'，直角坐标为 (x', y', z')，可知

$$x'=x, \ y'=y, \ z'=0$$

用齐次坐标的方法表示，则有

$$(x' \quad y' \quad z' \quad 1) = (x \quad y \quad z \quad 1) \begin{pmatrix} 1 & 0 & 0 & 0 \\ 0 & 1 & 0 & 0 \\ 0 & 0 & 0 & 0 \\ 0 & 0 & 0 & 1 \end{pmatrix}$$

如果以 x 轴负方向为观察方向，z 轴垂直于 xy 平面，经过此变换得到的就是俯视图，俯视图的正投影变换矩阵就是

$$\boldsymbol{M}_{俯} = \begin{pmatrix} 1 & 0 & 0 & 0 \\ 0 & 1 & 0 & 0 \\ 0 & 0 & 0 & 0 \\ 0 & 0 & 0 & 1 \end{pmatrix}$$

用类似方法可以容易得到主视图和左视图的正投影变换矩阵，即

$$\boldsymbol{M}_{主} = \begin{pmatrix} 0 & 0 & 0 & 0 \\ 0 & 1 & 0 & 0 \\ 0 & 0 & 1 & 0 \\ 0 & 0 & 0 & 1 \end{pmatrix}, \quad \boldsymbol{M}_{左} = \begin{pmatrix} 1 & 0 & 0 & 0 \\ 0 & 0 & 0 & 0 \\ 0 & 0 & 1 & 0 \\ 0 & 0 & 0 & 1 \end{pmatrix}$$

三视图如图 3-17 所示。

上述这种投影面垂直于坐标轴的投影属于正投影。正投影还有另一种常见的情形是正轴测投影，这种投影要求投影面的法线方向，即投射方向与三个坐标轴的夹角都相等。这种投影能使在三个坐标轴方向上有相等的透视缩短，这样就能够用相同的比例沿轴线做长度度量，可以做三个坐标轴投影后在投影面上形成三个相等的夹角。单位正方体的正轴测投影如图 3-18 所示。

2. 斜投影

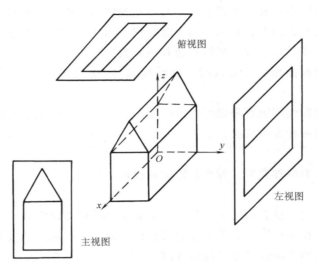

图 3-17   三视图

当平行投影中投影面的法线方向与投射方向不同时就得到斜投影。在斜投影中，投影面一般取坐标平面。设在观察坐标系中取投影面为 $z_v=0$，引入两个量 l、α 来说明投射方向。设直角坐标为 $(0,0,1)$ 的点 P 通过斜投影得到点 P'，这里的 l 就是 P' 到坐标原点 O 的距离，α 是 OP' 与 x_v 轴正向所形成的角，如图 3-19 所示。这时所做斜投影的方向就是向量 $\overrightarrow{PP'}$ 的方向，这个方向是（$l\cos\alpha$ $l\sin\alpha$ -1）。直线 $P'P$ 与平面 $z_v=0$ 形成的夹角记为 β。

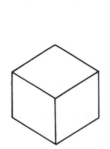

图 3-18   单位正
方体的正轴测投影

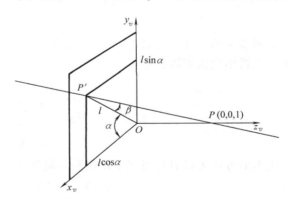

图 3-19   对点 P $(0,0,1)$ 做斜投
影得到点 P'（$l\cos\alpha$，$l\sin\alpha$，0）

设三维空间中有直角坐标为 (x,y,z) 的任意一点，通过斜投影所得投影点的直角坐标为 (x',y',z')。显然 $z'=0$，有

$$\frac{x'-x}{z}=\frac{l\cos\alpha}{1}, \ \frac{y'-y}{z}=\frac{l\sin\alpha}{1}$$

因此有

$$x'=x+z(l\cos\alpha), y'=y+z(l\sin\alpha)$$

使用齐次坐标的方法表示，则有

$$(x'\quad y'\quad z'\quad 1)=(x\quad y\quad z\quad 1)\begin{pmatrix} 1 & 0 & 0 & 0 \\ 0 & 1 & 0 & 0 \\ l\cos\alpha & l\sin\alpha & 0 & 0 \\ 0 & 0 & 0 & 1 \end{pmatrix}$$

所以斜投影的变换矩阵是

$$\boldsymbol{M}_{ab}=\begin{pmatrix} 1 & 0 & 0 & 0 \\ 0 & 1 & 0 & 0 \\ l\cos\alpha & l\sin\alpha & 0 & 0 \\ 0 & 0 & 0 & 1 \end{pmatrix}$$

斜投影中两个比较重要的投影是斜二测投影和斜等测投影。斜二测投影使垂直于投影面的线段长度缩短为原来的一半，这时投射直线与投影面所成的角，即图 3-19 中的角 β，应满足 $\tan\beta=2$，因此 $\beta=63.4°$。这种投影的立体感比较好，这时的 α 角还可以不同。

边长为 l 的正方体的两种斜二测投影如图 3-20 所示。斜等测投影使垂直于投影面的线段仍保持长度，这时直线与投影面所成的夹角 β 满足 $\tan\beta=1$，因此 $\beta=45°$。

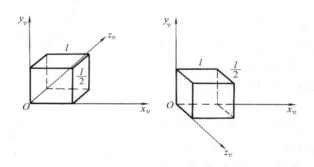

图 3-20　边长为 l 的正方体的两种斜二测投影

二、透视投影

透视投影是用中心投影法将物体投射在单一投影面上所得到的具有立体感的图形。在透视投影中，任意一组平行直线，如果平行于投影面，则经投射后所得到的直线重合或者仍保持平行；如果不平行于投影面，将不再保持平行。实际上，任意一组不平行于投影面的平行直线，投影后所得直线必将汇聚于同一点，这个点称为消失点，也称为灭点，如图 3-21 所示。在三维空间中，平行直线可以认为是相交于无穷远点，所以消失点可以认为是无穷远点投射后得到的点。因为空间中可以取得任意多组不平行于投影面的平行直线，所以消失点也可以取得任意多个。

引入空间直角坐标系后，在透视投影中，如果一组平行直线平行于三个坐标轴

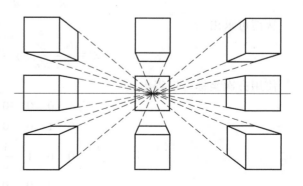

图 3-21　消失点

中的一个，它们所形成消失点称为主消失点。因为只有三个坐标轴，所以最多有三个主消失点。根据主消失点的数目，透视投影可以分为一点透视、二点透视、三点透视。事实上，主消失点的数目对应于被投影面所截的坐标轴的数目。比如，投影面截 z 轴并与它垂直，这时就只能在 z 轴方向上有主消失点。因为此时 x 轴和 y 轴都与投影面平行，平行于 x 轴或 y 轴的所有直线都平行于投影面，所以不能汇聚而产生消失点，因此只能得到单消失点透视投影。类似的，可知若投影面只与两个坐标轴相交就得到双消失点透视投影，若与三个坐标轴都相交就得到三消失点透视投影。一个立方体的三种透视投影如图 3-22 所示。

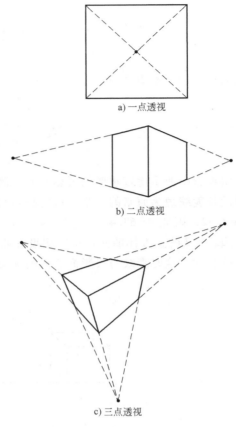

a) 一点透视

b) 二点透视

c) 三点透视

图 3-22　一个立方体的三种透视投影

1. 一点透视

只产生单个主消失点的透视投影称为一点透视或单点透视，也称平行透视。现在来讨论此时的透视投影计算。设在观察坐标系中进行考察，即选眼睛（视点）位置在坐标原点，x_v 轴的正方向是从左向右的水平方向，y_v 轴的正方向是从下向上的竖直方向，z_v 轴的正方向离开眼睛射向前方。这构成了一个左手坐标系。这时投射中心是坐标原点，投影面垂直于 z_v 轴。设投影面位于 $z=d$ 处，可设 $d>0$。这样投影面是平面 $z=d$，对空间中任意一点 P，其直角坐标为 (x, y, z)，它在投影面上的投影点 P' 的直角坐标为 (x', y', z')。可见，$z'=d$，如图 3-23 所示。其中，图 3-23a 是求点 P 的透视投影 P'，图 3-23b 是自 y_v 轴上方投射，图 3-23c 是自 x_v 轴前方投射。利用后两个图中三角形的相似关系，可以得出

$$\frac{x'}{d} = \frac{x}{z}, \frac{y'}{d} = \frac{y}{z}$$

从而可求出

$$x' = \frac{dx}{z} = \frac{x}{z/d}, \ y' = \frac{dy}{z} = \frac{y}{z/d}$$

使用齐次坐标可以得出

$$(x \quad y \quad z \quad 1) \begin{pmatrix} 1 & 0 & 0 & 0 \\ 0 & 1 & 0 & 0 \\ 0 & 0 & 1 & \dfrac{1}{d} \\ 0 & 0 & 0 & 0 \end{pmatrix} = (x \quad y \quad z \quad z/d)$$

对齐次坐标进行规范化后得

$$\left(\frac{x}{z/d} \quad \frac{y}{z/d} \quad d \quad 1 \right)$$

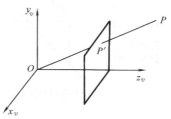

a) 求点 P 的透视投影 P'

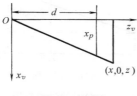

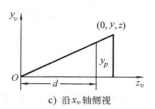

b) 沿 y_v 轴顶视   c) 沿 x_v 轴侧视

图 3-23 单消失点透视投影计算

该点正是点 P 经过透视投影后变成的点 P' 的齐次坐标表示。因此得到此时的透视投影变换矩阵为

$$\boldsymbol{M}_{per-z} = \begin{pmatrix} 1 & 0 & 0 & 0 \\ 0 & 1 & 0 & 0 \\ 0 & 0 & 1 & \dfrac{1}{d} \\ 0 & 0 & 0 & 0 \end{pmatrix}$$

同理易求当投影面是平面 $x=d$ 和 $y=d$ 时，此时的透视投影变换矩阵分别为

$$\boldsymbol{M}_{per-x} = \begin{pmatrix} 1 & 0 & 0 & \dfrac{1}{d} \\ 0 & 1 & 0 & 0 \\ 0 & 0 & 1 & 0 \\ 0 & 0 & 0 & 0 \end{pmatrix}, \boldsymbol{M}_{per-y} = \begin{pmatrix} 1 & 0 & 0 & 0 \\ 0 & 1 & 0 & \dfrac{1}{d} \\ 0 & 0 & 1 & 0 \\ 0 & 0 & 0 & 0 \end{pmatrix}$$

实用中常取 $z=0$ 为投影面，这时投射中心可取空间中任意一点 (x_0, y_0, z_0)，投影面是 $z=0$，投射中心是 $(x_0, y_0, -d)$ 时的透视投影如图 3-24 所示，这里假定了 z_0 是一个负数，即 $z_0 = -d$，$d>0$，当然这个假定并不是必要的。用前面相同的方法，可以得出

$$\frac{x'-x_0}{d} = \frac{x-x_0}{z+d}, \ \frac{y'-y_0}{d} = \frac{y-y_0}{z+d}$$

因此有

$$x' = x_0 + \frac{d(x-x_0)}{z+d}, \ y' = y_0 + \frac{d(y-y_0)}{z+d}$$

实际上，当投射中心取为任意一点 (x_0, y_0, z_0) 做透视投影时，可以分如下三步完

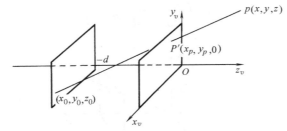

a) 求点P的透视投影P'

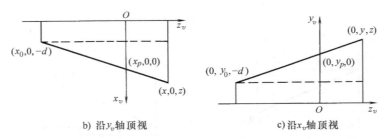

b) 沿y_v轴顶视   c) 沿x_v轴顶视

图 3-24 投影面是 $z=0$，投射中心是 $(x_0,y_0,-d)$ 时的透视投影

成：先将投射中心平移到原点，用前面得到的透视投影变换矩阵进行透视投影，再将投射中心移回到点 (x_0,y_0,z_0)。可以计算出以任意一点 (x_0,y_0,z_0) 为投射中心的透视投影变换矩阵是

$$M'_{per}=T(-x_0,-y_0,d)\cdot M_{per-z}\cdot T(x_0,y_0,-d)$$

$$=\begin{pmatrix}1 & 0 & 0 & 0\\0 & 1 & 0 & 0\\0 & 0 & 1 & 0\\-x_0 & -y_0 & d & 1\end{pmatrix}\begin{pmatrix}1 & 0 & 0 & 0\\0 & 1 & 0 & 0\\0 & 0 & 1 & \dfrac{1}{d}\\0 & 0 & 0 & 0\end{pmatrix}\begin{pmatrix}1 & 0 & 0 & 0\\0 & 1 & 0 & 0\\0 & 0 & 1 & 0\\x_0 & y_0 & -d & 1\end{pmatrix}=\begin{pmatrix}1 & 0 & 0 & 0\\0 & 1 & 0 & 0\\\dfrac{x_0}{d} & \dfrac{y_0}{d} & 0 & \dfrac{1}{d}\\0 & 0 & 0 & 1\end{pmatrix}$$

可以用齐次坐标验证，有

$$(x \quad y \quad z \quad 1)\begin{pmatrix}1 & 0 & 0 & 0\\0 & 1 & 0 & 0\\\dfrac{x_0}{d} & \dfrac{y_0}{d} & 0 & \dfrac{1}{d}\\0 & 0 & 0 & 1\end{pmatrix}=\left(x+\dfrac{x_0z}{d} \quad y+\dfrac{y_0z}{d} \quad 0 \quad \dfrac{z}{d}+1\right)$$

将结果规范化后得到齐次坐标为

$$\left(x_0+\dfrac{d(x-x_0)}{z+d} \quad y_0+\dfrac{d(y-y_0)}{z+d} \quad 0 \quad 1\right)$$

该点正是点 P 经过透视投影后变成的点 P' 的齐次坐标表示。因此 M'_{per} 正是以任意一点 (x_0,y_0,z_0) 为投射中心的透视投影变换矩阵。

2. 二点透视

当投影面与两个坐标轴平行，与第三个坐标轴相交时，透视投影产生一个主消失点，此时是单点透视。如果旋转投影面，使该平面只和一个坐标轴平行，而与另外两个坐标轴相交的时候，透视投影产生两个主消失点，此时就是二点透视，也称为成角透视。

假设投射中心仍然在原点，而投影面与 y_v 轴平行，而与 x_v 轴和 z_v 轴相交。此时计算透视投影交换，只需将投影面绕 y_v 轴旋转 α 角，使之与 y_v 轴和 x_v 轴平行，而只与 z_v 轴相交，此时就可以采用原来的单点透视变换矩阵。所以二点透视的透视投影变换矩阵是

$$M'_{per-z} = R_y(\alpha) \cdot M_{per-z}$$

$$= \begin{pmatrix} \cos\alpha & 0 & -\sin\alpha & 0 \\ 0 & 1 & 0 & 0 \\ \sin\alpha & 0 & \cos\alpha & 0 \\ 0 & 0 & 0 & 1 \end{pmatrix} \begin{pmatrix} 1 & 0 & 0 & 0 \\ 0 & 1 & 0 & 0 \\ 0 & 0 & 1 & \dfrac{1}{d} \\ 0 & 0 & 0 & 0 \end{pmatrix} = \begin{pmatrix} \cos\alpha & 0 & -\sin\alpha & -\dfrac{\sin\alpha}{d} \\ 0 & 1 & 0 & 0 \\ \sin\alpha & 0 & \cos\alpha & \dfrac{\cos\alpha}{d} \\ 0 & 0 & 0 & 0 \end{pmatrix}$$

3. 三点透视

当投影面与三个坐标轴都相交时，透视投影产生三个主消失点，此时就是三点透视。仍设投影中心在原点。计算三点透视，只需先将投影面绕 x_v 轴旋转 β 角，再绕 y_v 轴旋转 α 角，使之与 y_v 轴和 x_v 轴平行，而只与 z_v 轴相交，就可以再次应用原来的单点透视变换矩阵。所以三点透视的透视投影变换矩阵是

$$M''_{per-z} = R_x(\beta) \cdot R_y(\alpha) \cdot M_{per-z}$$

$$= \begin{pmatrix} 1 & 0 & 0 & 0 \\ 0 & \cos\beta & \sin\beta & 0 \\ 0 & -\sin\beta & \cos\beta & 0 \\ 0 & 0 & 0 & 1 \end{pmatrix} \begin{pmatrix} \cos\alpha & 0 & -\sin\alpha & 0 \\ 0 & 1 & 0 & 0 \\ \sin\alpha & 0 & \cos\alpha & 0 \\ 0 & 0 & 0 & 1 \end{pmatrix} \begin{pmatrix} 1 & 0 & 0 & 0 \\ 0 & 1 & 0 & 0 \\ 0 & 0 & 1 & \dfrac{1}{d} \\ 0 & 0 & 0 & 0 \end{pmatrix}$$

$$= \begin{pmatrix} \cos\alpha & 0 & -\sin\alpha & \dfrac{\sin\alpha}{d} \\ \sin\alpha\sin\beta & \cos\beta & \sin\alpha\sin\beta & -\dfrac{\sin\beta\cos\alpha}{d} \\ \cos\beta\sin\alpha & -\sin\beta & \cos\alpha\cos\beta & -\dfrac{\cos\alpha\cos\beta}{d} \\ 0 & 0 & 0 & 0 \end{pmatrix}$$

三点透视是透视投影中的一般情况，此时的投影面可以是空间中的任意平面，而一点透视和二点透视可以看作是三点透视的特例。上面假定了投射中心为原点，只要进行平移，就可以做投射中心为任意点情况下的三点透视投影。即假设投射中心为 (x_0, y_0, z_0)，则三点透视投影的投影变换矩阵为

$$M''_{per-z} = T(-x_0, -y_0, -z_0) \cdot R_x(\beta) \cdot R_y(\alpha) \cdot M_{per-z} \cdot T(x_0, y_0, z_0)$$

一般来说，透视投影产生的透视投影图立体感较好，而平行投影产生的平行投影图能够较好地保留物体各部分的相对尺寸关系。在应用中可以根据需要选择不同的投影方法，这两种投影方法都有广泛的应用。

第六节　裁　　剪

在定义了窗口以后，要求窗口内的图形在视区内显示，而窗口外的图形则不显示。即要确定图形中哪些部分在窗口内，哪些部分在窗口外。这就需要用到裁剪算法。裁剪就是去掉窗口外的不可见部分，保留窗口内可见部分的过程。由于图形中的每一个图形基本元素都要经过裁剪工作，来确定它是否可见，所以裁剪算法的效率直接影响整个图形显示的效率。

在最简单的情况下，裁剪区域是二维矩形区域（因为通常设定的窗口和显示区域都是矩形的），裁剪对象是线段（因为图形通常都可以分割成线段的组合）。对于复杂的情况，裁剪区域可以是不规则区域、三维区域等，裁剪对象可以是多边形、三维形体等。

对不同的图形元素要采用不同的裁剪算法。点是组成图形的基本单位，相对于裁剪窗口来说，对点做裁剪是很简单的。

假设窗口的两个对角顶点分别是 (x_l, y_b)、(x_r, y_t)，则同时满足下列不等式的点 (x, y) 是要保留的点，否则就要被舍弃：

$$x_l \leqslant x \leqslant x_r, y_b \leqslant y \leqslant y_t$$

直线段的裁剪算法是讨论的重点。

一、直线段裁剪算法

直线段的裁剪算法有很多，现在介绍常用的几种。

1. Cohen-Sutherland 算法

该算法的基本思想是：首先判断直线段是否全部在窗口内，是，则保留；不是，则再判断是否完全在窗口之外，如是，则舍弃。如果这两种情况都不属于，则将此直线段分割，对分割后的子线段再进行如前判断，直至所有直线段和由直线段分割出来的子线段都已经确定了是保留还是舍弃为止。

判断直线段对窗口的位置，可以通过判断直线段端点的位置来实现。为了方便起见，可以进行区域编码如图 3-25 所示，用窗口的四条边界及其延长线把整个平面分成九个区域，然后对这些区域用四位二进制代码进行编码，每一区域中的点采用同一代码。编码规则如下：如果该区域在窗口的上方，则代码的第一位为 1；如果该区域在窗口的下方，则代码的第二位为 1；如果该区域在窗口的右侧，则代码的第三位为 1；如果该

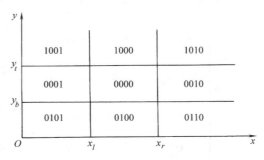

图 3-25　区域编码

区域在窗口的左侧，则代码的第四位为 1。根据此规则，就可以得到区域编码中所示代码。利用这些代码可以迅速地判明全部在窗口内的直线段和全部在窗口外的直线段。

该算法的基本步骤如下：

第一步：编码。设直线段的两个端点为 $P_1(x_1, y_1)$ 和 $P_2(x_2, y_2)$。根据前面所讲的编码规则，可以求出 P_1 和 P_2 所在区域的代码 c_1 和 c_2。

第二步：判别。根据 c_1 和 c_2 的具体值，可以有三种情况：

1）$c_1 = c_2 = 0$，这表明两端点全在窗口内，则整个直线段也在窗口内，应该保留，如图 3-26 中的 AB。

2）$c_1 \times c_2 \neq 0$，这里的"×"是逻辑乘，即 c_1 和 c_2 至少有某一位同时为 1，表明两端点必定同处于某一边界的同一外侧，则整个直线段全在窗口外，应该舍弃，如图 3-26 中的 CD。

3）如不属于上面两种情况，又可以分为以下三种情况：

① 一个端点在内，另一个端点在外，如图 3-26 中的 EF。

② 两个端点均在外，但直线段中部跨越窗口，如图 3-26 中的 HI。

③ 两个端点均在外，且直线段也在外，如图 3-26 中的 JK。

第三步：求交。对不能确定取舍的直线段，求其与窗口边界及其延长线的交点，从而

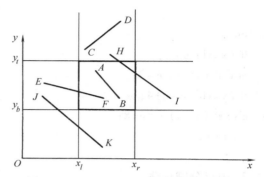

图 3-26 Cohen-Sutherland 裁剪算法的例子

将直线段分割。求交点时，可以有针对性地与某一确定边界求交。如图 3-26 中的直线段 EF，E 所在区域代码为 0001，F 所在区域代码为 0000，这表明 E 在窗口的左侧，而 F 不在左侧，则 EF 与 $x = x_l$ 必定相交。可求得交点 E'，从而可舍弃 EE'，而保留 $E'F$。

第四步：对剩下的线段 $E'F$ 重复以上各步。可以验证，至多重复到第三遍的判断为止（如对图 3-26 中直线段 HI），这时剩下的直线段或者全在窗口内，或者全在窗口外，从而完成了对直线段的裁剪。

算法的程序实现如下，函数 Cohen_Sutherland 用来实现算法，函数 makecode 用来编码，程序中利用了数值的位运算：

算法 3-1 Cohen-Sutherland 算法

```
double xl, xr, yt, yb; //这里事先给出窗口的位置,四个数值是已知的
void Cohen_Sutherland( double x0, double y0, double x2, double y2)
{
    int c, c0, c1;
    double x, y;
    c0 = makecode( x0, y0); c1 = makecode( x2, y2);
    while ( c0! = 0 || c1! = 0)
    {
        if ( c0&c1! = 0) return;
        c = c0; if ( c = = 0) c = c1;
        if ( c&1 = = 1) {y = y0+(y2-y0) * (x1-x0)/(x2-x0); x = x1;}
        else if ( c&2 = = 2) {y = y0+(y2-y0) * (xr-x0)/(x2-x0); x = xr;}
        else if ( c&4 = = 4) {x = x0+(x2-x0) * (yb-y0)/(y2-y0); y = yb;}
        else if ( c&8 = = 8) {x = x0+(x2-x0) * (yt-y0)/(y2-y0); y = yt;}
        if ( c = = c0) {x0 = x; y0 = y; c0 = makecode(x, y);}
```

```
        else{x2=x; y2=y; c1 = makecode(x, y);}
    }
    showline(x0, y0, x2, y2); //显示可见线段
}
int makecode(double x, double y)
{
    int c=0;
    if (x<xl) c=1;
    else if (x>xr) c=2;
    if (y<yb) c=c+4;
    else if (y>yt) c=c+8;
    return c;
}
```

2. 中点分割算法

中点分割算法如图 3-27 所示，设要裁剪的直线段为
P_0P_1。中点分割算法的基本思想如下：可分成两个过程
平行进行，即从 P_0 点出发找出离 P_0 点最近的可见点
（图 3-27 中的 A 点）和从 P_1 点出发找出离 P_1 点最近的
可见点（图 3-27 中的 B 点）。这两个最近可见点的连线
AB 就是原直线段的可见部分。从 P_0 出发找最近可见点
的方法是先求 P_0P_1 的中点 P_m，若 P_0P_m 不能定为显然
不可见，则取 P_0P_m 代替 P_0P_1，否则取 P_mP_1 代替

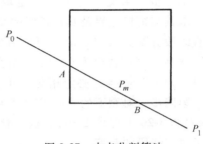

图 3-27　中点分割算法

P_0P_1，再对新的 P_0P_1 求中点。重复上述过程，直到 P_1P_m 长度小于给定的小数 ε 为止。图 3-
28 是求 P_0 的最近可见点的算法框图。求 P_1 的最近可见点的框图是一样的，只要把 P_0 和 P_1
互换即可。在显示时，ε 可以取成一个像素的宽度，对于一个分辨率为 $2^N \times 2^N$ 的显示器来说，
这个二分过程最多需要做 N 次。由于在此计算过程中只需做加法和除 2 运算，所以特别适合
用硬件来实现。如果能够使两个查找最近点的过程平行进行的话，就可以使裁剪速度加快。

假设已知窗口四个边界的位置：lx（左边界 x 坐标），rx（右边界 x 坐标），ty（上边界
y 坐标），by（下边界 y 坐标）。根据中点分割算法框图，可以得到其伪代码算法实现如下：

算法 3-2　中点分割算法

```
//线段完全不可见时,函数返回 false,否则返回 true
//p0,p1 是直线段的两个端点,cp0 和 cp1 是裁剪后直线段的端点
//e 是算法中给定的小数阈值
bool Mid_Cut(Point p0, Point p1, Point &cp0, Point &cp1, double e)
{
    if (! FindP (p0,p1,cp0,e)){//查找离 p0 最近的可见点 cp0
        return false;
    }
    if (! FindP (p1,p0,cp1,e)){ //查找离 p1 最近的可见点 cp1
```

```
        return false;
    }
    return true;
}
//查找离指定点最近的可见点
//如果直线段不可见,函数返回 false,否则 p 为最近可见点
bool FindP( CPoint p0, CPoint p1, CPoint &p, double e)
{
    if ( ! ( p0.x<lx || p0.x > rx || p0.y < ty || p0.y > by ) ) {//p0 可见
        p = p0;
        return true;
    }
    while ( ! ( ( p0.x<lx && p1.x<lx ) || ( p0.x>rx && p1.x>rx )
        || ( p0.y<ty && p1.y<ty ) || ( p0.y>by && p1.y>by ) ) ) {//p0p1 不是显然不可见
            Point pm;
            pm.x = ( p0.x+p1.x )/2;
            pm.y = ( p0.y+p1.y )/2;
            //为提高计算效率,没有直接求距离
            if( abs( pm.x−p1.x )<e && abs( pm.y−p1.y )<e ) {
                p = pm;
                return true;
            }
            if ( ( p0.x<lx && pm.x<lx ) || ( p0.x>rx && pm.x>rx )
                || ( p0.y<ty && pm.y<ty ) || ( p0.y>by && pm.y>by ) )
                p0 = pm;
            else
                p1 = pm;
    }
    return false;//到此,p0p1 显然不可见
}
```

3. 梁友栋-Barsky 算法

如图 3-29 所示，设要裁剪的直线段为 P_0P_1，P_i 的坐标为 (x_i, y_i)，$i = 0$，1。P_0P_1 和窗口边界交于 A、B、C 和 D 四个点。该算法的基本思想是从 A、B 和 P_0 三点中找出最靠近 P_1 的点，在图 3-29 中该点是 P_0。从 C、D 和 P_1 三点中找出最靠近 P_0 的点，在图 3-29 中该点是 C 点。那么，P_0C 就是 P_0P_1 线段上的可见部分。

在具体计算时，可以把 P_0P_1 写成参数方程：

$$x = x_0 + \Delta xt$$
$$y = y_0 + \Delta yt$$

式中，$\Delta x = x_1 - x_0$；$\Delta y = y_1 - y_0$。

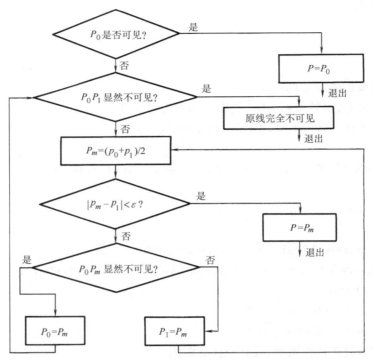

图 3-28   中点分割算法框图

把窗口边界的四条边分成两类，一类称为始边，另一类称为终边。当 $\Delta x \geqslant 0$（$\Delta y \geqslant 0$）时，称 $x = x_l$（$y = y_b$）为始边，$x = x_r$（$y = y_t$）为终边。当 $\Delta x < 0$（$\Delta y < 0$）时，则称 $x = x_r$（$y = y_t$）为始边，$x = x_l$（$y = y_b$）为终边。对图 3-29 中的 $P_0 P_1$ 来说，$x = x_l$ 和 $y = y_b$ 为始边，$x = x_r$ 和 $y = y_t$ 为终边。对图 3-29 中的 $P_3 P_4$ 来说，$x = x_l$ 和 $y = y_t$ 为始边，$x = x_r$ 和 $y = y_b$ 为终边。求出 $P_0 P_1$ 和两条始边的交点的参数 t_0' 和 t_0''，令

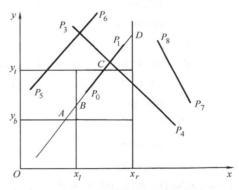

图 3-29   梁友栋-Barsky 算法

$$t_0 = \max(t_0', t_0'', 0)$$

则参数为 t_0 的点就是图 3-29 中 A、B 和 P_0 三点中最靠近 P_1 的点。求出 $P_0 P_1$ 和两条终边的交点的参数 t_1' 和 t_1''，令

$$t_1 = \min(t_1', t_1'', 1)$$

则参数为 t_1 的点就是图 3-29 中 C、D 和 P_1 三点中最靠近 P_0 的点。

当 $t_1 > t_0$ 时，$P_0 P_1$ 参数方程中参数 $t \in [t_0, t_1]$ 的线段就是 $P_0 P_1$ 的可见部分。当 $t_0 > t_1$ 时，整个直线段为不可见，图 3-29 中的直线段 $P_5 P_6$ 和 $P_7 P_8$ 就属于这种情况。

为了确定始边和终边，并求出 $P_0 P_1$ 与它们的交点，可采用如下方法，令

$$Q_l = -\Delta x, \qquad D_l = x_0 - x_l$$
$$Q_r = \Delta x, \qquad D_r = x_r - x_0$$

$$Q_b = -\Delta y, \qquad D_b = y_0 - y_b$$
$$Q_t = \Delta y, \qquad D_t = y_t - y_0$$

可知，交点的参数为

$$t_i = \frac{D_i}{Q_i}, \quad i = l, \ r, \ b, \ t$$

在这里，t_l 是 P_0P_1 和 $x = x_l$ 的交点参数，t_r 是 P_0P_1 和 $x = x_r$ 的交点参数，t_l 是 P_0P_1 和 $y = y_t$ 的交点参数，t_b 是 P_0P_1 和 $y = y_b$ 的交点参数。

当 $Q_i < 0$ 时，求得的 t_i 必定是 P_0P_1 和始边的交点参数。当 $Q_i > 0$ 时，t_i 则是 P_0P_1 和终边的交点参数。当 $Q_i = 0$ 时，若 $D_i < 0$，则 P_0P_1 是完全不可见的（如图 3-30 中的直线段 AB，它使 $Q_r = 0$，$D_r < 0$）。当 $Q_i = 0$ 而相应的 $D_i \geq 0$ 时，如图 3-30 中的直线段 CD，它使 $Q_l = 0$，$D_l > 0$ 和 $Q_r = 0$，$D_r > 0$。这是由于 CD 和 $x = x_l$ 及 $x = x_r$ 平行，所以不必求出 CD 和 $x = x_l$ 及 $x = x_r$ 的交点，而让 CD 和 $y = y_t$ 及 $y = y_b$ 的交点决定直线段上的可见部分。

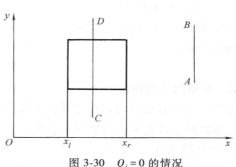

图 3-30　$Q_i = 0$ 的情况

算法的程序实现如下，函数 L_Barsky 用来实现算法，函数 cansee 用于判断直线段是否可见：

算法 3-3　梁友栋-Barsky 算法

```
double xl, xr, yt, yb; //这里事先给出窗口的位置,四个数值是已知的
void L_Barsky(double x0, double y0, double x1, double y1)// double xl, xr, yt, yb;（窗口位置）
{
    double t0, t1, deltax, deltay;
    t0 = 0.0; t1 = 1.0;
    deltax = x1-x0;
    if (! cansee(-deltax, x0-xl, t0, t1)) return;
    if (! cansee(deltax, xr-x0, t0, t1)) return;
    deltay = y1-y0;
    if (! cansee(-deltay, y0-yb, t0, t1)) return;
    if (! cansee(deltay, yt-y0, t0, t1)) return;
    x1 = x0+t1 * deltax; y1 = y0+t1 * deltay;
    x0 = x0+t0 * deltax; y0 = y0+t0 * deltay;
    showline(x0, y0, x1, y1); //显示可见线段
}
bool cansee(double q, double d, double& t0, double& t1)// 函数 cansee 用于判断直线段是否
可见
{
    double r;
```

```
        if ( q<0) {//计算与始边的交点参数
        r=d/q;
        if ( r>t1) {return false;}
        else if ( r>t0) t0=r;//
    } else if ( q>0) {//计算与终边的交点参数
        r=d/q;
        if ( r<t0) {return false;}
        else if ( r<t1) t1=r;//
    } else if ( d<0) {return false;}
    return true;
}
```

二、其他图形的裁剪

除了对点和直线段的裁剪之外，在实际应用中会常遇到其他图形的裁剪情况。例如，对字符、多边形、圆弧和任意曲线的裁剪。

1. 字符的裁剪

对字符的裁剪可以采用几种方法。如果把字符的每一笔看成是由一条直线段或几条直线段组成的，那么就可以用直线段裁剪的方法去处理每一笔画，就得到了字符的裁剪方法，或者把包含一个字符的最小矩阵的中心或左下角在窗口外的字符认为不可见。也可以以一个字符串为单位来裁剪，如果包含字符串的最小矩形的中心或左下角在窗口外，则认为整个字符串为不可见。

2. 多边形的裁剪

对多边形的裁剪有其特殊性。只是采用对多边形的每一条边用对直线段裁剪的方法进行裁剪，并不能真正完成对多边形的裁剪。因为，在图形学中的多边形常认为是一封闭多边形，它把平面分成多边形的内部和外部两部分。对多边形的裁剪结果要求仍是多边形，且原来在多边形内部的点也在裁剪后的多边形内部，在多边形外部的点也仍在裁剪后的多边形的外部。多边形裁剪后，一部分窗口的边界有可能成为裁剪后多边形的边界，如图 3-31 所示。

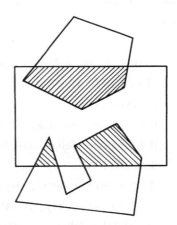

图 3-31　多边形的裁剪
（图中阴影部分是裁剪结果）

对多边形的裁剪可以采用 Sutherland-Hodgman 算法，只要对多边形用窗口的四条边裁剪四次就可得到裁剪后的多边形，如图 3-32 所示。图 3-33 和图 3-34 给出了当前裁剪边 SP 与裁剪线之间位置关系的四种情况，即 S、P 同在裁剪线可见一侧；S、P 同在裁剪线不可见一侧；S 可见，P 不可见；S 不可见，P 可见。图 3-35 是这一算法的框图。设封闭多边形的顶点为 P_1，P_2，$\cdots$，P_n，框图中的 SP 是表示窗口的四条边中正在裁剪的一条边，每次裁剪时的第一个点存放在 F 中，以便对最后一条边裁剪时用。图 3-35a 是 Sutherland-Hodgman 算法的主框图，包含了两处"处理线段 SP 过程"，两处处理过程完全一致，其中第二处是算法对最后一条边 P_nP_1 做裁剪。图 3-35b 是处理线段 SP 过程子框图，给出算法对边 P_1P_2，P_2P_3，$\cdots$，$P_{n-1}P_n$，P_nP_1

中的一条边做裁剪的步骤。裁剪好一条边就输出一条边。该算法要对窗口的四条边用四次。算法执行完毕后，再将产生出来的不属于多边形的边去掉，就可以得到最后的裁剪结果。

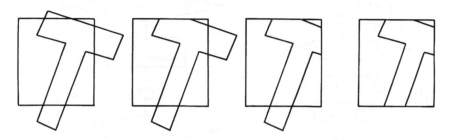

图 3-32　Sutherland-Hodgman 多边形裁剪算法

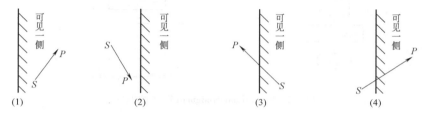

图 3-33　当前裁剪边 *SP* 与裁剪线之间的位置关系

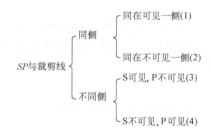

图 3-34　当前裁剪边 *SP* 与裁剪线之间位置关系的四种情况

　　假设已知窗口四个边界的位置：lx（左边界 x 坐标），rx（右边界 x 坐标），ty（上边界 y 坐标），by（下边界 y 坐标）。根据算法框图，可以得到用上边界裁剪多边形的伪代码算法实现如下：

　　算法 3-4　Sutherland-Hodgman 算法

//SP 为待裁剪多边形的顶点坐标数组,n 为多边形的顶点个数

//CP 为用窗口上边界裁剪后得到的多边形顶点坐标数组

//m 为裁剪后多边形的顶点个数

void Cut_Top(Point SP[ ], int n, Point CP[ ], int &m)

{

　　Point F,P,S;

　　int c1,c2;//记录 S 与 P 点是否在上边界的可见侧

　　m＝0;

　　for (int i＝0;i<n;i++){

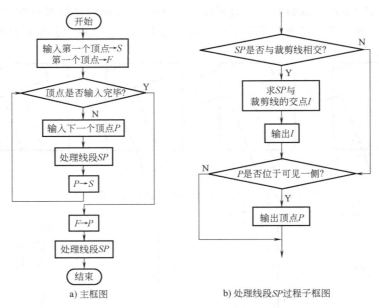

a) 主框图   b) 处理线段SP过程子框图

图 3-35   Sutherland-Hodgman 算法的框图

P = SP[i];
if (i! = 0) {
    c2 = (P.y > ty? −1 : 1);//P 点在上边界的不可见侧,c2 为−1,否则为 1
    if (c1+c2 = = 0) {//S 与 P 在上边界的异侧才会产生交点
        Point I;//计算交点
        I.y = ty;
        I.x = (P.x−S.x) ∗ (I.y−S.y)/(P.y−S.y) +S.x;
        CP[m++] = I;
    }
}
else
    F = P;
S = P;
if (S.y > ty) {//S 点在上边界的不可见侧,c1 为−1
    c1 = −1;
}
else {//S 点在上边界的可见侧,c1 为,并输出 S 点为裁剪后多边形一个顶点
    c1 = 1;
    CP[m++] = S;
}
}
//以下处理最后一条边

```
        c2 = ( F.y > ty?  -1 : 1);
        if ( c1+c2 = = 0) {
            Point I;
            I.y  =  ty;
            I.x  =  ( F.x-S.x) * ( I.y-S.y)/( F.y-S.y) +S.x;
            CP[ m++] =I;
        }
    }
}
```

类似的可以得到用窗口右边界、下边界、左边界对多边形进行裁剪的伪代码算法:

```
//用窗口右边界裁剪多边形
void Cut_Right( Point SP[ ], int n, Point CP[ ], int &m)
{
    Point F,P,S;
    int c1,c2;
    m = 0;
    for ( int i = 0;i<n;i++) {
        P = SP[ i];
        if ( i! = 0) {
            c2  =  ( P.x > rx?  -1 : 1);
            if ( c1+c2 = = 0) {
                Point I;
                I.x  =  rx;
                I.y  =  ( P.y-S.y) * ( I.x-S.x)/( P.x-S.x) +S.y;
                CP[ m++] =I;
            }
        }
        else
            F = P;
        S = P;
        if ( S.x > rx) {
            c1  =  -1;
        }
        else {
            c1  =  1;
            CP[ m++] =S;
        }
    }
    c2 = ( F.x > rx ?  -1 : 1);
    if ( c1+c2 = = 0) {
```

```
        Point I;
        I.x = rx;
        I.y = (F.y-S.y) * (I.x-S.x)/(F.x-S.x)+S.y;
        CP[m++]=I;
    }
}
```

//用窗口下边界裁剪多边形
```
void Cut_Bottom(Point SP[], int n, Point CP[], int &m)
{
    Point F,P,S;
    int c1,c2;
    m=0;
    for (int i=0;i<n;i++){
        P=SP[i];
        if (i! =0){
            c2 = (P.y < by? -1 : 1);
            if (c1+c2==0){
                Point I;
                I.y = by;
                I.x = (P.x-S.x) * (I.y-S.y)/(P.y-S.y)+S.x;
                CP[m++]=I;
            }
        }
        else
            F=P;
        S=P;
        if (S.y < by){
            c1 = -1;
        }
        else{
            c1 = 1;
            CP[m++]=S;
        }
    }
    c2=(F.y < by? -1 : 1);
    if (c1+c2==0){
        Point I;
        I.y = by;
        I.x = (F.x-S.x) * (I.y-S.y)/(F.y-S.y)+S.x;
```

```
        CP[m++]=I;
    }
}
//用窗口左边界裁剪多边形
void Cut_Left(Point SP[], int n, Point CP[], int &m)
{
    Point F,P,S;
    int c1,c2;
    m=0;
    for (int i=0;i<n;i++){
        P=SP[i];
        if (i! =0){
            c2 = (P.x < lx? -1 : 1);
            if (c1+c2==0){
                Point I;
                I.x = lx;
                I.y = (P.y-S.y) * (I.x-S.x)/(P.x-S.x)+S.y;
                CP[m++]=I;
            }
        }
        else
            F=P;
        S=P;
        if (S.x < lx){
            c1 = -1;
        }
        else{
            c1 = 1;
            CP[m++]=S;
        }
    }
    c2=(F.x < lx ? -1 : 1);
    if (c1+c2==0){
        Point I;
        I.x = lx;
        I.y = (F.y-S.y) * (I.x-S.x)/(F.x-S.x)+S.y;
        CP[m++]=I;
    }
}
```

综上,可以得到 Sutherland-Hodgman 多边形裁剪算法的伪代码算法如下:

```
//SP 为待裁剪多边形的顶点坐标数组,n 为多边形的顶点个数
//CP 为裁剪后得到的多边形顶点坐标数组,m 为裁剪后多边形的顶点个数
void Sutherland_Hodgman( Point SP[ ], int n, Point CP[ ], int &m)
{
    this->Cut_Top( sp, n, cp, m);//用窗口上边界裁剪
    this->Cut_Right( cp, m, sp, n); //用窗口右边界裁剪
    this->Cut_Bottom( sp, n, cp, m); //用窗口下边界裁剪
    this->Cut_Left( cp, m, sp, n); //用窗口左边界裁剪
    for ( int i = 0;i<n;i++)
        cp[i] = sp[i];
    m = n;
}
```

3. 圆弧的裁剪

对圆弧的裁剪,可把圆弧和窗口四条边的交点求出来,再按交点对圆心幅角的大小排序,排序后,相邻的两个交点决定了圆弧上一段可见或不可见的弧。

由于任意曲线可以用直线和圆弧来逼近,所以任意曲线的裁剪问题可以转化为对直线或圆弧的裁剪。

4. 裁剪区域为凸多边形区域的直线段裁剪

以上介绍的是裁剪区域为矩形区域时的裁剪算法。而当裁剪区域为非矩形区域时,对于不同形状的裁剪区域有不同的裁剪算法。下面介绍一种简单的裁剪区域为任意凸多边形区域时的直线段的裁剪算法。假设裁剪区域为一个任意凸多边形区域,它是由 n 个直线段 P_1P_2,P_2P_3,$\cdots$,$P_{n-1}P_n$,P_nP_1 连接而成的,如图 3-36 所示。算法如下:

第一步,计算所要裁剪的直线段所在直线与凸多边形区域的边界直线段的交点。这里的交点必须是在凸多边形区域的边界直线段上的点。在图 3-36 中,直线段 AB 与 P_2P_3 的交点 P_{AB3} 因为不在直线段 P_2P_3 上,所以不记为交点。而 P_{AB1} 和 P_{AB2} 因为分别在直线段 P_4P_5 和 P_1P_2 上,所以记为交点。根据凸多边形的特性可知,这样的交点至多只有两个,所以如果已经有两个交点了,则可以终止计算,直接进行下一步。下面根据交点的个数不同来进行裁剪工作。

第二步,当交点的个数为 0 或 1 时,该直线段处于凸多边形区域外,如图 3-36 中的直线段 CD 和 EF,所以该直线段完全不可见。

第三步,当交点的个数为 2 时,通过判断这两个交点与被裁剪的直线段的端点在直线段所处的直线上的关系来进行裁剪。有如下几种情况:

1) 如果直线段的两个端点和两个交点刚好全部重合,如图 3-36 中的直线段 GH,则显而易见该直线段完全可见。

2) 如果直线段的两个端点和两个交点中有一个重合,则将重合的点视为一点,再将重合点与另外的一个端点(交点)按在直线上的顺序排列。根据排列的顺序有如下三种情况:如果重合点和交点不相邻,则直线段完全可见,如图 3-36 中的直线段 KL;如果重合点与交点相邻,且该交点与另一个端点相邻,则直线段部分可见,且可见部分为重合点与另一个交点确定的直线段,如图 3-36 中的直线段 TV,它的可见部分为直线段 $P_{TV}V$;如果重合点与交

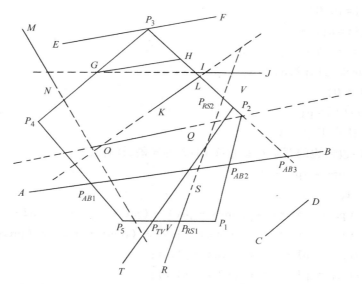

图 3-36　裁剪区域为任意凸多边形区域时对直线段的裁剪

点相邻，且该交点与另一个端点不相邻，则直线段完全不可见，如图 3-36 中的直线段 *IJ*。

　　3）如果直线段的两个端点和两个交点都不重合。将这四个点按在直线上的顺序排列，根据排列的顺序有如下四种情况：如果两个端点和两个交点分别相邻，则直线段完全不可见，如图 3-36 中的直线段 *MN*；如果两个端点在两个交点之间，则直线段完全可见，如图 3-36 中的直线段 *OQ*；如果两个交点在两个端点之间，则直线段部分可见，且可见部分为两个交点决定的直线段，如图 3-36 中的直线段 *AB*，它的可见部分为直线段 $P_{AB1}P_{AB2}$；如果交点和端点的排列顺序是交错的，则直线段部分可见，且可见部分为中间的一个交点和一个端点决定的直线段，如图 3-36 中的直线段 *RS*，它的可见部分为直线段 $P_{RS1}S$。

　　经过以上三步即可完成对直线段的裁剪。上面算法的第三步比较复杂，可以加以简化。其实在凸多边形区域中直线段的可见部分只能是处于两个交点之间的部分。再根据直线段的端点位置就可以确定直线段是完全可见，还是部分可见，而且可以确定直线段的可见部分。

　　根据算法，可以得到伪代码实现如下：

　　算法 3-5　裁剪区域为任意凸多边形区域的直线段裁剪算法

```
//rp 存放凸多边形顶点,n 为顶点个数
//p1,p2 是直线段端点
//cp1,cp2 是直线可见部分端点
//函数返回 false 代表直线段不可见,返回 true 代表直线段可见或部分可见
bool PolygonCut(Point rp[ ], int n, Point p1, Point p2, Point &cp1, Point &cp2)
{
    int d1,d2;
    Point jd[2];
    int m = 0;
    d1 = Check(p1,p2,rp[0]);
    if(d1 == 0)
```

```
        jd[m++] = rp[0];
for (int i = 1; i <= n; i++) {
    Point p = rp[i%n];
    d2 = Check(p1, p2, p);
    if (d2 == 0)
        jd[m++] = p;
    else if (d1 + d2 == 0) {
        //多边形边的两端点在直线 p1p2 的异侧,计算交点
        Point pre = rp[i-1];
        float t;
        t = (p2.x - p1.x) * (pre.y - p.y) - (pre.x - p.x) * (p2.y - p1.y);
        t = ((pre.x - p1.x) * (pre.y - p.y) - (pre.x - p.x) * (pre.y - p1.y))/t;
        jd[m].x = p1.x + t * (p2.x - p1.x);
        jd[m].y = p1.y + t * (p2.y - p1.y);
        m++;
    }
    if (m == 2) {
        //直线段与凸多边形有两个交点,根据交点位置确定直线段是否可见及可见
部分
        float t1, t2;
        if (p2.x != p1.x) {
            t1 = (jd[0].x - p1.x)/(float)(p2.x - p1.x);
            t2 = (jd[1].x - p1.x)/(float)(p2.x - p1.x);
        }
        else {
            t1 = (jd[0].y - p1.y)/(float)(p2.y - p1.y);
            t2 = (jd[1].y - p1.y)/(float)(p2.y - p1.y);
        }
        if (t1 < 0) {//第一交点位于两端点外侧
            if (t2 < 0) {//第二交点与第一交点位于两端点同一外侧,直线段不可见
                return false;
            }
            else if (t2 > 1) {//两端点在两交点之间,直线段完全可见
                cp1 = p1; cp2 = p2;
                return true;
            }
            else {//第二交点在两端点之间,可见部分为 p1 点与第二交点之间部分
                cp1 = p1; cp2 = jd[1];
                return true;
```

```
                }
            }
            else if (t1 > 1){//第一交点位于两端点另一外侧
                if (t2 < 0){//端点在两交点之间,直线段完全可见
                    cp1 = p1;cp2 = p2;
                    return true;
                }
                else if (t2 > 1){//第二交点与第一交点位于两端点同一外侧,直线段不
可见
                    return false;
                }
                else{//第二个交点在两端点之间,可见部分为第二交点与p2点之间部分
                    cp1 = jd[1];cp2 = p2;
                    return true;
                }
            }
            else{//第一交点在两端点之间
                if (t2 < 0){//第二交点在两端点外侧,可见部分为p1点与第一交点之间
部分
                    cp1 = p1;cp2 = jd[0];
                    return true;
                }
                else if (t2 > 1){//第二交点在两端点外侧,可见部分为p2点与第一交点之
间部分
                    cp1 = jd[0];cp2 = p2;
                    return true;
                }
                else{//两交点在两端点之间,交点之间部分可见
                    cp1 = jd[0];cp2 = jd[1];
                    return true;
                }
            }
        }
        d1 = d2;
    }
    //只有一个交点或没有交点,直线段完全不可见
    return false;
}
//判断点 p 与直线 p1p2 的位置关系
```

```
//p 在直线 p1p2 左侧返回-1,在右侧返回 1,在直线上返回 0
int Check(Point p1, Point p2, Point p)
{
    int a = p2.y - p1.y;
    int b = p1.x - p2.x;
    int c = p2.x * p1.y - p1.x * p2.y;
    int d = a * p.x + b * p.y + c;
    if (d < 0)
        return -1;
    if (d > 0)
        return 1;
    return 0;
}
```

三、三维图形的裁剪

在实际应用中还会用到对三维视域的裁剪。在讨论三维裁剪时，三维裁剪体（相当于二维裁剪中的窗口）通常采用两种立体，一种是长方体（也称裁剪盒），它适用于平行投影或轴测投影，如图 3-37a 所示；另一种是截头棱锥体（又称平截视锥体），它适用于透视投影，如图 3-37b 所示。这两种裁剪体都是六面体，它们从视线方向（z 轴反方向）看去，分为前面、后面、左侧面、右侧面、顶面和底面。

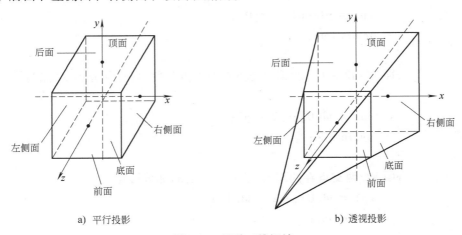

a) 平行投影   b) 透视投影

图 3-37   两种三维视域

二维平面下的各种裁剪方法都可以推广到三维。下面讨论 Cohen-Sutherland 算法推广至三维时的情况。Cohen-Sutherland 算法在三维情况下端点的编码需要采用六位编码，编码最右端为第一位，这六位编码安排如下：

第一位为 1——端点在裁剪体左侧；

第二位为 1——端点在裁剪体右侧；

第三位为 1——端点在裁剪体下侧；

第四位为 1——端点在裁剪体上侧；

第五位为 1——端点在裁剪体前面；

第六位为 1——端点在裁剪体后面；

当端点在裁剪体内时六位全置零。

这样，如果一条线段的两端点编码全为零，说明两端点都在裁剪体内，线段完全可见；如果两端点编码逐位逻辑"与"不为零，说明线段两端点在裁剪体的同一外侧，线段为完全不可见，舍弃；否则可能部分可见也可能完全不可见，这时需要求线段与裁剪体的交点，做进一步判断。

端点编码对于裁剪体为长方体的时候，可以直接采用上面的编码规则。而对于透视裁剪体来说，则不太合适，此时需要采用判别函数来确定。如图 3-38 所示，裁剪体右侧面的方程为

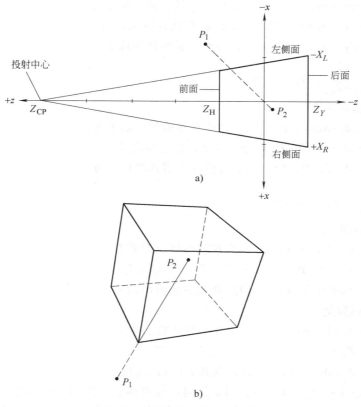

图 3-38　透视裁剪体判别函数

$$x = \frac{z - Z_{CP}}{Z_Y - Z_{CP}} X_R = z\alpha_1 + \alpha_2$$

式中，Z_{CP} 为投射中心；Z_Y 为裁剪体后面在 z 轴上的截距；$\alpha_1 = \dfrac{X_R}{Z_Y - Z_{CP}}$；$\alpha_2 = -\alpha_1 Z_{CP}$。

将要确定端点编码的点 $P(x, y, z)$ 的 x 和 z 坐标代入上式。

如果　$f_R = x - z\alpha_1 - \alpha_2 > 0$，$P(x, y, z)$ 点在裁剪体右侧面右方；

$f_R = x - z\alpha_1 - \alpha_2 = 0$，$P(x, y, z)$ 点在裁剪体右侧面上；

$f_R = x - z\alpha_1 - \alpha_2 < 0$，$P(x, y, z)$ 点在裁剪体右侧面左方。

f_R 就是裁剪体右侧面的判别函数，类似的可以求出左侧面、顶面、底面、前面和后面的判别函数。

左侧面的判别函数是

$f_L = x - z\beta_1 - \beta_2 > 0$，$P(x, y, z)$点在裁剪体左侧面右方；

$f_L = x - z\beta_1 - \beta_2 = 0$，$P(x, y, z)$点在裁剪体左侧面上；

$f_L = x - z\beta_1 - \beta_2 < 0$，$P(x, y, z)$点在裁剪体左侧面左方。

其中，$\beta_1 = \dfrac{X_L}{Z_Y - Z_{CP}}$；$\beta_2 = -\beta_1 Z_{CP}$。

顶面的判别函数是

$f_T = y - z\gamma_1 - \gamma_2 > 0$，$P(x, y, z)$点在裁剪体顶面上方；

$f_T = y - z\gamma_1 - \gamma_2 = 0$，$P(x, y, z)$点在裁剪体顶面上；

$f_T = y - z\gamma_1 - \gamma_2 < 0$，$P(x, y, z)$点在裁剪体顶面下方。

其中，$\gamma_1 = \dfrac{Y_T}{Z_Y - Z_{CP}}$；$\gamma_2 = -\gamma_1 Z_{CP}$。

底面的判别函数是

$f_B = y - z\delta_1 - \delta_2 > 0$，$P(x, y, z)$点在裁剪体底面上方；

$f_B = y - z\delta_1 - \delta_2 = 0$，$P(x, y, z)$点在裁剪体底面上；

$f_B = y - z\delta_1 - \delta_2 < 0$，$P(x, y, z)$点在裁剪体底面下方。

其中，$\delta_1 = \dfrac{Y_B}{Z_Y - Z_{CP}}$；$\delta_2 = -\delta_1 Z_{CP}$。

前面的判别函数是

$f_H = z - Z_H > 0$，$P(x, y, z)$点在裁剪体前面前方；

$f_H = z - Z_H = 0$，$P(x, y, z)$点在裁剪体前面上；

$f_H = z - Z_H < 0$，$P(x, y, z)$点在裁剪体前面后方。

后面的判别函数是

$f_Y = z - Z_Y > 0$，$P(x, y, z)$点在裁剪体后面前方；

$f_Y = z - Z_Y = 0$，$P(x, y, z)$点在裁剪体后面上；

$f_Y = z - Z_Y < 0$，$P(x, y, z)$点在裁剪体后面后方。

上面判别函数中的 X_R、X_L、Y_T、Y_B 分别是裁剪体后面的四个边界值；Z_H 为裁剪体前面在 z 轴上的截距。当 Z_{CP} 趋于无穷大时，裁剪体趋于长方体，相应的判别函数变成长方体的判别函数。

计算线段与裁剪体的面相交可以采用如下方法：

设直线段的起点和终点分别为 $P_0(x_0, y_0, z_0)$ 和 $P_1(x_1, y_1, z_1)$，直线方程可以表示成如下的参数方程形式

$$x = x_0 + (x_1 - x_0)t$$
$$y = y_0 + (y_1 - y_0)t$$
$$z = z_0 + (z_1 - z_0)t$$

当裁剪体为长方体时，其右侧面方程为 $x = X_R$（X_R 与上面判别函数中的意义相同），可由下式求出交点的参数 t'，从而求出直线与裁剪体边界面的交点坐标

$$X_R = (x_1 - x_0) t' + x_0, \quad t' = \frac{X_R - x_0}{x_1 - x_0}$$

当裁剪体为棱锥体时，根据裁剪体的右侧面方程可以求出交点的参数 t' 为

$$t' = \frac{z_0 \alpha_1 + \alpha_2 - x_0}{(x_1 - x_0) - \alpha_1(z_1 - z_0)}$$

式中，$\alpha_1 = \dfrac{X_R}{Z_Y - Z_{CP}}$；$\alpha_2 = -\alpha_1 Z_{CP}$。

同理可求得裁剪体为长方体或棱锥体时，直线与其他五个边界面的交点坐标，这里就不再一一列举。

梁友栋-Barsky 算法也可以推广到三维情况下。当裁剪体为长方体时，这种推广是直接的。当裁剪体为棱锥体时，假设裁剪体的左侧面、右侧面、顶面和底面方程分别为 $x = -z$，$x = z$，$y = z$，$y = -z$，对应于二维裁剪时的 Q 值和 D 值可如下取值：

$$Q_l = -(\Delta x + \Delta z), \quad D_l = z_0 + x_0$$
$$Q_r = (\Delta x - \Delta z), \quad D_r = z_0 - x_0$$
$$Q_b = -(\Delta y + \Delta z), \quad D_b = y_0 + z_0$$
$$Q_t = (\Delta y - \Delta z), \quad D_t = z_0 - y_0$$

该裁剪体除了上面四个面，还要加上近裁剪平面 $z = Z_H$ 和远裁剪平面 $z = Z_Y$ 构成一个完整的裁剪体。相应的 Q 值和 D 值可如下取值：

$$Q_f = -\Delta z, \quad D_f = z_0 - Z_H$$
$$Q_{ba} = \Delta z, \quad D_{ba} = Z_Y - z_0$$

式中，$\Delta x = x_1 - x_0$；$\Delta y = y_1 - y_0$；$\Delta z = z_1 - z_0$。可知，线段 $P_0 P_1$ 与裁剪体任意裁剪平面的交点的参数值为 $t_i = \dfrac{D_i}{Q_i}$，$(i = l, r, b, t, f, ba)$。

因为裁剪体的每一个侧面都垂直于一个坐标面，所以这些侧面的方程都不涉及垂直方向的坐标，因此 D_i 可以构成对裁剪体相应侧面位置关系的判别函数。如左侧面垂直于 x、z 坐标平面，其平面方程为 $x + z = 0$，其判别函数为 $x_0 + z_0$。D_i 的符号决定线段 $P_0 P_1$ 的端点 P_1 位于相应裁剪平面的哪一侧。如果 $D_i \geqslant 0$，则 P_1 在裁剪平面的可见侧；如果 $D_i \leqslant 0$，则 P_1 在裁剪平面的不可见侧；最后，如果 $D_i < 0$ 并且 $Q_i = 0$，则线段在裁剪平面的不可见侧并且平行于该平面，所以显然不可见。这些条件和二维的梁友栋-Barsky 算法是完全相同的，所以裁剪程序也相同。下面给出三维梁友栋-Barsky 算法的伪代码实现，其中的 cansee 函数与二维算法是相同的，这里不再重复：

算法 3-6　三维梁友栋-Barsky 算法

```
double zh, zy; //这里事先给出近裁剪平面和远裁剪平面的位置，数值是已知的
void T_Barsky (double x0, double y0, double z0, double x2, double y2, double z2)
{
    double t0, t1, deltax, deltay, deltaz;
    t0 = 0.0; t1 = 1.0;
    deltax = x2 - x0;
```

```
        deltaz = z2-z0;
        if (! cansee (-deltax-deltaz, x0+z0, t0, t1)) return;
        if (! cansee (deltax-deltaz, z0-x0, t0, t1)) return;
        deltay = y2-y0;
        if (! cansee (-deltay-deltaz, y0+z0, t0, t1)) return;
        if (! cansee (deltay-deltaz, z0-y0, t0, t1)) return;
        if (! cansee (-deltaz, z0-zh, t0, t1)) return;
        if (! cansee (deltaz, zy-z0, t0, t1)) return;
        x2 = x0+t1 * deltax;
        y2 = y0+t1 * deltay;
        z2 = z0+t1 * deltaz;
        x0 = x0+t0 * deltax;
        y0 = y0+t0 * deltay;
        z0 = z0+t0 * deltaz;
        showline (x0, y0, z0, x2, y2, z2);（显示可见线段）
}
```

习　题

1. 平面图形可以对两个坐标轴或原点做反射，这称为对称变换。平面内任意点 (x, y) 对 x 轴反射变到 $(-x, y)$，对原点反射变到 $(-x, -y)$，写出实现上述三种变换的变换矩阵，并说明这三种反射变换是否可以看作比例变换或者旋转变换。

2. 写出完成如下平面图形变换的变换矩阵：

（1）保持点（5，10）固定，x 方向放大 3 倍，y 方向放大 2 倍；

（2）绕坐标原点顺时针旋转 $90°$；

（3）对直线 $y=x$ 成轴对称；

（4）对直线 $y=-x$ 成轴对称；

（5）沿与水平方向成 θ 角的方向扩大 S_1 倍，沿与水平方向成（$90°+\theta$）角的方向扩大 S_2 倍；

（6）对于平面上任意一点 (x_0, y_0) 成中心对称；

（7）对平面上任意一条方程为 $Ax+By+C=0$ 的直线成轴对称。

3. 设 $a\neq 0$，这时矩阵

$$SH_x(a)=\begin{pmatrix} 1 & 0 & 0 \\ a & 1 & 0 \\ 0 & 0 & 1 \end{pmatrix}$$

产生一个平面上沿 x 方向的错移变换。当 $a>0$ 时，此变换使第一象限内平行于 y 轴的直线向 x 轴正方向被推倒形成与 x 轴正方向成 θ 角的倾斜线，$\tan\theta=1/a$，试验证这个结论。考察 $a<0$ 的情形及对其他象限中直线的变换情形。考察当 $b\neq 0$ 时，矩阵

$$SH_y(b)=\begin{pmatrix} 1 & b & 0 \\ 0 & 1 & 0 \\ 0 & 0 & 1 \end{pmatrix}$$

产生平面上沿 y 方向错移变换的情形。

4. 举例说明由平移、比例或旋转构成的组合变换一般不能交换变换的次序，说明什么情况下可以交换

次序。

5. 矩阵

$$\begin{pmatrix} a & b & 0 \\ c & d & 0 \\ m & n & 1 \end{pmatrix}$$

引起对平面图形的变换是仿射变换。说明任意平移、比例、错移、旋转变换的组合是仿射变换，并且反过来任意仿射变换可以通过平移、比例、错移、旋转变换的组合得到。说明仿射变换保持直线，即在仿射变换下直线仍为直线。说明若有两个不共线的三点组 A、B、C 和 A'、B'、C' 则存在唯一的仿射变换，将 A、B、C 变换为 A'、B'、C'。

6. 平面上两点 P 和 V 的齐次坐标是 (p_1, p_2, p_3) 和 (v_1, v_2, v_3)，验证过这两点的直线采用齐次坐标的方程是：$(v_2 p_3 - v_2 p_3) x_1 + (v_3 p_2 - v_1 p_3) x_2 + (v_1 p_2 - v_2 p_1) x_3 = 0$。

7. 设图形软件中有设置坐标变换矩阵的命令 Set-Matrix $(S_x, S_y, a, l_x, l_y, \text{Matris})$，它是按比例、旋转和平移的次序与系统中已有的变换矩阵右乘产生新的变换矩阵。写出产生下列图形变换的 Set-Matrix 命令或命令序列。（假设系统中现有变换矩阵是单位矩阵。）

（1）使图形以点 $(5, 5)$ 为中心放大 2 倍；

（2）使图形中点 $(10, -10)$ 移至坐标原点然后绕它顺时针旋转 $45°$；

（3）使图形以 $y = 10$ 的直线成轴对称；

（4）使图形以点 $(10, 10)$ 反射。

8. 若窗口在定义为平行于用户坐标轴的直立矩形后，还允许此窗口再绕左下角点旋转 θ 角，写出由旋转后窗口到直立矩形视见区的变换矩阵。

9. 给出三维空间中通过原点和点 (x_1, y_1, z_1) 的一条直线，试用下面提示的三种不同方法把这条直线旋转到正的 z 轴上，说明求出的三个变换矩阵可能不同，但就完成要求变换的效果看是相同的。

（1）绕 x 轴旋转到 xz 平面，然后绕 y 轴旋转到 z 轴；

（2）绕 y 轴旋转到 yz 平面，然后绕 x 轴旋转到 z 轴；

（3）绕 z 轴旋转到 xz 平面，然后绕 y 轴旋转到 z 轴。

10. 求完成如下空间图形变换的变换矩阵：

（1）图形中点 $(0.5, 0.2, -0.2)$ 保持不动，x 和 y 方向放大 3 倍，z 方向不变；

（2）产生与原点对称的图形；

（3）产生对 $z = 3$ 平面对称的图形；

（4）绕过原点和 $(1, 1, 1)$ 的直线旋转 $45°$；

（5）绕过 $(0, 0, 1)$ 和 $(-1, -1, -1)$ 两点的直线旋转 $45°$。

11. 设三维空间有一个平面，其方程为 $Ax + By + Cz + D = 0$，要通过平移和旋转组合的变换，使其重合于 $z = 0$ 坐标平面，求变换矩阵。

12. 证明经过三维基本几何变换和透视投影变换后的直线仍是直线。

13. 若要求沿 z 轴长度为 1 的线段在 $z = 0$ 平面上投影后成为长度为 l，并且与 x 轴夹角为 α 的线段，则斜投影的方向是什么？变换矩阵是什么？

14. 等轴投影是投影方向与三个坐标轴有相等夹角时的正投影，设要实现一个投影方向为 $(1, 1, 1)$ 的等轴投影，可以先绕 y 轴、再绕 x 轴做旋转变换使投影方向重合于 z 轴正方向，然后就可以进行正交投影了。试用这个想法推导出做等轴投影的变换矩阵，然后验证三根坐标轴上的单位向量被相等地缩短，并且可以使三个坐标轴的投影具有相等的夹角。

15. 注意到平行投影是透视投影的投射中心移向无穷远点的情形，按此想法，试从做透视投影的变换矩阵出发，设法推导出做平行投影的变换矩阵。

16. 说明为什么在透视投影中，任意一组平行直线，如果平行于投影面，则投影后所得直线仍然保持平行；如果不平行于投影面，则投影后所得直线汇聚于称为消失点的同一点。

17. 在消除隐藏线和隐藏面时要比较相对观察位置的深度关系。对投影面为 $z=0$ 的正投影，深度比较只需考察 z 坐标数值的大小。透视投影却没有这么方便，这时需要首先考察两点是否在一条投射线上，然后才能比较深度关系，是比较麻烦的。如果能有一个变换，使任意形体变换前的透视投影恰与变换后的正投影一致，那么考虑消隐问题就可以只考虑正投影情形了。设透视投影的投影面是 $z=0$，投射中心为（x_0，y_0，z_0），可以设物体完全位于一个前截面 $z=z_f$ 和一个后截面 $z=z_b$ 之间，试求一个变换，此变换保持深度关系，并能使变换前所做透视投影与变换后正投影是一致的。

18. 二维图形绕原点的旋转公式是 $x'=x\cos\theta-y\sin\theta$，$y'=x\sin\theta+y\cos\theta$，为快速产生连续旋转图形，考虑到每次旋转角度 θ 很小，因此可用公式 $x'=x-y\sin\theta$，$y'=x\sin\theta+y$ 来代替。用程序实现精确和近似的图形旋转并进行比较。注意近似计算将引入误差，按每次旋转角的大小，可在总旋转角达到 90°、180°、270°、360° 等特殊位置上时精确计算。

19. 应用 Cohen-Sutherland 直线裁剪算法时，一条完全位于窗口外面的线段，最多时它可能要被再分几次才能最后舍弃。

20. 修改 Cohen-Sutherland 直线裁剪算法，使其成为一个直线"开窗"算法，即指定一个窗口后，窗口内舍弃，窗口外保留。

第四章　曲线和曲面

如何由一些离散的点来近似地决定曲线和曲面，是在设计或制造工作中经常会遇到的问题。在汽车、飞机、船舶、机器零件以及服装等许多行业都大量地遇到这类问题。人们已经发展了许多技术用于设计和绘制各种曲线和曲面。而计算机的出现，使这一技术又有了新的重大发展。本章将介绍曲线和曲面的常用表示形式及其理论基础。

第一节　曲线和曲面表示的基础知识

一、曲线和曲面参数表示

尽管解析几何中的参数方程早就给出，研究参数曲线曲面性质的微分几何早就形成一门学科，但是采用参数表示描述产品的形状一直到 20 世纪 60 年代初才被美国波音公司的福格森所采用。在这之前，在画法几何和机械制图中，难以对自由型曲线曲面进行清晰的表达。曲线的描述一直是采用显式的标量函数 $y=f(x)$ 或隐式方程 $f(x, y)=0$ 的形式，曲面相应采用 $z=f(x, y)$ 或 $f(x, y, z)=0$ 的形式。对于曲线和曲面的这两种表示方法，只要待定的未知量数目与给定的已知量数目相同，且给定的已知量满足一定的要求，其所决定的形状是唯一的。但是，无论显式方程还是隐式方程，在曲线和曲面的表示上都存在一些问题：①与坐标轴相关的，不便于进行坐标变换；②会出现斜率为无穷大的情况；③难以灵活地构造复杂的曲线、曲面，对于非平面曲线、曲面难以用常系数的非参数化函数表示；④非参数的显示方程 $y=f(x)$ 只能描述平面曲线，空间曲线必须定义为两张柱面 $y=f(x)$ 与 $z=g(x)$ 的交线，对于各种形状及各种情况，非参数方程无法用一种统一的形式来表示空间曲线和曲面；⑤假如使用非参数化函数，在某个 xOy 坐标系里一条曲线，一些 x 值对应多个 y 值，而一些 y 值对应多个 x 值。使用非参数化函数描述这样一条曲线，同时界定 x 和 y 值的范围以满足某种要求是很困难的。

1963 年美国波音公司的福格森首先提出了将曲线曲面表示为参数的向量方程的方法。福格森所采用的曲线曲面的参数形式从此成为描述曲线曲面的标准形式。

在空间曲线的参数表示中，曲线上每一点的坐标均要表示成某个参数 t 的一个函数式，则曲线上每一点笛卡儿坐标参数式为

$$x=x(t), y=y(t), z=z(t) \tag{4-1}$$

把三个方程合写到一起，曲线上一点坐标的向量表示为

$$\boldsymbol{P}(t)=\begin{bmatrix} x(t) & y(t) & z(t) \end{bmatrix} \tag{4-2}$$

如用 " ′ " 表示对参数求导，则 $P(t)$ 关于参数 t 的切向量或导函数为

$$\boldsymbol{P}'(t)=\begin{bmatrix} x'(t) & y'(t) & z'(t) \end{bmatrix} \tag{4-3}$$

类似地，曲面写为参数方程形式为

$$x=x(u,w), y=y(u,w), z=z(u,w) \tag{4-4}$$

写成向量形式，则是

$$P(u,w) = [x(u,w), y(u,w), z(u,w)] \tag{4-5}$$

实际应用中没有必要去研究 t 从 $-\infty \sim +\infty$ 的整条曲线，而往往只对其中的某一部分感兴趣。对于曲线或曲面的某一部分，可以简单地用 $a \leqslant t \leqslant b$ 界定它的范围。通常经过对参数变量的规范化，使 t 在 $[0, 1]$ 闭区间内变化，写成 $t \in [0, 1]$，对此区间内的参数曲线进行研究。

最简单的参数曲线是直线段。例如已知直线段的端点坐标分别是 P_1 (x_1, y_1)、P_2 (x_2, y_2)，此直线段的参数表达式为

$$P(t) = P_1 + (P_2 - P_1)t = (1-t)P_1 + tP_2, 0 \leqslant t \leqslant 1 \tag{4-6}$$

参数表示相应的 x 和 y 坐标分量为

$$x(t) = x_1 + (x_2 - x_1)t, y(t) = y_1 + (y_2 - y_1)t, 0 \leqslant t \leqslant 1 \tag{4-7}$$

$P(t)$ 的切向量为

$$P'(t) = [x'(t) \quad y'(t)] = [x_2 - x_1 \quad y_2 - y_1] \tag{4-8}$$

或写成

$$P'(t) = (x_2 - x_1)\boldsymbol{i} + (y_2 - y_1)\boldsymbol{j} \tag{4-9}$$

式中，i、j 为 x、y 轴向的单位向量。

实践表明，为计算机处理方便，应该将曲线、曲面写成参数方程形式。在曲线、曲面的表示上，参数方程具有如下优点：

1）对非参数方程表示的曲线、曲面进行变换，必须对曲线、曲面上的每个型值点进行几何变换；而对参数表示的曲线、曲面可对其参数方程直接进行几何变换（如平移、比例、旋转），从而节省计算工作量。

2）便于处理斜率为无限大的问题。

3）有更大的自由度来控制曲线、曲面的形状。同时对于复杂的曲线和曲面具有很强的描述能力和丰富的表达能力。

4）参数方程中，代数、几何相关和无关的变量是完全分离的，而且对变量个数不限，从而便于用户把低维空间中的曲线、曲面扩展到高维空间去。这种变量分离的特点便于用数学公式去处理几何分量，同时可以使曲线和曲面具有统一的表示形式。

5）规范化的参数变量 $t \in [0, 1]$，使其相应的几何分量是有界的，而不必用另外的参数去定义其边界。便于曲线和曲面的分段、分片描述。易于实现光顺连接。

6）易于用向量和矩阵表示几何分量，计算处理简便易行。

然而，值得一提的是，隐式方程的优点不应被忽视。与参数方程相比，通过将某一点的坐标代入隐式方程，计算其值是否大于、等于、小于零，能够容易地判断该点是落在所表示的曲线（或曲面）上还是某一侧。利用这个性质，在曲线曲面求交时将会带来极大的方便。

二、基本概念

在计算机上表示的曲线和曲面，大体上可以分为两类。一类要求通过事先给定的离散点，称为插值的曲线或曲面；另一类不要求通过事先给定的各离散点，而只是用给定各离散点形成的控制多边形来控制形状，称为逼近的曲线或曲面。事先给定的离散点常称为型值点，由型值点求插值的或逼近的曲线或曲面的问题，称为曲线或曲面的拟合问题。

1. 插值

要求构造一条曲线顺序通过型值点，称为对这些型值点进行插值（Interpolation）。这些型值点或者通过测量得到，或者由设计者直接给出。插值方法通常用在数字化绘图或动画设计中。图 4-1 是对 6 个型值点的插值。

2. 逼近

当型值点太多时，构造插值函数使其通过所有的型值点是相当困难的；或者当型值点本身就带有误差时，也没有必要寻找一个插值函数通过所有的型值点。此时人们往往构造一条曲线，使它在某种意义上最佳逼近这些型值点，称之为对这些型值点进行逼近（Approximation）。逼近方法一般用来设计构造形体的表面。图 4-2是对与图 4-1 相同的 6 个型值点的逼近。

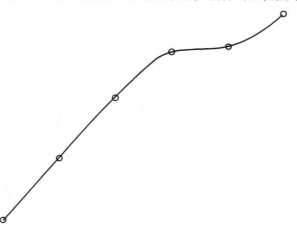

图 4-1　对 6 个型值点的插值

3. 参数连续性

一函数在某一点 x_0 处具有相等的直到 k 阶的左右导数，称它在 x_0 处是 k 次连续可微的，或称它在 x_0 处是 k 阶连续的，记作 C^k。几何上 C^0、C^1、C^2 依次表示该函数的图形、切线方向、曲率是连续的。由于参数曲线的可微性与所取参数有关，故常把参数曲线的可微性称为参数连续性。

4. 几何连续性

两曲线段在公共连接点处具有 C^k 连续性，则称它们在该点处具有 k 阶几何连续性，记作 G^k。该定义表明，对于用一般参数表示的两曲线，如果能通过参数变换，将原参数方程转换为以弧长为参数的方程，使它们在公共连接点具有一致的直到 k 阶的关于弧长的导矢，则它们在公共连接点就是 G^k 连续的。零阶几何连续 G^0 与零阶参数连续 C^0 是一致的。一阶几何连续 G^1 指一阶导数在两个相邻曲线段的交点处成比例，即方向相同，大小不同。二阶几何连续 G^2

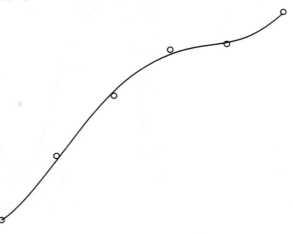

图 4-2　对 6 个型值点的逼近

指两个曲线段在交点处其一阶和二阶导数均成比例。不难验证，在 G^2 连续性下，两个曲线段在公共连接点处的曲率相等。简单地讲，几何连续只需要两个曲线段在交点处的参数导数成比例而不是相等。

参数连续性或几何连续性通常作为连接两个曲线段或曲面片的条件或者作为曲线间连接光滑度的度量，两者并不矛盾。C^k 连续是满足 G^k 连续的充分条件，但反之不然。也就是说，C^k 连续包含在 G^k 连续之中，C^k 连续的条件比 G^k 连续的条件要更严格、更苛刻。

图 4-3和图 4-4 给出了具有 C^0 连续和 C^2 连续插值的例子。

5. 光顺

光顺（Smoothness）是指曲线的拐点不能太多，要光滑顺畅。对于平面曲线相对光顺的条件应该是：①具有二阶几何连续（G^2）；②不存在多余拐点和奇异点；③曲率变化较小。

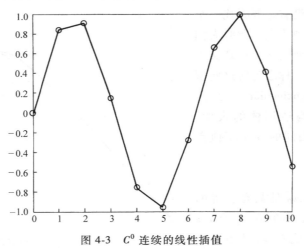

图 4-3　C^0 连续的线性插值

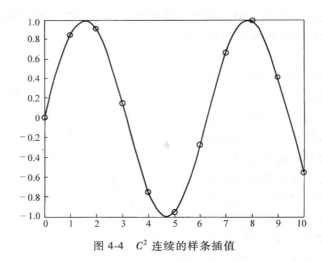

图 4-4　C^2 连续的样条插值

第二节　Hermite 多项式

已知若干个离散点的位置值和导数值，求经过这些点的插值多项式，是数学上熟知的 Hermite 插值问题。这一问题的明确提法是：已知函数 $f(t)$ 在 $k+1$ 个点 $\{t_i\}$ 处的函数值和导数值 $\{f^{(j)}(t_i)\}$，$i=0,1,\cdots,k$，$j=0,1,\cdots,m_i-1$，要求确定一个 $N=m_0+m_1+\cdots+m_k-1$ 次的多项式 $P(t)$，满足下面的插值条件：

$$P^{(j)}(t_i) = f^{(j)}(t_i) \tag{4-10}$$

这样的多项式 $P(t)$ 就是对于函数 $f(t)$ 的 Hermite 插值多项式。数学上已经证明，这样的多项式是存在且唯一的。

一、Lagrange 插值

当 $j=0$，$m_0 = m_1 = \cdots = m_k = 1$ 时，$f^{(j)}(t_i)$ 为函数 $f(t)$ 本身，这个问题就是熟知的 Lagrange 插值问题，即已知 $f(t)$ 在 $k+1$ 个点上的函数值 $f(t_i)$，求一个 k 次多项式使之满足 $P(t_i)=f(t_i)$，$i=0$，1，$\cdots$，k。

$$P(t) = \sum_{i=0}^{k} f(t_i) g_i(t) \tag{4-11}$$

式中，$g_i(t)$ 是混合函数。

$$g_i(t) = \frac{(t-t_0) \cdot \cdots \cdot (t-t_{i-1}) \cdot (t-t_{i+1}) \cdot \cdots \cdot (t-t_k)}{(t_i-t_0) \cdot \cdots \cdot (t_i-t_{i-1}) \cdot (t_i-t_{i+1}) \cdot \cdots \cdot (t_i-t_k)} = \begin{cases} 1 & t=t_i \\ 0 & t=t_j, j \neq i \end{cases} \tag{4-12}$$

使用此混合函数，使 $t=t_i$ 时，曲线 $P(t)$ 通过给定的型值点 $f(t_i)$。

例如，当 $k=2$，$m_0 = m_1 = m_2 = 1$ 时，已知函数 $f(t)$ 在三个点 t_0、t_1 和 t_2 的函数值 $f(t_0)$、$f(t_1)$ 和 $f(t_2)$，则二次多项式 $P(t)$ 为

$$P(t) = f(t_0) g_0(t) + f(t_1) g_1(t) + f(t_2) g_2(t) \tag{4-13}$$

式中，混合函数如下：

$$\begin{cases} g_0(t) = \dfrac{(t-t_1)(t-t_2)}{(t_0-t_1)(t_0-t_2)} \\[2mm] g_1(t) = \dfrac{(t-t_0)(t-t_2)}{(t_1-t_0)(t_1-t_2)} \\[2mm] g_2(t) = \dfrac{(t-t_0)(t-t_1)}{(t_2-t_0)(t_2-t_1)} \end{cases} \tag{4-14}$$

再如，设表示一条曲线的某个函数 $f(t)$ 在四点 t_0、t_1、t_2 和 t_3 的函数值 $f(t_0)$、$f(t_1)$、$f(t_2)$ 和 $f(t_3)$。根据 Lagrange 插值法，则三次多项式 $P(t)$ 可表示为

$$P(t) = f(t_0) g_0(t) + f(t_1) g_1(t) + f(t_2) g_2(t) + f(t_3) g_3(t) \tag{4-15}$$

式中

$$\begin{cases} g_0(t) = \dfrac{(t-t_1)(t-t_2)(t-t_3)}{(t_0-t_1)(t_0-t_2)(t_0-t_3)} \\[2mm] g_1(t) = \dfrac{(t-t_0)(t-t_2)(t-t_3)}{(t_1-t_0)(t_1-t_2)(t_1-t_3)} \\[2mm] g_2(t) = \dfrac{(t-t_0)(t-t_1)(t-t_3)}{(t_2-t_0)(t_2-t_1)(t_2-t_3)} \\[2mm] g_3(t) = \dfrac{(t-t_0)(t-t_1)(t-t_2)}{(t_3-t_0)(t_3-t_1)(t_3-t_2)} \end{cases} \tag{4-16}$$

一般地，对于 $k+1$ 个点 P_i，$(i=0,1,\cdots,k)$，若曲线

$$P(t)=\sum_{i=0}^{k}P_ig_i(t) \tag{4-17}$$

表达式中 $g_i(t)$ 满足

1) $g_i(t)$，$(i=0,1,\cdots,k)$ 是连续的；

2) $\sum_{i=0}^{k}g_i(t)=1$。

则 $g_i(t)$，$(i=0,1,\cdots,k)$ 称为混合（调和）函数或基函数，$k+1$ 个点 P_i，$(i=0,1,\cdots,k)$ 称为控制点。如果混合函数 $g_i(t)$，$(i=0,1,\cdots,k)$ 使曲线经过这 $k+1$ 个点 P_i，$(i=0,1,\cdots,k)$，则这 $k+1$ 个点 P_i，$(i=0,1,\cdots,k)$ 也称为型值点。混合函数定义了如何把控制点的向量值混合在一起，为描述曲线提供了很好的抽象。这样的函数很多，例如，直线段方程 $P(t)=P_0(1-t)+P_1t$ 中 $g_0(t)=1-t$，$g_1(t)=t$ 就是混合函数，它定义了型值点的线性混合（加权平均）。任何类型的曲线都可以通过其控制点的线性组合来表示，其中权值可以作为关于自由参数的混合函数来计算。

二、三次 Hermite 插值

下面考察 $k=1$，$m_0=m_1=2$ 有两个型值点的情形。这时问题的提法是：已知表示一条曲线的某个函数 $f(t)$ 在两点 t_0、t_1 的函数值 $f(t_0)$、$f(t_1)$ 和一阶导数值 $f'(t_0)$、$f'(t_1)$，求三次多项式

$$P(t)=a_3t^3+a_2t^2+a_1t+a_0 \quad t\in[t_0,t_1] \tag{4-18}$$

使满足

$$P(t_0)=f(t_0),P(t_1)=f(t_1),P'(t_0)=f'(t_0),P'(t_1)=f'(t_1) \tag{4-19}$$

于是可得到下列一组方程：

$$\begin{aligned}
f(t_0)&=a_3t_0^3+a_2t_0^2+a_1t_0+a_0\\[4pt]
f(t_1)&=a_3t_1^3+a_2t_1^2+a_1t_1+a_0\\[4pt]
f'(t_0)&=3a_3t_0^2+2a_2t_0+a_0\\[4pt]
f'(t_1)&=3a_3t_1^2+2a_2t_1+a_1
\end{aligned} \tag{4-20}$$

求解上述方程组得到三次多项式

$$\begin{aligned}
P(t)=&f(t_0)\frac{(t-t_1)^2(-2t+3t_0-t_1)}{(t_0-t_1)^3}+f(t_1)\frac{(t-t_0)^2(-2t+3t_1-t_0)}{(t_1-t_0)^3}\\[4pt]
&+f'(t_0)\frac{(t-t_1)^2(t-t_0)}{(t_1-t_0)^2}+f'(t_1)\frac{(t-t_0)^2(t-t_1)}{(t_1-t_0)^2}\quad t\in[t_0,t_1]
\end{aligned} \tag{4-21}$$

经整理，所求多项式 $P(t)$ 可以写出如下：

$$P(t)=f(t_0)g_{00}(t)+f(t_1)g_{01}(t)+f'(t_0)h_{00}(t)+f'(t_1)h_{01}(t) \tag{4-22}$$

式中

$$
\begin{cases}
g_{00}(t) = \left(1 - 2 \times \dfrac{t-t_0}{t_0-t_1}\right)\left(\dfrac{t-t_1}{t_0-t_1}\right)^2 \\[4mm]
g_{01}(t) = \left(1 - 2 \times \dfrac{t-t_1}{t_1-t_0}\right)\left(\dfrac{t-t_0}{t_1-t_0}\right)^2 \\[4mm]
h_{00}(t) = (t-t_0)\left(\dfrac{t-t_1}{t_0-t_1}\right)^2 \\[4mm]
h_{01}(t) = (t-t_1)\left(\dfrac{t-t_0}{t_1-t_0}\right)^2
\end{cases}
\tag{4-23}
$$

式（4-23）为混合函数。这里选择了曲线的两个端点及其切向量构成式（4-22）。为验证式（4-22）中的关于 t 的三次多项式 $P(t)$ 符合要求，只需将 t_0 和 t_1 分别代入式（4-23）及其导数表达式中，得到下面的四组等式：

$$
\begin{cases}
g_{00}(t_0)=1 \\
g_{01}(t_0)=0 \\
h_{00}(t_0)=0 \\
h_{01}(t_0)=0
\end{cases}
\begin{cases}
g_{00}(t_1)=0 \\
g_{01}(t_1)=1 \\
h_{00}(t_1)=0 \\
h_{01}(t_1)=0
\end{cases}
\begin{cases}
g'_{00}(t_0)=0 \\
g'_{01}(t_0)=0 \\
h'_{00}(t_0)=1 \\
h'_{01}(t_0)=0
\end{cases}
\begin{cases}
g'_{00}(t_1)=0 \\
g'_{01}(t_1)=0 \\
h'_{00}(t_1)=0 \\
h'_{01}(t_1)=1
\end{cases}
\tag{4-24}
$$

三、规范化三次 Hermite 插值

为了使 $P(t)$ 的定义区间 $t_0 \leqslant t \leqslant t_1$ 变为区间 $0 \leqslant u \leqslant 1$，可以做如下变换

$$
u = \frac{t-t_0}{t_1-t_0}
\tag{4-25}
$$

从式（4-25）中解出 $t=t_0+(t_1-t_0)u$，代入式（4-23）中各式，得

$$
\begin{cases}
g_{00}(t) = g_{00}[t_0+(t_1-t_0)u] = (1+2u)(u-1)^2 = 2u^3-3u^2+1 = q_{00}(u) \\
g_{01}(t) = g_{01}[t_0+(t_1-t_0)u] = (3-2u)u^2 = -2u^3+3u^2 = q_{01}(u) \\
h_{00}(t) = h_{00}[t_0+(t_1-t_0)u] = u(1-u)^2 = (u^3-2u^2+u)(t_1-t_0) = q_{10}(u)(t_1-t_0) \\
h_{01}(t) = h_{01}[t_0+(t_1-t_0)u] = (-1+u)u^2 = (u^3-u^2)(t_1-t_0) = q_{11}(u)(t_1-t_0)
\end{cases}
\tag{4-26}
$$

将式（4-26）的结果代入式（4-22），使所求的三次多项式成为

$$
\begin{aligned}
\tilde{f}(u) = \tilde{P}(u) &= P[t_0+(t_1-t_0)u] \\
&= f(t_0)q_{00}(u) + f(t_1)q_{01}(u) + f'(t_0)q_{10}(u)(t_1-t_0) \\
&\quad + f'(t_1)q_{11}(u)(t_1-t_0)
\end{aligned}
\tag{4-27}
$$

式中，混合函数 $q_{00}(t)$、$q_{01}(t)$、$q_{10}(t)$ 和 $q_{11}(t)$ 如下，如图 4-5 所示。

$$
\begin{cases}
q_{00}(u) = 2u^3-3u^2+1 \\
q_{01}(u) = -2u^3+3u^2 \\
q_{10}(u) = u^3-2u^2+u \\
q_{11}(u) = u^3-u^2
\end{cases}
\tag{4-28}
$$

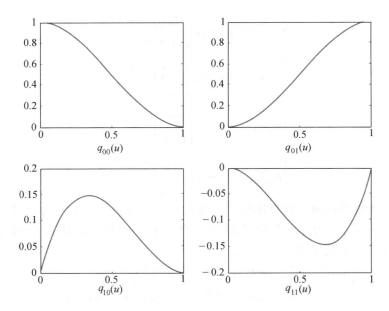

图 4-5　规范化三次 Hermite 插值的四个混合函数

根据式（4-27）计算可知

$$\tilde{f}(0)=f(t_0)，\quad \tilde{f}(1)=f(t_1)$$
$$\tilde{f}'(0)=f'(t_0)(t_1-t_0)，\quad \tilde{f}'(1)=f'(t_1)(t_1-t_0) \tag{4-29}$$

可以得到

$$\tilde{P}(u)=\tilde{f}(0)q_{00}(u)+\tilde{f}(1)q_{01}(u)+\tilde{f}'(0)q_{10}(u)+\tilde{f}'(1)q_{11}(u)$$

$$=(q_{00}(u)\quad q_{01}(u)\quad q_{10}(u)\quad q_{11}(u))\begin{pmatrix}\tilde{f}(0)\\ \tilde{f}(1)\\ \tilde{f}'(0)\\ \tilde{f}'(1)\end{pmatrix}$$

$$=(2u^3-3u^2+1\quad -2u^3+3u^2\quad u^3-2u^2+u\quad u^3-u^2)\begin{pmatrix}\tilde{f}(0)\\ \tilde{f}(1)\\ \tilde{f}'(0)\\ \tilde{f}'(1)\end{pmatrix}$$

$$=(u^3\quad u^2\quad u\quad 1)\begin{pmatrix}2 & -2 & 1 & 1\\ -3 & 3 & -2 & -1\\ 0 & 0 & 1 & 0\\ 1 & 0 & 0 & 0\end{pmatrix}\begin{pmatrix}\tilde{f}(0)\\ \tilde{f}(1)\\ \tilde{f}'(0)\\ \tilde{f}'(1)\end{pmatrix} \tag{4-30}$$

四、分段三次 Hermite 插值

对一般的 Hermite 插值问题，也可以得出类似（4-30）的结果，但一般地说，得到的插值多项式次数较高，应用起来并不方便。

通常的处理办法是将式（4-22）给出的参数三次多项式逐段光滑地连接，如此来确定一般情况下的插值多项式。为此将前面 t_0 和 t_1 视为 t_i 和 t_{i+1}，设给定 $f(t_i)$、$f(t_{i+1})$、$f'(t_i)$、$f'(t_{i+1})$，则在区间 $[t_i,t_{i+1}]$ 的 Hermite 三次插值多项式 $P_i(t)$ 为

$$P_i(t) = f(t_i)g_{i0}(t) + f(t_{i+1})g_{i1}(t)$$
$$+ f'(t_i)h_{i0}(t) + f'(t_{i+1})h_{i1}(t) \tag{4-31}$$

式中

$$\begin{cases}
g_{i,0}(t) = \left(1 - 2 \times \dfrac{t - t_i}{t_i - t_{i+1}}\right)\left(\dfrac{t - t_{i+1}}{t_i - t_{i+1}}\right)^2 \\[3mm]
g_{i,1}(t) = \left(1 - 2 \times \dfrac{t - t_{i+1}}{t_{i+1} - t_i}\right)\left(\dfrac{t - t_i}{t_{i+1} - t_i}\right)^2 \\[3mm]
h_{i,0}(t) = (t - t_i)\left(\dfrac{t - t_{i+1}}{t_i - t_{i+1}}\right)^2 \\[3mm]
h_{i,1}(t) = (t - t_{i+1})\left(\dfrac{t - t_i}{t_{i+1} - t_i}\right)^2
\end{cases} \qquad i = 0,1,\cdots,n-1 \tag{4-32}$$

这里 $P_i(t)$ 定义在区间 $[t_i, t_{i+1}]$ 上，当 i 分别取 0，1，$\cdots$，$n-1$ 时得到 n 段插值多项式，它们拼接起来就构成了完整的插值多项式。为了完整地写出这个插值多项式，可以在区间 $[t_i, t_{i+1}]$ 中引入如下一些基本函数：

$$a_{0,0}(t) = \begin{cases} g_{0,0}(t) & t_0 \leqslant t \leqslant t_1 \\ 0 & t_1 \leqslant t \leqslant t_n \end{cases}$$

$$a_{i,0}(t) = \begin{cases} g_{i-1,1}(t) & t_{i-1} \leqslant t \leqslant t_i \\ g_{i,0}(t) & t_i \leqslant t \leqslant t_{i+1} \quad i = 1,2,\cdots,n-1 \\ 0 & 其他 \end{cases}$$

$$a_{n,0}(t) = \begin{cases} 0 & t_0 \leqslant t \leqslant t_{n-1} \\ g_{n-1,1}(t) & t_{n-1} \leqslant t \leqslant t_n \end{cases}$$

$$a_{0,1}(t) = \begin{cases} h_{0,0}(t) & t_0 \leqslant t \leqslant t_1 \\ 0 & t_1 \leqslant t \leqslant t_n \end{cases}$$

$$a_{i,1}(t) = \begin{cases} h_{i-1,1}(t) & t_{i-1} \leqslant t \leqslant t_i \\ h_{i,0}(t) & t_i \leqslant t \leqslant t_{i+1} \quad i = 1,2,\cdots,n-1 \\ 0 & 其他 \end{cases}$$

$$a_{n,1}(t) = \begin{cases} 0 & t_0 \leqslant t \leqslant t_{n-1} \\ h_{n-1,1}(t) & t_{n-1} \leqslant t \leqslant t_n \end{cases}$$

这时完整的插值多项式可写为

$$P(t) = \sum_{i=0}^{n} \left[f(t_i)a_{i,0}(t) + f'(t_i)a_{i,1}(t) \right] \tag{4-33}$$

容易看出，式（4-33）在参数定义区间 $[t_0, t_1]$ 中有定义，但它是分段定义的。在每个区间 $[t_i, t_{i+1}]$ 上，式（4-33）中都恰有四项，即式（4-31）中对应的四项不为零。式（4-33）满足插值条件 $P(t_i) = f(t_i)$，$P'(t_i) = f'(t_i)$，$i = 0,1,\cdots,n$。

利用 Hermite 插值方法可以为构造插值曲线提供一个解法。设已知 $n+1$ 个型值点的位置向量 $\{P_i\}$ 和切线向量 $\{P_i'\}$，$i = 0$，1，$\cdots$，n，则利用式（4-33）立即可以写出通过这些插

值点并且在插值点处切线向量为给定值的三次参数样条曲线为

$$P(t) = \sum_{i=0}^{n} \left[P_i a_{i,0}(t) + P_i' a_{i,1}(t) \right] \tag{4-34}$$

式（4-34）给出的曲线 $P(t)$ 是由 n 段曲线拼接而成，其中每段曲线 $P_i(t)$ 只在 $[t_i, t_{i+1}]$ 中有定义：

$$
\begin{aligned}
P_i(t) &= P_i a_{i,0}(t) + P_{i+1} a_{i+1,0}(t) + P_i' a_{i,1}(t) + P_{i+1}' a_{i+1,1}(t) \\
&= P_i g_{i,0}(t) + P_{i+1} g_{i,1}(t) + P_i' h_{i,0}(t) + P_{i+1}' h_{i,1}(t)
\end{aligned} \tag{4-35}
$$

这时仿照前面式（4-25）～式（4-30）的处理，做自变量的线性变换 $u = \dfrac{t-t_i}{t_{i+1}-t_i}$，可以使 $P_i(t)$ 的定义区间由 $t_i \leqslant t \leqslant t_{i+1}$ 变为 $0 \leqslant u \leqslant 1$。这时需用逆变换 $t = t_i + u(t_{i+1} - t_i)$ 代入式 (4-35)，将所得关于 u 的多项式记为 $\tilde{P}_i(u)$，得

$$
\begin{aligned}
\tilde{P}_i(u) &= P_i(2u^3 - 3u^2 + 1) + P_{i+1}(-2u^3 + 3u^2) \\
&\quad + P_i'(u^3 - 2u^2 + u)(t_{i+1} - t_i) + P_{i+1}'(u^3 - u^2)(t_{i+1} - t_i)
\end{aligned} \tag{4-36}
$$

$$
= (u^3 \quad u^2 \quad u \quad 1)
\begin{pmatrix}
2 & -2 & 1 & 1 \\
-3 & 3 & -2 & -1 \\
0 & 0 & 1 & 0 \\
1 & 0 & 0 & 0
\end{pmatrix}
\begin{pmatrix}
P_i \\
P_{i+1} \\
P_i' \\
P_{i+1}'
\end{pmatrix}
$$

从式(4-36)看出整条曲线可依次画 n 段三次曲线 $\tilde{P}_i(u)$ 而得到，而且每段曲线形式相同，不同的是每段用自己的两个端点的位置向量和切线向量代入。

如此作出的三次参数样条曲线满足了通过各型值点的插值要求，但需要预先给出各型值点处的导数值，这是不方便的。可以增加一些条件，如要求各型值点处二阶导数连续等，用以计算出各导数值，但这也同时增大了计算工作量。

下面给出一个简单的例子。设在平面上有两点 P_0、P_1，它们的位置向量分别为（1，1）、（4，2），在 P_0 的导数值即在该点的切线向量 $P_0' = (1,1)$，在 P_1 处 $P_1' = (1,-1)$，注意这里 $P_0' = (1,1)$ 表示在 P_0 处曲线的切线与 x 轴正向夹角是 $\pi/4$，$P_1' = (1,-1)$ 表示 P_1 处切线与 x 轴正向夹角是 $-\pi/4$。直接代入式（4-36）计算，有

$$
\begin{aligned}
P(u) &= (u^3 \quad u^2 \quad u \quad 1)
\begin{pmatrix}
2 & -2 & 1 & 1 \\
-3 & 3 & -2 & -1 \\
0 & 0 & 1 & 0 \\
1 & 0 & 0 & 0
\end{pmatrix}
\begin{pmatrix}
1 & 1 \\
4 & 2 \\
1 & 1 \\
1 & -1
\end{pmatrix} \\
&= (u^3 \quad u^2 \quad u \quad 1)
\begin{pmatrix}
-4 & -2 \\
6 & 2 \\
1 & 1 \\
1 & 1
\end{pmatrix}
\end{aligned} \tag{4-37}
$$

写成分量形式，求得的曲线是

$$
\begin{cases}
x(u) = -4u^3 + 6u^2 + u + 1 \\
y(u) = -2u^3 + 2u^2 + u + 1
\end{cases} \tag{4-38}
$$

令 u 在 $0 \sim 1$ 区间内适当取值计算出曲线上足够多的点，就可以描点作图，画出曲线，如图 4-6 所示。

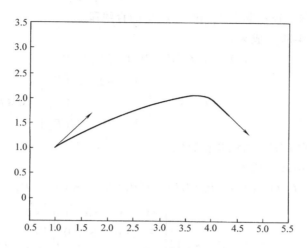

图 4-6　Hermite 形式的三次样条曲线

第三节　Bézier 曲线

法国雷诺（Renault S. A.）汽车公司的工程师 Bézier 于 1971 年发表了一种由控制多边形定义曲线的方法。设计者只要移动控制顶点就可方便地修改曲线的形状，而且形状的变化完全在意料之中。Bézier 的方法简单易用，又完美地解决了整体形状控制问题。它是雷诺公司 UNISURF CAD 系统的数学基础。Bézier 方法在 CAGD 学科中占有重要的地位，它广为人们所接受，为 CAGD 的进一步发展奠定了坚实基础。但是，Bézier 方法仍存在连接问题，还有局部修改问题。稍早于 Bézier，在法国另一家汽车公司——雪铁龙（Citroën）汽车公司的 de Casteljan 也曾独立地研究开发了同样的方法，但结果从未公开发表。

一、Bézier 曲线的定义

曲线或曲面的 Bézier 形式可以让设计者极其明显地感觉到所给条件和输出曲线或曲面的关系，对交互式设计特别有用。

给出型值点 P_0，P_1，$\cdots$，P_n，它们所确定的 n 次 Bézier 曲线是

$$P(t) = \sum_{i=0}^{n} B_{i,n}(t) P_i, 0 \leqslant t \leqslant 1 \tag{4-39}$$

式中，基函数 $B_{i,n}(t)$ 是 Bernstein 多项式：

$$B_{i,n}(t) = C_n^i t^i (1-t)^{n-i} = \frac{n!}{i!(n-i)!} t^i (1-t)^{n-i} \quad i = 0,1,\cdots,n \tag{4-40}$$

式（4-40）中可能涉及 $0!$ 及 0^0，按约定均为 1。

这里 Bézier 曲线可以看作是 $n+1$ 个混合函数混合给定的 $n+1$ 个顶点而产生的，混合函数用 Bernstein 多项式，所生成曲线是 n 次多项式。通常 $n+1$ 个顶点也称为控制点，依次连接各控制点得到的多边形称为控制多边形。

例如，在 $n=1$ 时，式（4-39）成为

$$P(t) = (1-t)P_0 + tP_1 = (t \quad 1) \begin{pmatrix} -1 & 1 \\ 1 & 0 \end{pmatrix} \begin{pmatrix} P_0 \\ P_1 \end{pmatrix} \quad 0 \leqslant t \leqslant 1 \tag{4-41}$$

这表明一次 Bézier 曲线是连接起点 P_0 和终点 P_1 的直线段。

在 $n=2$ 时，式（4-39）成为

$$P(t) = (1-t)^2 P_0 + 2t(1-t)P_1 + t^2 P_2$$

$$= (t^2 \quad t \quad 1) \begin{pmatrix} 1 & -2 & 1 \\ -2 & 2 & 0 \\ 1 & 0 & 0 \end{pmatrix} \begin{pmatrix} P_0 \\ P_1 \\ P_2 \end{pmatrix} \quad 0 \leqslant t \leqslant 1 \tag{4-42}$$

由此不难知道二次 Bézier 曲线是抛物线。

在 $n=3$ 时，式（4-39）成为

$$P(t) = (1-t)^3 P_0 + 3t(1-t)^2 P_1 + 3t^2(1-t)P_2 + t^3 P_2$$

$$= (t^3 \quad t^2 \quad t \quad 1) \begin{pmatrix} -1 & 3 & -3 & 1 \\ 3 & -6 & 3 & 0 \\ -3 & 3 & 0 & 0 \\ 1 & 0 & 0 & 0 \end{pmatrix} \begin{pmatrix} P_0 \\ P_1 \\ P_2 \\ P_3 \end{pmatrix} \quad 0 \leqslant t \leqslant 1 \tag{4-43}$$

这是一条三次参数多项式曲线。

Bernstein 基函数具有如下性质，这些性质也决定了 Bézier 曲线的性质。

（1）正性

$$B_{i,n}(t) \begin{cases} = 0 & \text{当 } t=0,1 \text{ 且 } i \neq 0, n \text{ 时} \\ > 0 & \text{当 } t \neq 0,1 \text{ 时} \end{cases} \tag{4-44}$$

（2）端点性质

$$B_{i,n}(0) = \begin{cases} 1 & (i=0) \\ 0 & \text{其他} \end{cases} \quad B_{i,n}(1) = \begin{cases} 1 & (i=n) \\ 0 & \text{其他} \end{cases} \tag{4-45}$$

（3）规范性

$$0 \leqslant B_{i,n}(t) \leqslant 1 \tag{4-46}$$

（4）对称性

$$B_{i,n}(t) = B_{n-i,n}(1-t) \tag{4-47}$$

因为

$$B_{n-i,n}(1-t) = C_n^{n-i}(1-t)^{n-i}[1-(1-t)]^{n-(n-i)}$$

$$= C_n^i t^i (1-t)^{n-i} = B_{i,n}(t) \tag{4-48}$$

（5）权性

$$\sum_{i=0}^{n} B_{i,n}(t) = 1, \quad (0 \leqslant i \leqslant n, 0 \leqslant t \leqslant 1) \tag{4-49}$$

由二项式定理可知：

$$\sum_{i=0}^{n} B_{i,n}(t) = [(1-t)+t]^n = 1 \quad (0 \leqslant i \leqslant n, 0 \leqslant t \leqslant 1) \tag{4-50}$$

（6）递推性

根据式（4-40）的定义，Bernstein 多项式满足如下递推关系

$$B_{i,n}(t) = (1-t)B_{i,n-1}(t) + tB_{i-1,n-1}(t) \quad (i = 0, 1, \cdots, n) \tag{4-51}$$

即高一次的 Bernstein 基函数可由两个低一次的 Bernstein 基函数线性组合而成。由于有组合恒等式

$$C_n^i = C_{n-1}^i + C_{n-1}^{i-1} \tag{4-52}$$

所以

$$\begin{aligned}
B_{i,n}(t) &= C_n^i t^i (1-t)^{n-i} = (C_{n-1}^i + C_{n-1}^{i-1}) t^i (1-t)^{n-i} \\
&= (1-t)C_{n-1}^i t^i (1-t)^{(n-1)-i} + tC_{n-1}^{i-1} t^{i-1}(1-t)^{(n-1)-(i-1)} \\
&= (1-t)B_{i,n-1}(t) + tB_{i-1,n-1}(t)
\end{aligned} \tag{4-53}$$

（7）导函数

$$B'_{i,n}(t) = n[B_{i-1,n-1}(t) - B_{i,n-1}(t)] \quad i = 0, 1, \cdots, n \tag{4-54}$$

因为

$$\begin{aligned}
B'_{i,n}(t) &= iC_n^i t^{i-1}(1-t)^{n-i} - (n-i)C_n^i t^i (1-t)^{n-i-1} \\
&= nC_{n-1}^{i-1} t^{i-1}(1-t)^{n-i} - nC_{n-1}^i t^i (1-t)^{n-i-1} \\
&= n[B_{i-1,n-1}(t) - B_{i,n-1}(t)]
\end{aligned} \tag{4-55}$$

（8）最大值

$B_{i,n}(t)$ 在 $t = \dfrac{i}{n}$ 处达到最大值。

因为当 $B_{i,n}(t)$ 取最大值时，$B'_{i,n}(t) = 0$。根据式（4-56），推得 $B_{i-1,n}(t) = B_{i,n-1}(t)$，整理

$$\frac{1-t}{n-i} = \frac{t}{i}$$

得

$$t = \frac{i}{n}$$

二、Bézier 曲线的性质

下面讨论 Bézier 曲线的一些重要性质。

（1）曲线端点的位置向量

在两个端点处，因为 $P(0) = P_0$，$P(1) = P_n$，所以曲线通过所给型值点序列的起点和终点，即 Bézier 曲线的起点、终点与相应的曲线控制多边形的起点、终点重合。

（2）切向量

因为

$$\begin{aligned}
P'(t) &= \sum_{i=0}^{n} \frac{n!}{i!\,(n-i)!}[it^{i-1}(1-t)^{n-i} - (n-i)t^i(1-t)^{n-i-1}]P_i \\
&= -\frac{n!}{(n-1)!}(1-t)^{n-1}P_0 + \frac{n!}{(n-1)!}(1-t)^{n-1}P_1 - \frac{n!}{(n-2)!}t(1-t)^{n-2}P_1 + \cdots \\
&\quad + \frac{n!}{(n-2)!}t^{n-2}(1-t)P_{n-1} - \frac{n!}{(n-1)!}t^{n-1}P_{n-1} + \frac{n!}{(n-1)!}t^{n-1}P_n \\
&= \sum_{i=0}^{n-1} \frac{n!}{i!\,(n-i-1)!}t^i(1-t)^{n-i-1}(P_{i+1} - P_i)
\end{aligned}$$

所以有
$$P'(0) = n(P_1 - P_0), P'(1) = n(P_n - P_{n-1}) \tag{4-56}$$

这表明 Bézier 曲线在始点和终点处的切线方向是与它的控制多边形的第一边和最后一边的走向是一致的。

（3）二阶导数

经过类似地计算，可得到 Bézier 曲线在端点处的二阶导数为
$$P''(0) = n(n-1)[(P_2 - P_1) - (P_1 - P_0)]$$
$$P''(1) = n(n-1)[(P_{n-2} - P_{n-1}) - (P_{n-1} - P_n)] \tag{4-57}$$

这说明了 Bézier 曲线在起点和终点处的二阶导数取决于与端点最靠近的两个折线段或最靠近的 3 个控制顶点。可以证明，某一起始点或终止点的 r 阶导数是由起始点或终止点以及它们的 r 个邻近的控制顶点来决定的。事实上，正是由该性质以及 Bézier 曲线的端点性质出发推导出了 Bézier 基函数。

（4）对称性

根据 Bernstein 基函数的对称性，即式（4-47），可得
$$P(t) = B_{0,n}(t)P_0 + \cdots + B_{i,n}(t)P_i + \cdots + B_{n-i,n}(t)P_{n-i} + \cdots + B_{n,n}(t)P_n$$
$$= B_{n,n}(1-t)P_0 + \cdots + B_{n-i,n}(1-t)P_i + \cdots + B_{i,n}(1-t)P_{n-i} + \cdots + B_{0,n}(1-t)P_n \tag{4-58}$$

这表明如果 P_0，P_1，$\cdots$，P_n 位置不变，但编号完全颠倒过来，生成的曲线是不变的。这相当于点 P_i 换为点 P_{n-i}，参数 t 换为 $1-t$，但结果不变。

（5）凸包性

对给定的型值点 P_0，P_1，$\cdots$，P_n，点集
$$M = \left\{ \sum_{i=0}^{n} \lambda_i P_i \,\middle|\, 0 \leq \lambda_i \leq 1, \sum_{i=0}^{n} \lambda_i = 1 \right\} \tag{4-59}$$

称为所给定的 $n+1$ 个点张成的凸包。容易知道平面上 $n+1$ 个点张成的凸包就是这 $n+1$ 个点决定的凸多边形及其内部。因为 Bernstein 多项式满足式（4-49），所以整条 Bézier 曲线必然都包含在控制点 P_0，P_1，$\cdots$，P_n 所张成的凸包中。

（6）几何不变性

Bézier 曲线的形状仅与控制多边形各顶点的相对位量有关，而与坐标系的选择无关，即具有几何不变性。

三、Bézier 曲线的拼接

下面说明用分段的三次 Bézier 曲线光滑连接生成任意形状曲线时在连接处应满足的条件。

（1）G^0 连续

给定两个 Bézier 多边形 $P_0 P_1 P_2 P_3$ 和 $Q_0 Q_1 Q_2 Q_3$，显然，其对应的两条 Bézier 曲线在连接点处连续的条件是 $P_3 = Q_0$。

（2）G^1 连续

使其确定的两条 Bézier 曲线在连接点处 G^1 连续，即一阶导数几何连续，就要求 $Q_0' = aP_3'$，这里 a 应该是一个正数。由前面的式（4-56），知 $Q_0' = 3(Q_1 - Q_0)$，$P_3' = 3(P_3 - P_2)$，因此可知在连接点处 G^1 连续的条件为
$$Q_1 - Q_0 = a(P_3 - P_2) \tag{4-60}$$

将 $P_3 = Q_0$ 代入式（4-60），得

$$Q_0 = P_3 = \frac{Q_1 + aP_2}{a+1} \tag{4-61}$$

这就要求 P_2、$P_3(=Q_0)$ 和 Q_1 共线，而且 Q_1 和 P_2 在 $P_3(=Q_0)$ 两侧。当 $a=1$ 时达到 C^1 连续。

（3）C^2 连续

进一步看在连接点处达到 C^2 连续，即二阶导数参数连续的条件。对前面的式（4-42）求两次导数，可得

$$P''(t) = (6t \quad 2)\begin{pmatrix} -1 & 3 & -3 & 1 \\ 3 & -6 & 3 & 0 \end{pmatrix}\begin{pmatrix} P_0 \\ P_1 \\ P_2 \\ P_3 \end{pmatrix}$$

$$= (-6t+6)P_0 + (18t-12)P_1 + (-18t+6)P_2 + 6tP_3 \tag{4-62}$$

设 $t=0$，1，可得 $P''(1) = 6P_3 - 12P_2 + 6P_1$，$Q''(0) = 6Q_0 - 12Q_1 + 6Q_2$，要求 $P''(1) = Q''(0)$，即 $Q_0 - 2Q_1 + Q_2 = P_3 - 2P_2 + P_1$，注意到 $Q_0 = P_3$，由此得

$$Q_2 - P_1 = 2(Q_1 - P_2) \tag{4-63}$$

这就是达到 C^2 连续的条件，即要求线段 Q_2P_1 和 Q_1P_2 是平行的并且前者长度是后者的两倍。如图 4-7 所示。

四、Bézier 曲线的绘制

绘制 Bézier 曲线时，给定各控制点，则可以利用其定义式（4-39），对参数 t 选取足够多的值，计算曲线上的一些点，然后用折线连接来近似画出实际的曲线。随着选取点增多，折线和曲线可以任意接近。

看一个这样计算的例子。假设给定的四个型值点是 $P_0 = (1,1)$、$P_1 = (2,3)$、$P_2 = (4,3)$、$P_3 = (3,1)$，则计算结果见表 4-1，画出的曲线如图 4-8 所示。

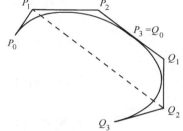

图 4-7　两条三次 Bézier
曲线光滑拼接

表 4-1　Bézier 曲线计算结果

t	$(1-t)^3$	$3t(1-t)^2$	$3t^2(1-t)$	t^3	$P(t)$
0	1	0	0	0	$(1,1)$
0.15	0.614	0.325	0.0574	0.0034	$(1.5038, 1.765)$
0.35	0.275	0.444	0.239	0.043	$(2.248, 2.376)$
0.5	0.125	0.375	0.375	0.125	$(2.75, 2.5)$
0.65	0.043	0.239	0.444	0.275	$(3.122, 2.36)$
0.85	0.0034	0.0574	0.325	0.614	$(3.248, 1.75)$
1	0	0	0	1	$(3,1)$

可以利用 Bézier 曲线的性质得到其他一些绘制 Bézier 曲线的方法，这里介绍几何作图法和分裂法。

（1）几何作图法

几何作图法也称为 de Casteljau 算法，它利用了 Bézier 曲线的分割递推性实现 Bézier 曲线的绘制。为了说明几何作图法，需要注意到以下事实。

记点 P_k，P_{k+1}，$\cdots$，P_{k+n} 可以生成的 Bézier 曲线为 $P_k^{(n)}$，即

$$P_k^{(n)} = \sum_{i=k}^{k+n} B_{i-k,n}(t)P_i \quad 0 \le t \le 1 \tag{4-64}$$

则下面的递推关系成立：

$$P_0^{(n)}(t) = (1-t)P_0^{(n-1)}(t) + tP_1^{(n-1)}(t)$$

$$(4-65)$$

式（4-65）的含义是：由点 P_0，P_1，$\cdots$，P_n 所确定的 n 次 Bézier 曲线在点 t 的值，可以由点 P_0，P_1，$\cdots$，P_{n-1} 所确定的 $n-1$ 次 Bézier 曲线在点 t 的值，与由点 P_1，P_2，$\cdots$，P_n 所确定的 $n-1$ 次 Bézier 曲线在点 t 的值，通过式（4-65）给出的线性组合简单地求得。

用组合恒等式（4-52）可证明式（4-65）。这时式（4-65）从右向左的计算是

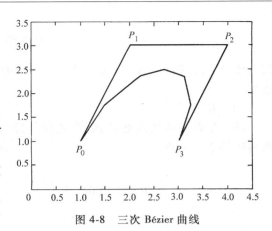

图 4-8　三次 Bézier 曲线

$$\text{右端} = (1-t)\sum_{i=0}^{n-1}C_{n-1}^{i}t^{i}(1-t)^{n-i-1}P_i + t\sum_{i=1}^{n}C_{n-1}^{i-1}t^{i-1}(1-t)^{n-i}P_i$$

$$= (1-t)\left[(1-t)^{n-1}P_0 + \sum_{i=1}^{n-1}C_{n-1}^{i}t^{i}(1-t)^{n-i-1}P_i\right]$$

$$+ t\left[\sum_{i=1}^{n-1}C_{n-1}^{i-1}t^{i-1}(1-t)^{n-i}P_i + t^{n-1}P_n\right]$$

$$= (1-t)^{n}P_0 + \sum_{i=1}^{n-1}C_{n-1}^{i}t^{i}(1-t)^{n-i}P_i + \sum_{i=1}^{n-1}C_{n-1}^{i-1}t^{i}(1-t)^{n-i}P_i + t^{n}P_n$$

$$= (1-t)^{n}P_0 + \sum_{i=1}^{n-1}(C_{n-1}^{i}+C_{n-1}^{i-1})t^{i}(1-t)^{n-i}P_i + t^{n}P_n$$

$$= \sum_{i=0}^{n}C_{n}^{i}t^{i}(1-t)^{n-i}P_i$$

$$= \text{左端}$$

式（4-65）可以改写为

$$P_0^{(n)}(t) = P_0^{(n-1)}(t) + t\left[P_1^{(n-1)}(t) - P_0^{(n-1)}(t)\right] \qquad (4-66)$$

前面已经说明，式（4-65）和式（4-66）表明了 n 次 Bézier 曲线的 t 值 $P_0^{(n)}(t)$，可以归结为计算两个 $n-1$ 次 Bézier 曲线在 t 值 $P_0^{(n-1)}(t)$ 和 $P_1^{(n-1)}(t)$ 的线性组合。由此，可以得到几何作图法的基本思想，即通过递归等式（4-65）式（4-66），由给定的控制顶点计算出一次 Bézier 曲线的 t 值；再由一次 Bézier 曲线的 t 值的线性组合，得到二次 Bézier 曲线的 t 值；再由二次 Bézier 曲线，进一步得到三次 Bézier 曲线的 t

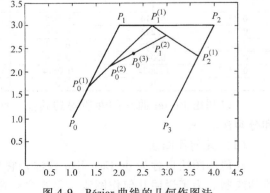

图 4-9　Bézier 曲线的几何作图法

值；以此类推，直至得到满足要求的 n 次 Bézier 曲线的 t 值。图 4-9 说明了几何作图法的基本思想。图中已知三次 Bézier 曲线的控制顶点为 P_0、P_1、P_2、P_3，将其设为初始值 $P_0^{(0)}$、

$P_1^{(0)}$、$P_2^{(0)}$、$P_3^{(0)}$。递归计算先按 t 的比例在控制多边形各边上求得 $P_0^{(1)}$、$P_1^{(1)}$、$P_2^{(1)}$，再求得 $P_0^{(2)}$、$P_1^{(2)}$，最后求得 $P_0^{(3)}$，即为 $P(t)$ 对应的点。

下面是依据式（4-66）写出的 Bézier 曲线几何作图算法。

算法 4-1　Bézier 曲线几何作图算法

```
//输入参数 P 为控制点坐标
//控制点 P 的个数为 n+1
//输出参数为采用几何作图算法生成的 Bézier 曲线上的离散点序列 pts
//离散点序列 pts 的个数为 npoints+1
void bez_to_points(Point P[ ],int n,Points pts[ ],int npoints)
{
    double t,delt;
    delt=1.0/(double)npoints;//将参数 t 变化区间进行 npoints 等分
    t=0.0;
    for(int i=0;i<=npoints;i++)
    {
        pts[i]=decas(P,n,t);//分别求出 npoints+1 个离散点 pts 的坐标
        t+=delt;
    }
}
//输入参数为控制点坐标(x 坐标与 y 坐标可单独进行处理)
//控制点 P 的个数为 n+1
//t 为参数值,其变化区间为[0,1]
//函数返回值为 Bézier 曲线在参数为 t 的坐标值
Point decas(Point P[ ],int n,double t)
{
    int m,i;
    Point *R,*Q,P0;
    R=new Point[n+1];
    Q=new Point[n+1];
    for(i=0;i<=n;i++)
        R[i]=P[i];//将控制点坐标 P 保存于 R 中
    //作 n 次外部循环,
    //每次循环都计算控制多边形上所有的 m 条边以参数 t 为分割比例的坐标值
    for(m=n;m>0;m--)
    {
        //作 m 次内部循环,
        //每次循环计算控制多边形上一条边以参数 t 为分割比例的坐标值
        for(i=0;i<=m-1;i++)
        {
```

```
//n 次 Bézier 曲线在点 t 的值,可由两条 n-1 次 Bézier 曲线
//在点 t 的值通过线性组合而求得
Q[i].x = R[i].x+t * (R[i+1].x-R[i].x);
Q[i].y = R[i].y+t * (R[i+1].y-R[i].y);
        }
    for(i=0;i<=m-1;i++)
    R[i]=Q[i];
        }
P0 = R[0];
delete R;
delete Q;
return(P0);
}
```

作为算法运行的一个例子，设给出四点的坐标是（1，1）、（2，3）、（4，3）、（3，1），求所确定三次 Bézier 曲线在 $t=\dfrac{1}{3}$ 时的值 $P\left(\dfrac{1}{3}\right)$，算法的计算过程如图 4-10 所示。

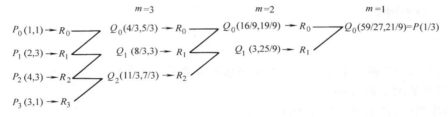

图 4-10　Bézier 几何作图算法的计算过程

几何作图法的优点是直观性强，计算速度快。

（2）分裂法

为了说明用分裂法绘制 Bézier 曲线，需要注意到以下事实：

设控制点序列 P_0，P_1，$\cdots$，P_n 确定的 n 次 Bézier 曲线是 $P(t)$，用如下递归方式定义如下一组点集：

$$P_i^k = \begin{cases} P_i & k=0, i=0,1,\cdots,n \\ \dfrac{1}{2}(P_i^{k-1}+P_{i-1}^{k-1}) & k=1,2,\cdots,n, \quad i=k,k+1,\cdots,n \end{cases} \tag{4-67}$$

如果令 $P_a(s)$ 和 $P_b(s)$ 分别是以控制点序列 P_0^0，P_1^1，$\cdots$，P_n^n 和 P_n^n，P_n^{n-1}，$\cdots$，P_n^0 确定的 Bézier 曲线，其中 $0 \leqslant s \leqslant 1$，那么就有

$$P(t) = \begin{cases} P_a(s) = \sum_{i=0}^{n} C_n^i s^i (1-s)^{n-i} P_i^i & s=2t, 0 \leqslant t \leqslant \dfrac{1}{2} \\ P_b(s) = \sum_{i=0}^{n} C_n^i s^i (1-s)^{n-i} P_n^{n-i} & s=2t-1, \dfrac{1}{2} \leqslant t \leqslant 1 \end{cases} \tag{4-68}$$

式（4-68）的含义是：由原来的控制点集可以形成两个点数相同的新控制点集，这两个

新控制点集确定的 Bézier 曲线，分别是原控制点集确定的 Bézier 曲线对应 $0 \leqslant t \leqslant \dfrac{1}{2}$ 的前半段 和对应 $\dfrac{1}{2} \leqslant t \leqslant 1$ 的后半段。分出的两个控制点集对应的控制多边形接近曲线的程度，比原来控制多边形对曲线的接近程度要好得多。这样，当此分裂过程继续进行，控制点集会迅速地向曲线靠近。当接近程度达到某个允许的界限后，就可以通过依次连接控制点集中各点所得的折线段来表示所求的 Bézier 曲线。这就是分裂法绘制 Bézier 曲线的思想。

为了简便，也考虑到多数实际问题的需要，以下仅以 $n = 3$ 为例证明上述事实和说明算法。已知四点 P_0、P_1、P_2、P_3，确定了一条三次 Bézier 曲线 $P(t)$，式（4-68）变为

$$
\begin{aligned}
P(t) &= B_{0,3}(t)P_0 + B_{1,3}(t)P_1 + B_{2,3}(t)P_2 + B_{3,3}(t)P_3 \\
&= \begin{cases} B_{0,3}(2t)P_0^0 + B_{1,3}(2t)P_1^1 + B_{2,3}(2t)P_2^2 + B_{3,3}(2t)P_3^3 & 0 \leqslant t \leqslant \dfrac{1}{2} \\[2mm] B_{0,3}(2t-1)P_3^3 + B_{1,3}(2t-1)P_3^2 + B_{2,3}(2t-1)P_3^1 + B_{3,3}(2t-1)P_3^0 & \dfrac{1}{2} \leqslant t \leqslant 1 \end{cases}
\end{aligned}
\tag{4-69}
$$

图 4-11 和图 4-12 表示的是式（4-67）的递归计算过程。

图 4-11 中最左边一列是赋值，其余各列中每一项，是前面相应两项和的一半。图中各项排成了一个直角三角形的形状，竖直的直角边中各项是原 Bézier 曲线控制点序列，斜边是分裂后前半段的控制点序列，水平的直角边是分裂后后半段的控制点序列，如图 4-12 所示。

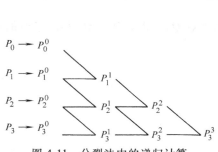

图 4-11 分裂法中的递归计算

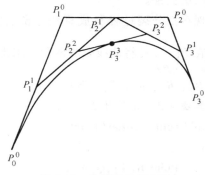

图 4-12 分裂法的示意图

式（4-70）的证明，可通过计算验证。现以 P_0 的系数为例，验证两端它的系数是相等的。左端显然就是

$$
B_{0,3}(t) = (1-t)^3
\tag{4-70}
$$

再看右端，若 $0 \leqslant t \leqslant \dfrac{1}{2}$，这时就用前半段的表达式。观察图 4-11，注意到 P_0^0 中有 1 份 P_0，P_1^1 中是 $\dfrac{1}{2}$ 份，P_2^2 中是 $\dfrac{1}{4}$ 份，P_3^3 中是 $\dfrac{1}{8}$ 份，因此全部 P_0 的系数是

$$
\begin{aligned}
& B_{0,3}(2t) + \dfrac{1}{2}B_{1,3}(2t) + \dfrac{1}{4}B_{2,3}(2t) + \dfrac{1}{8}B_{3,3}(2t) \\
&= (1-2t)^3 + \dfrac{1}{2} \times 3 \times (2t)(1-2t)^2 + \dfrac{1}{4} \times 3 \times (2t)^2(1-2t) + \dfrac{1}{8} \times (2t)^3 \\
&= (1-t)^3
\end{aligned}
\tag{4-71}
$$

注意到右端若 $\frac{1}{2} \leqslant t \leqslant 1$，仅 P_3^3 中有 $\frac{1}{8}$ 份的 P_0，知 P_0 的系数是

$$\frac{1}{8} B_{0,3}(2t-1) = \frac{1}{8} [1-(2t-1)]^3 = (1-t)^3 \tag{4-72}$$

再以 P_1 的系数为例，左端是

$$B_{1,3}(t) = 3t(1-t)^2 \tag{4-73}$$

再看右端，当 $0 \leqslant t \leqslant \frac{1}{2}$ 时，有

$$\frac{1}{2} B_{1,3}(2t) + \frac{1}{2} B_{2,3}(2t) + \frac{3}{8} B_{3,3}(2t)$$

$$= \frac{1}{2} \times 3 \times 2t(1-2t)^2 + \frac{1}{2} \times 3 \times (2t)^2(1-2t) + \frac{3}{8}(2t)^3$$

$$= 3t(1-2t)^2 + 6t^2(1-2t) + 3t^3 = 3t(1-2t+t^2) = 3t(1-t)^2$$

当 $\frac{1}{2} \leqslant t \leqslant 1$ 时，有 $\frac{3}{8} B_{0,3}(2t-1) + \frac{1}{4} B_{1,3}(2t-1) = \frac{3}{8}(1-(2t-1))^3 + \frac{1}{4} \times 3 \times (2t-1)(1-(2t-1))^2$

$$= 3(1-t)^3 + 3(2t-1)(1-t)^2 = 3t(1-t)^2$$

其余依次类推。

现在把分裂过程写成算法。设已知三次 Bézier 曲线 $P(t)$ 的控制顶点是 P_0、P_1、P_2、P_3，在 $P\left(\frac{1}{2}\right)$ 处将曲线分为两段，求出前半段的控制顶点 Q_0、Q_1、Q_2、Q_3 和后半段的控制顶点 R_0、R_1、R_2、R_3。算法如下：

算法 4-2　分裂算法

```
void split _ Bézier(Point P[ ])
{
    Point R[4],Q[4];
    int i,j;
    for(i=0;i<=3;i++)
        R[i]=P[i];
    for(i=0;i<=2;i++)
    {
        Q[i]=R[0];
        for(j=0;j<=2-i;j++)
        {
            R[j].x=(R[j].x+R[j+1].x)/2;//分别对相邻两控制点间的线段进行
                                        分裂
            R[j].y=(R[j].y+R[j+1].y)/2;
        }
```

```
        }
    Q[3] = R[0];
}
```

图 4-13 是分裂算法的计算过程。用分裂算法绘制 Bézier 曲线，还需要解决分裂何时停止的问题。如图 4-14 所示，根据 Bézier 曲线的凸包性质，知道曲线上任意一点到线段 P_0P_3 的距离，小于 P_1 和 P_2 到线段 P_0P_3 距离中的较大者，即有

$$d[P(t), P_0P_3] \leqslant \max[d(P_1, P_0P_3), d(P_2, P_0P_3)] \tag{4-74}$$

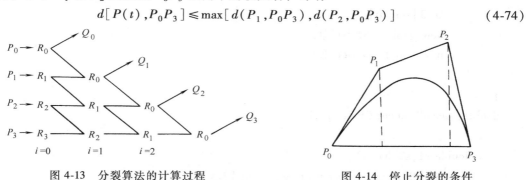

图 4-13　分裂算法的计算过程　　　　　　图 4-14　停止分裂的条件

因此，若任意给定的曲线绘制近似程度的要求为 $\varepsilon > 0$，可以取 $\max[d(P_1, P_0P_3), d(P_2, P_0P_3)] < \varepsilon$ 为分裂停止的条件。

于是，用分裂法绘制 Bézier 曲线的算法可以概括如下：先检查给定的控制点是否符合停止分裂的条件。若符合，则画出首末两控制点间线段来代替原曲线；若不符合，则分裂为两半，分别对前后两半递归进行同样的处理。算法如下：

算法 4-3　用分裂法绘制 Bézier 曲线算法

```
void new _ split _ Bézier( Point P[ ] )
{
    Point R[4],Q[4];
    int i,j;
    const double epsilon = 0. 01;
    //maxdistance(P)为求 max(d(P1,P0P3),d(P2,P0P3))的函数
    if( maxdistance( P) <epsilon)
    {
        MoveTo( P[0]. x,P[0]. y) ;
        LineTo( P[3]. x,P[3]. y) ;
    }
    else
    {
        for( i = 0 ;i < = 3 ;i++)
            R[i] = P[i] ;
        for( i = 0 ;i < = 2 ;i++)
        {
            Q[i] = R[0] ;
```

```
        for(j=0;j<=2-i;j++)
        {
            R[j].x=(R[j].x+R[j+1].x)/2;
            R[j].y=(R[j].y+R[j+1].y)/2;
        }
    }
    Q[3]=R[0];
    new_split_Bézier(Q);
    new_split_Bézier(R);
    }
}

double::maxdistance(CPoint p[])
{
    double s1,s2,h1,h2;
    s1=((p[0].x-p[1].x)*(p[0].y+p[1].y)+
        (p[1].x-p[3].x)*(p[1].y+p[3].y)+
        (p[3].x-p[0].x)*(p[3].y+p[0].y));
    s2=((p[0].x-p[2].x)*(p[0].y+p[2].y)+
        (p[2].x-p[3].x)*(p[2].y+p[3].y)+
        (p[3].x-p[0].x)*(p[3].y+p[0].y));
    double distance=sqrt((p[0].x-p[3].x)*(p[0].x-p[3].x)+
        (p[0].y-p[3].y)*(p[0].y-p[3].y));
    h1=fabs(s1/distance);
    h2=fabs(s2/distance);
    return max(h1,h2);
}
```

五、Bézier 曲线的升阶

所谓升阶是指保持 Bézier 曲线的形状与方向不变，增加定义它的控制顶点数，即提高该 Bézier 曲线的次数。增加了控制顶点数，不仅能增加对曲线进行形状控制的灵活性，还在构造曲面方面有着重要的应用。对应一些由曲线生成曲面的算法，要求那些曲线必须是同次的。应用升阶的方法，可以把低于最高次数的曲线提升到最高次数，从而获得相同的次数。曲线升阶后，原控制顶点会发生变化。

设给定原始控制顶点 P_0，P_1，$\cdots$，P_n，定义了一条 n 次 Bézier 曲线

$$P(t) = \sum_{i=0}^{n} B_{i,n}(t)P_i \quad 0 \leqslant t \leqslant 1 \tag{4-75}$$

增加一个顶点，曲线提升一阶后，仍定义同一条曲线的新控制顶点为 P_0^*，P_1^*，$\cdots$，P_{n+1}^*，则有

$$\sum_{i=0}^{n} C_n^i t^i (1-t)^{n-i} P_i = \sum_{i=0}^{n+1} C_{n+1}^i t^i (1-t)^{n+1-i} P_i^* \tag{4-76}$$

对上式左边乘以 $[t+(1-t)]$，得

$$\sum_{i=0}^{n} C_n^i t^{i+1} (1-t)^{n-i} P_i + \sum_{i=0}^{n} C_n^i t^i (1-t)^{n+1-i} P_i = \sum_{i=0}^{n+1} C_{n+1}^i t^i (1-t)^{n+1-i} P_i^* \tag{4-77}$$

比较等式两边 $t^i (1-t)^{n+1-i}$ 项的系数，得

$$C_{n+1}^i P_i^* = C_n^i P_i + C_n^{i-1} P_{i-1} \tag{4-78}$$

两边除以 C_{n+1}^i，得

$$P_i^* = \left(1 - \frac{i}{n+1}\right) P_i + \frac{i}{n+1} P_{i-1} \tag{4-79}$$

式中，$P_{-1} = P_{n+1} = 0$。

此式说明：

1）新的控制顶点 P_0^*，P_1^*，…，P_{n+1}^* 是以参数值 $\dfrac{i}{n+1}$ 按分段线性插值从原始控制多边形得出的。

2）升阶后新的控制多边形在原始控制多边形的凸包内。

3）控制多边形更靠近曲线。

三次 Bézier 曲线的升阶如图 4-15 所示。

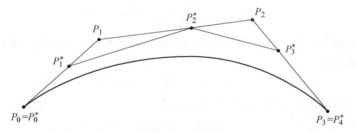

图 4-15 三次 Bézier 曲线的升阶

对于 Bézier 曲线的升阶可以无止境地进行下去，从而得到一个控制多边形序列，它们都定义同一条 Bézier 曲线。这个多边形序列将收敛到一个极限，就是所定义的该 Bézier 曲线。

升阶的逆过程是降阶：即将一条 n 次 Bézier 曲线表示成 $n-1$ 次。在大多数情况下，准确的降阶是不可能的。例如具有拐点的三次 Bézier 曲线就不可能表示成二次。

六、有理 Bézier 曲线

参照有理参数多项式，将式（4-39）引入权因子 h_i 后的表达式为

$$P(t) = \left[\sum_{i=0}^{n} P_i h_i B_{i,n}(t) \right] \bigg/ \left[\sum_{i=0}^{n} h_i B_{i,n}(t) \right]$$

$$= \frac{h_0 P_0 B_{0,n}(t) + h_1 P_1 B_{1,n}(t) + \cdots + h_n P_n B_{n,n}(t)}{h_0 B_{0,n}(t) + h_1 B_{1,n}(t) + \cdots + h_n B_{n,n}(t)} \quad 0 \leqslant t \leqslant 1 \tag{4-80}$$

式（4-80）即为有理 Bézier 曲线公式，引入权因子的作用是为了更好地控制曲线的形状，当 $h_i > h_{i-1}$ 且 $h_i > h_{i+1}$ 时，就把曲线拉向 P_i 点，如图 4-16 所示。图中 $h_0 = h_1 = h_3 = 1$，当 $h_2 = 0$、$1/2$、1、2、4 时曲线逐渐地靠近 P_2 点。

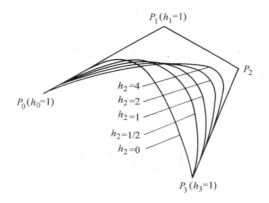

图 4-16　有理 Bézier 曲线

第四节　Bézier 曲面

一、Bézier 曲面的定义

若在空间给定 $(m+1)(n+1)$ 个控制点 $V_{ij}(i=0,1,\cdots,m;j=0,1,\cdots,n)$，令

$$P_{m,n}(u,w)=\sum_{i=0}^{m}\sum_{j=0}^{n}B_{i,m}(u)B_{j,n}(w)V_{i,j} \tag{4-81}$$

式（4-81）所表示的曲面为 $m\times n$ 次的 Bézier 曲面，式中 $B_{i,m}(u)$ 和 $B_{j,n}(w)$ 分别是 m 次和 n 次的 Bernstein 基函数：

$$B_{i,m}(u)=C_{m}^{i}u^{i}(1-u)^{m-i},B_{j,n}(w)=C_{n}^{j}w^{j}(1-w)^{n-j} \tag{4-82}$$

如果用一系列直线段将相邻的点 $V_{i,0}$，$V_{i,1}$，$\cdots$，$V_{i,n}$（$i=0,1,\cdots,m$）和 $V_{0,j}$，$V_{1,j}$，$\cdots$，$V_{m,j}$（$j=0,1,\cdots,n$）一一连接起来组成一张空间网格，则称这张网格为 $m\times n$ 次曲面控制网格。图 4-17 所示为 3×3 次曲面控制网格。控制网格框定了 $P_{m,n}(u,w)$ 的大致形状，是对曲面的逼近。

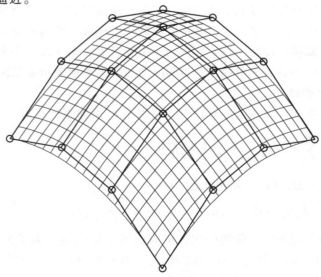

图 4-17　3×3 次曲面控制网格

二、Bézier 曲面的性质

（1）端点位置

由于

$$P_{m,n}(0,0)=V_{0,0}, P_{m,n}(0,1)=V_{0,n}, P_{m,n}(1,0)=V_{m,0}, P_{m,n}(1,1)=V_{m,n} \tag{4-83}$$

说明 $V_{0,0}$，$V_{0,n}$，$V_{m,0}$，$V_{m,n}$ 是曲面 $P_{m,n}(u,w)$ 的四个端点，如图 4-18 所示。

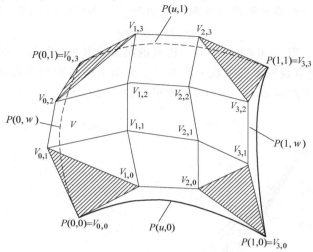

图 4-18 双三次 Bézier 曲面及边界信息

（2）边界线位置

Bézier 曲面的四条边界线 $P_{m,n}(0,w)$、$P_{m,n}(u,0)$、$P_{m,n}(1,w)$、$P_{m,n}(u,1)$ 分别是以 $V_{0,0}V_{0,1}V_{0,2}\cdots V_{0,n}$，$V_{0,0}V_{1,0}V_{2,0}\cdots V_{m,0}$，$V_{m,0}V_{m,1}V_{m,2}\cdots V_{m,n}$ 和 $V_{0,n}V_{1,n}V_{2,n}\cdots V_{m,n}$ 为控制多边形的 Bézier 曲线，如图 4-18 所示。

（3）端点的切平面

由计算易知，三角形 $V_{0,0}V_{0,1}V_{1,0}$，$V_{0,n}V_{0,n-1}V_{1,n}$，$V_{m,0}V_{m,1}V_{m-1,0}$ 和 $V_{m,n}V_{m,n-1}V_{m-1,n}$（图 4-18 中有斜影线的三角形）所在的平面分别在点 $V_{0,0}$、$V_{0,n}$、$V_{m,0}$ 和 $V_{m,n}$ 处与曲面 $P_{m,n}(u,w)$ 相切。

（4）凸包性

曲面 $P_{m,n}(u,w)$ 位于其控制顶点 $V_{i,j}(i=0,1,\cdots,m; j=0,1,\cdots,n)$ 的凸包内。

（5）几何不变性

曲面 $P_{m,n}(u,w)$ 的形状和位置与坐标系选择无关，仅和点 $V_{i,j}(i=0,1,\cdots,m; j=0,1,\cdots,n)$ 的相对位置有关。

三、Bézier 曲面示例

（1）双一次（线性）Bézier 曲面

当 $m=n=1$ 时，得双一次（线性）Bézier 曲面。给定 $(m+1)\times(n+1)=2\times2=4$ 个控制点 $V_{0,0}$、$V_{0,1}$、$V_{1,0}$、$V_{1,1}$，则式（4-81）成为

$$P_{1,1}(u,w)=\begin{pmatrix}1-u & u\end{pmatrix}\begin{pmatrix}V_{0,0} & V_{0,1}\\ V_{1,0} & V_{1,1}\end{pmatrix}\begin{pmatrix}1-w\\ w\end{pmatrix}$$

$$=(1-u)(1-w)V_{0,0}+(1-u)wV_{0,1}+u(1-w)V_{1,0}+uwV_{1,1} \tag{4-84}$$

设 $V_{0,0}$、$V_{0,1}$、$V_{1,0}$、$V_{1,1}$ 四点依次是（0，0，0）、（1，0，0）、（0，1，0）、（0，0，1），则可得 $P_{1,1}$（u，w）的坐标形式的参数方程为

$$\begin{cases} x = w - uw \\ y = u - uw \\ z = uw \end{cases} \tag{4-85}$$

消去参数，就得到一个双曲抛物面（马鞍面）方程，其图形表示如图 4-19 所示：

$$(x+z)(y+z) = z \tag{4-86}$$

在式（4-86）中，当 $u=0$ 和 $u=1$ 时，得到的两条边界为直线段；同样，当 $w=0$ 和 $w=1$，得到两条边界也是直线段。所以双一次 Bézier 曲面由四条直线段包围而成。若四个控制点位置是共面的，则不难看出 $P_{1,1}(u,w)$ 是该平面的一部分。

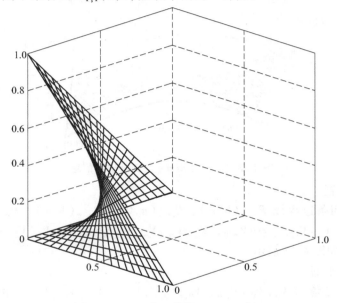

图 4-19　双一次（线性）Bézier 曲面

（2）双二次 Bézier 曲面

当 $m=n=2$ 时，得到双二次 Bézier 曲面，给定 $(m+1)\times(n+1) = 3\times3 = 9$ 个控制点，即 $V_{0,0}$、$V_{0,1}$、$V_{0,2}$、$V_{1,0}$、$V_{1,1}$、$V_{1,2}$、$V_{2,0}$、$V_{2,1}$、$V_{2,2}$，则

$$P_{2,2}(u,w) = (u^2 \quad u \quad 1) \begin{pmatrix} 1 & -2 & 1 \\ -2 & 2 & 0 \\ 1 & 0 & 0 \end{pmatrix} \begin{pmatrix} V_{0,0} & V_{0,1} & V_{0,2} \\ V_{1,0} & V_{1,1} & V_{1,2} \\ V_{2,0} & V_{2,1} & V_{2,2} \end{pmatrix} \begin{pmatrix} 1 & -2 & 1 \\ -2 & 2 & 0 \\ 1 & 0 & 0 \end{pmatrix} \begin{pmatrix} w^2 \\ w \\ 1 \end{pmatrix} \tag{4-87}$$

当 u 取定值时，式（4-87）退化为关于 w 的二次参数曲线——抛物线；同样，当 w 取定值时，式（4-87）退化为关于 u 的二次参数曲线。当 $u=0$ 和 $u=1$ 时，两条边界是抛物线段；同样，$w=0$ 和 $w=1$ 时，另外两条边界也是抛物线段。所以双二次 Bézier 曲面由四条抛物线段包围而成，如图 4-20 所示。显然，中间的一个顶点的变化对边界曲线不产生影响。这意味着在周边 8 点不变的情况下，适当选择中心顶点的位置可以控制曲面凹凸。这种控制方式是极其直观的，而且极其简易。

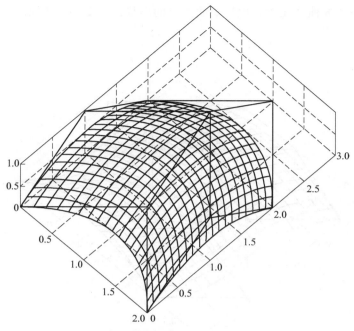

图 4-20　双二次 Bézier 曲面特征网

（3）双三次 Bézier 曲面

当 $m=n=3$ 时，得到双三次 Bézier 曲面，给定 $(m+1)\times(n+1)=4\times4=16$ 个控制点，即 $V_{i,j}$（$i=0$，1，2，3；$j=0$，1，2，3），式（4-81）成为

$$P_{3,3}(u,w)=(B_{0,3}(u) \quad B_{1,3}(u) \quad B_{2,3}(u) \quad B_{3,3}(u))$$

$$\begin{pmatrix} V_{00} & V_{01} & V_{02} & V_{03} \\ V_{10} & V_{11} & V_{12} & V_{13} \\ V_{20} & V_{21} & V_{22} & V_{23} \\ V_{30} & V_{31} & V_{32} & V_{33} \end{pmatrix}\begin{pmatrix} B_{0,3}(w) \\ B_{1,3}(w) \\ B_{2,3}(w) \\ B_{3,3}(w) \end{pmatrix}$$

$$=(u^3 \quad u^2 \quad u \quad 1)\begin{pmatrix} -1 & 3 & -3 & 1 \\ 3 & -6 & 3 & 0 \\ -3 & 3 & 0 & 0 \\ 1 & 0 & 0 & 0 \end{pmatrix}$$

$$\begin{pmatrix} V_{00} & V_{01} & V_{02} & V_{03} \\ V_{10} & V_{11} & V_{12} & V_{13} \\ V_{20} & V_{21} & V_{22} & V_{23} \\ V_{30} & V_{31} & V_{32} & V_{33} \end{pmatrix}\begin{pmatrix} -1 & 3 & -3 & 1 \\ 3 & -6 & 3 & 0 \\ -3 & 3 & 0 & 0 \\ 1 & 0 & 0 & 0 \end{pmatrix}\begin{pmatrix} w^3 \\ w^2 \\ w \\ 1 \end{pmatrix}$$

$$=(u^3 \quad u^2 \quad u \quad 1)\cdot \boldsymbol{BVB}^{\mathrm{T}}\cdot(w^3 \quad w^2 \quad w \quad 1)^{\mathrm{T}} \tag{4-88}$$

式（4-88）是关于 u，w 的双三次多项式，它由矩阵 $\boldsymbol{V}$ 中的 16 个控制顶点的位置所确定。显而易见这 16 个控制点中只有 4 个顶点 $V_{0,0}$、$V_{0,3}$、$V_{3,0}$、$V_{3,3}$ 位于 Bézier 曲面上。$\boldsymbol{V}$ 矩阵中周围的 12 个控制点定义了 4 条三次 Bézier 曲线，即边界曲线。其余的 4 个点 $V_{1,1}$、

$V_{1,2}$、$V_{2,1}$、$V_{2,2}$ 与边界曲线无关，但影响曲面片的形状，如图 4-21 所示。

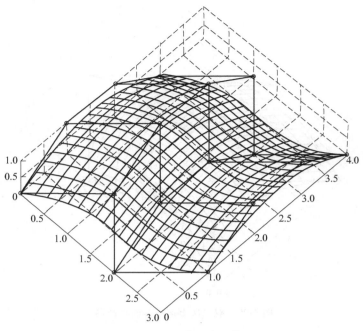

图 4-21 双三次 Bézier 曲面

四、Bézier 曲面的拼接

Bézier 曲面片的拼接如同在曲线中那样，需要在边界线上建立一定的连续性，从而确保从一个部分平滑地转换到另一部分。如图 4-22 所示，已知两张 $m \times n$ 次 Bézier 曲面片 $P_{m,n}(u,w)$ 和 $Q_{m,n}(u,w)$。令 $P_{i,j}$ 和 $Q_{i,j}$ 为 $P_{m,n}(u,w)$ 和 $Q_{m,n}(u,w)$ 的控制网格，有

$$P_{m,n}(u,w) = \sum_{i=0}^{m} \sum_{j=0}^{n} B_{i,m}(u) B_{j,n}(w) P_{i,j}$$

$$Q_{m,n}(u,w) = \sum_{i=0}^{m} \sum_{j=0}^{n} B_{i,m}(u) B_{j,n}(w) Q_{i,j}$$

$$(4-89)$$

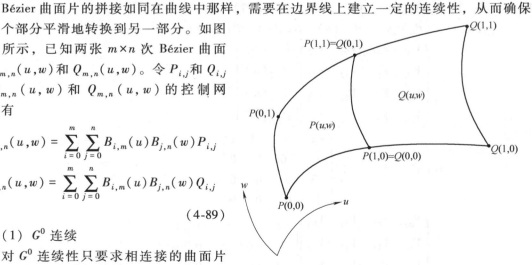

图 4-22 Bézier 曲面片的拼接

（1）G^0 连续

对 G^0 连续性只要求相连接的曲面片具有公共的边界曲线，所以实现 G^0 连续性的条件为

$$P_{m,n}(1,w) = Q_{m,n}(0,w) \tag{4-90}$$

于是有 $P_{n,j} = Q_{0,j}(j = 0,1,\cdots,m)$。

（2）G^1 连续

如果又要求沿该公共边界达到 G^1 连续，则两曲面片在该边界上有公共的切平面，因此曲面的法向应当是跨界连续的，即

$$\frac{\partial Q_{m,n}(0,w)}{\partial u}\frac{\partial Q_{m,n}(0,w)}{\partial w}=\alpha(w)\frac{\partial P_{m,n}(1,w)}{\partial u}\frac{\partial P_{m,n}(1,w)}{\partial w} \tag{4-91}$$

下面来研究满足这个方程的两种方法。

1) 鉴于式（4-90）和式（4-91），最简单的解是

$$Q_u(0,w)=\alpha(w)P_u(1,w) \tag{4-92}$$

式中，$\alpha(w)$ 为比例因子。这相当于要求合成曲面上 w 为常数的所有曲线，在跨界时有切向的连续性。为了保证等式两边关于 w 的多项式次数相同，必须取 $\alpha(w)=\alpha$ （一个正常数）。于是有

$$\overrightarrow{Q_{1i}Q_{0i}}=\alpha\ \overrightarrow{P_{ni}P_{n-1,i}}\quad (\alpha>0,i=0,1,\cdots,m) \tag{4-93}$$

或

$$Q_{1i}-Q_{0i}=\alpha(P_{ni}-P_{n-1,i})\quad (\alpha>0,i=0,1,\cdots,m) \tag{4-94}$$

即要求在边界曲线上的任何一点，两个曲面片跨越边界的切线向量应该共线，而且两切线向量的长度之比为常数。

2) 由于式（4-92），使得两张曲面片在边界达到 G^1 连续时只涉及曲面 $P_{m,n}(u,w)$ 和 $Q_{m,n}(u,w)$ 的两列控制顶点，比较容易控制。用这种方法匹配合成的曲面的边界，u 向和 w 向是光滑连续的。实际上，该式的限制是苛刻的。

为了构造合成曲面时有更大的灵活性，Bézier 在 1972 年放弃把式（4-92）作为 G^1 连续的条件，而以

$$Q_u(0,w)=\alpha(w)P_u(1,w)+\beta(w)P_w(1,w) \tag{4-95}$$

来满足式（4-92），这仅仅要求 $\dfrac{\partial Q_{m,n}(0,w)}{\partial u}$ 位于 $\dfrac{\partial P_{m,n}(1,w)}{\partial u}$ 和 $\dfrac{\partial P_{m,n}(1,w)}{\partial w}$ 所在的同一个平面内，也就是曲面片 $P_{m,n}(u,w)$ 边界上相应点处的切平面，这样就有了大得多的余地，但跨界切矢在跨越曲面片的边界时就不再连续了。

同样，为了保证等式两边关于 w 的多项式次数相同，$\alpha(w)$ 须为任意正常数 α，$\beta(w)$ 是 w 的任意线性函数。

第五节 B 样条曲线

以 Bernstein 基函数构造的 Bézier 曲线有许多优点，但也有不足：一是控制多边形的顶点个数决定了 Bézier 曲线的阶次，即 $n+1$ 个顶点的控制多边形必然会产生 n 次 Bézier 曲线，并且当 n 较大时，控制多边形对曲线的控制将会减弱。二是 Bézier 曲线不能做局部修改，即改变某一个控制点的位置对整条曲线都有影响。其原因主要是 Bernstein 基函数在整个开区间（0，1）的范围内均不为 0，所以曲线在开区间内任何一点的值均要受到全部顶点的影响，改变其中某一顶点的位置对整个曲线均有影响。

B 样条方法保留了 Bézier 方法的优点，克服其由于整体表示带来的不具备局部性质的缺点，具有表示与设计自由型曲线曲面的强大功能。另外，B 样条方法目前已成为关于工业产

品几何定义国标标准的有理 B 样条方法的基础。因此，B 样条方法是形状数学描述的主流方法之一。关于 B 样条的理论早在 1946 年就由 Schoenberg 提出，但论文直到 1967 年才发表。1972 年 de Boor 与 Cox 分别独立地给出关于样条计算的标准算法。但该方法作为在 CAGD 中的一个形状数学描述的基本方法，是由 Gordon 和 Riesenfeld 于 1974 年在研究 Bézier 方法的基础上引入的。他们拓广了 Bézier 曲线，用 B 样条基代替 Bernstein 基，从而改进了 Bézier 控制多边形与 Bernstein 多项式次数有关和整体逼近的弱点。

一、B 样条曲线的定义

给定 $n+1$ 个控制点 P_0，P_1，$\cdots$，P_n，它们所确定的 k 阶 B 样条曲线是

$$P(u) = \sum_{i=0}^{n} N_{i,k}(u) P_i \quad u \in [u_{k-1}, u_{n+1}) \tag{4-96}$$

式中，基函数 $N_{i,k}(u)$ 递归定义如下：

$$\begin{cases} N_{i,1}(u) = \begin{cases} 1 & u_i \leqslant u < u_{i+1}, 0 \leqslant i \leqslant n+k-1 \\ 0 & \text{其他} \end{cases} \\ N_{i,l}(u) = \dfrac{u-u_i}{u_{i+l-1}-u_i} N_{i,l-1}(u) + \dfrac{u_{i+l}-u}{u_{i+l}-u_{i+1}} N_{i+1,l-1}(u) \quad u_i \leqslant u < u_{i+l}, 0 \leqslant i \leqslant n+k-l, 2 \leqslant l \leqslant k \end{cases} \tag{4-97}$$

式中，u_0，u_1，$\cdots$，u_{n+k} 是一个非递减的序列，称为节点；$(u_0$，u_1，$\cdots$，$u_{n+k})$ 称为节点向量。定义中可能出现 $\dfrac{0}{0}$，这时约定为 0。

节点向量 $(u_0$，u_1，$\cdots$，$u_{n+k})$ 所包含的 $n+k$ 个区间并非都在该曲线的定义域内，其中两端各 $k-1$ 个节点区间，不能作为 B 样条曲线的定义区间。这是因为 $n+1$ 个顶点中最前的 k 个顶点 P_i，$(i=0$，1，$\cdots$，$k-1)$ 定义了样条曲线的首段曲线，其定义区间为 $u \in [u_{k-1}, u_k)$；随后的 k 个顶点 P_i，$(i=1$，2，$\cdots$，$k)$ 定义了第二段曲线，其定义区间为 $u \in [u_k, u_{k+1})$；$\cdots$；最后的 k 个顶点 P_i，$(i=n-k+1$，$n-k+2$，$\cdots$，$n)$ 定义了末段曲线，其定义区间为 $u \in [u_n, u_{n+1}]$。于是，得到 k 阶 B 样条曲线的定义域为

$$u \in [u_{k-1}, u_{n+1}] \tag{4-98}$$

共含有 $n-k+2$ 个节点区间（包括零长度的节点区间）。若其中不含重节点，则对应 B 样条曲线包含 $n-k+2$ 段。也可看到，节点向量两侧各 $k-1$ 个节点区间上的那些 B 样条基函数因其权性［即 B 样条基函数相加之和恒为 1，见 B 样条基函数性质中式（4-106）］不成立，不能构成基函数组。

由 k 阶 B 样条曲线的递归定义可以看出：

1）对 $n+1$ 个控制点，曲线由 $n+1$ 个混合函数所描述。

2）每个混合函数 $N_{i,k}(u)$ 定义在 u 取值范围的 k 个子区间，以节点向量值 u_i 为起点。

3）参数 u 的取值范围由 $n+k+1$ 个给定节点向量值分成 $n+k$ 个子区间。

4）节点向量 $(u_0$，u_1，$\cdots$，$u_{n+k})$ 所生成的 B 样条曲线仅定义在从节点值 u_{k-1} 到节点值 u_{n+1} 的区间上。

5）任一控制点可以影响最多 k 个曲线段的形状。

6）$P(u)$ 是分段参数多项式，$P(u)$ 在每一区间 $u \in [u_i, u_{i+1}]$，$(k-1 \leqslant i \leqslant n)$ 上都是次数不高于 $k-1$ 的多项式。

从 B 样条曲线的这个递归定义可以看出，曲线与给定的阶数 k 及节点向量都有关系。就是说，即使 k 相同，选择不同的节点向量，也能得到不同的曲线。现在举例来加深对递归定义的理解。

式（4-97）中第一式给出了一阶 B 样条，其形状像平台，故又称平台函数。任意的一阶 B 样条曲线就是控制点本身，可以看作是零次多项式。例如，$n=2$，$k=1$，控制顶点是 P_0、P_1、P_2，这样应选择参数节点 $n+k+1=4$ 个，设节点向量是 (u_0, u_1, u_2, u_3)，按式（4-97）定义，可写出三个基函数

$$N_{0,1}(u) = \begin{cases} 1 & u_0 \leqslant u < u_1 \\ 0 & u_1 \leqslant u < u_2 \\ 0 & u_2 \leqslant u \leqslant u_3 \end{cases}$$

$$N_{1,1}(u) = \begin{cases} 0 & u_0 \leqslant u < u_1 \\ 1 & u_1 \leqslant u < u_2 \\ 0 & u_2 \leqslant u \leqslant u_3 \end{cases} \tag{4-99}$$

$$N_{2,1}(u) = \begin{cases} 0 & u_0 \leqslant u < u_1 \\ 0 & u_1 \leqslant u < u_2 \\ 1 & u_2 \leqslant u \leqslant u_3 \end{cases}$$

由式（4-96）可知所定义的 B 样条曲线是

$$P(u) = N_{0,1}(u)P_0 + N_{1,1}(u)P_1 + N_{2,1}(u)P_2$$
$$= \begin{cases} P_0 & u_0 \leqslant u < u_1 \\ P_1 & u_1 \leqslant u < u_2 \\ P_2 & u_2 \leqslant u \leqslant u_3 \end{cases} \tag{4-100}$$

二阶 B 样条 $N_{i,2}(u)$ 由两个一阶 B 样条 $N_{i,1}(u)$ 与 $N_{i+1,1}(u)$ 递归推得，是它们的凸线性组合，即

$$N_{1,2}(u) = \frac{u-u_i}{u_{i+1}-u_i}N_{i,1}(u) + \frac{u_{i+2}-u}{u_{i+2}-u_{i+1}}N_{i+1,1}(u) \tag{4-101}$$

式中

$$N_{i,1}(u) = \begin{cases} 1 & u \in [u_i, u_{i+1}) \\ 0 & u \notin [u_i, u_{i+1}) \end{cases}$$

$$N_{i+1,1}(u) = \begin{cases} 1 & u \in [u_{i+1}, u_{i+2}) \\ 0 & u \notin [u_{i+1}, u_{i+2}) \end{cases} \tag{4-102}$$

它们像开关那样发生作用，即 1 表示接通，0 表示断开。于是得到

$$N_{i,2}(u) = \begin{cases} \dfrac{u-u_i}{u_{i+1}-u_i} & u \in [u_i, u_{i+1}) \\ \dfrac{u_{i+2}-u}{u_{i+2}-u_{i+1}} & u \in [u_{i+1}, u_{i+2}) \\ 0 & u \notin [u_i, u_{i+2}) \end{cases} \tag{4-103}$$

节点向量为 (0，1，2) 的二阶 B 样条基函数如图 4-23 所示。如此继续下去，可由 B 样

条 $N_{i+1,1}(u)$ 与 $N_{i+2,1}(u)$ 递归推得 B 样条 $N_{i+1,2}(u)$。再由两个二阶 B 样条 $N_{i,2}(u)$ 与 $N_{i+1,2}(u)$ 进一步递归推得三阶 B 样条 $N_{i,3}(u)$，如此继续下去可计算出其他的三阶 B 样条。四阶 B 样条的计算也以此类推。图 4-24 和图 4-25 分别给出了节点向量为（0，1，2，3）和（0，1，2，3，4）的三阶和四阶 B 样条。

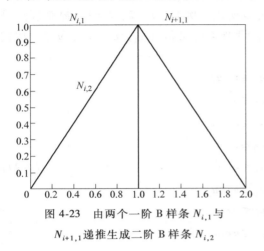

图 4-23　由两个一阶 B 样条 $N_{i,1}$ 与 $N_{i+1,1}$ 递推生成二阶 B 样条 $N_{i,2}$

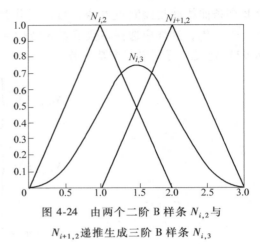

图 4-24　由两个二阶 B 样条 $N_{i,2}$ 与 $N_{i+1,2}$ 递推生成三阶 B 样条 $N_{i,3}$

递推公式表明，k 阶 B 样条 $N_{i,k}(u)$ 可由两个 $k-1$ 阶 B 样条 $N_{i,k-1}(u)$ 与 $N_{i+1,k-1}(u)$ 递推得到。其凸线性组合的系数分别为 $\dfrac{u-u_i}{u_{i+k-1}-u_i}$ 与 $\dfrac{u_{i+k}-u}{u_{i+k}-u_{i+1}}$，两个系数的分母恰好是两个 $k-1$ 阶 B 样条的支承区间，分子恰好是参数 u 把第 i 个 k 阶 B 样条 $N_{i,k}(u)$ 的支承区间 $[u_i，u_{i+k}]$ 划分成两部分的长度。

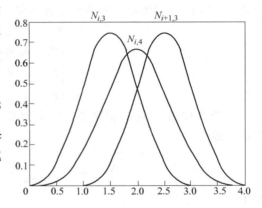

图 4-25　由两个三阶 B 样条 $N_{i,3}$ 与 $N_{i+1,3}$ 递推生成四阶 B 样条 $N_{i,4}$

B 样条基函数有下列性质：

（1）正性和局部性

$$N_{i,k}(u) \begin{cases} >0 & u_i<u<u_{i+k} \\ =0 & 其他 \end{cases} \qquad (4\text{-}104)$$

即 $N_{i,k}(u)$ 在区间 $(u_i，u_{i+k})$ 中为正，在其他地方 $N_{i,k}(u)$ 为 0。

（2）规范性

$$0 \leqslant N_{i,k}(u) \leqslant 1 \qquad (4\text{-}105)$$

（3）权性

对从节点值 u_{k-1} 到 u_{n+1} 区间上的任一值 u，全体基函数之和为 1。

$$\sum_{i=0}^{n} N_{i,k}(u) = 1 \qquad (4\text{-}106)$$

（4）递推性

由定义式（4-97）表明。

二、B 样条曲线的性质

下面讨论 B 样条曲线的一些重要性质。

（1）连续性

若一节点向量中节点均不相同，则 k 阶（$k-1$ 次）B 样条曲线在节点处为 $k-2$ 阶参数连续（C^{k-2} 连续性），比如四阶三次 B 样条曲线段在各节点处可达到二阶导数的连续性。

B 样条基函数的微分公式为

$$N'_{i,k}(u) = \frac{k-1}{u_{i+k-1}-u_i}N_{i,k-1}(u) - \frac{k-1}{u_{i+k}-u_{i+1}}N_{i+1,k-1}(u) \tag{4-107}$$

由 B 样条基函数的微分公式得到 B 样条曲线的导数曲线为

$$\begin{aligned}
P'(u) &= \left(\sum_{i=0}^{n} N_{i,k}(u)P_i \right)' \\
&= (k-1)\sum_{i=0}^{n}\left(\frac{N_{i,k-1}(u)}{u_{i+k-1}-u_i} - \frac{N_{i+1,k-1}(u)}{u_{i+k}-u_{i+1}} \right)P_i \\
&= (k-1)\sum_{i=0}^{n} N_{i,k-1}(u)\frac{P_i - P_{i-1}}{u_{i+k-1}-u_i}
\end{aligned} \tag{4-108}$$

它是一条 $k-1$ 阶的 B 样条曲线。式（4-108）说明 B 样条曲线的导数可用其低阶的 B 样条基函数和顶点向量的差商序列的线性组合表示，由此不难证明 k 阶 B 样条曲线段之间达到 $k-2$ 阶的连续性。

另外，由于 B 样条曲线基函数的次数与控制顶点个数无关，这样，如果增加一个控制点，就可以在保证 B 样条次数不变的情况下相应地增加一段 B 样条曲线，且新增的曲线段与原曲线的连接处天然地具有 $k-2$ 阶连续性。

（2）可微性

在定义域内重复度为 p 的节点处有 $k-1-p$ 次可微，或具有 C^{k-1-p} 连续性。一条位置连续的曲线，其内节点所取的最大重复度等于曲线的次数 $k-1$，端节点的最大重复度为 k。

（3）凸包性

根据式（4-106），即 B 样条基函数的权性，B 样条曲线落在至多由 $n+1$ 个控制点所形成的凸包内，因此 B 样条与控制点位置密切关联。

（4）正性和局部支承性

每个样条曲线段（在两个相邻节点值间）受 k 个控制点影响。考察 B 样条曲线在式（4-96）中定义在区间 $u \in [u_i, u_{i+1})$ 上那一曲线段，根据式（4-104），略去其中基函数取零值的那些项，则可表示为

$$P(u) = \sum_{j=0}^{n} P_j N_{j,k}(u) = \sum_{j=i-k+1}^{i} P_j N_{j,k}(u) \qquad u \in [u_i, u_{i+1}) \tag{4-109}$$

式（4-109）表明了 B 样条曲线的局部性质的一个方面，即 k 次 B 样条曲线上定义域内参数为 $u \in [u_i, u_{i+1})$ 的一点 $P(u)$ 至多与 k 个顶点 $P_j(j=i-k+1, i-k+2, \cdots, i)$ 有关，这就使得 k 阶 B 样条曲线在修改时只被相邻的 k 个控制点所控制，而与其他控制点无关。另一方面，由于 B 样条 $N_{i,k}(u)$ 只由其支承区间 $[u_i, u_{i+k}]$ 内所有节点决定，因此当移动一个控制点时，只对其中的一段曲线有影响，并不对整条曲线产生影响。而 Bézier 曲线上除两端点

外的所有点都与控制多边形的全部顶点有关。如图 4-26 所示是一条 B 样条曲线。该图表示控制点 P_5 变化后曲线变化的情况。由图可见 P_5 变化只对其中一段曲线有影响。

（5）几何不变性

B 样条曲线的形状和位置与坐标系的选取无关。

（6）近似性

控制多边形是 B 样条曲线的线性近似，若进行节点插入或升阶会更加近似。次数越低，B 样条曲线越逼近控制顶点。

三、均匀 B 样条曲线

（1）均匀 B 样条

在众多参数节点的选取方法中，使

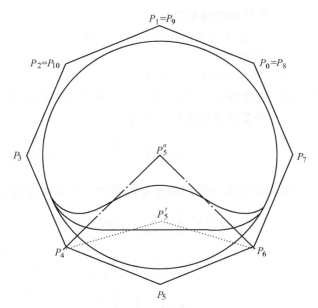

图 4-26　B 样条曲线的局部性

用最多的是选择参数 u 的每一区间为等长的情况，这时所得到的 B 样条函数称为均匀的，或等距的。考虑使用较多的情况，可假定 $u_i = i$，$i = 0$，1，$\cdots$，$n+k$。这时由递归式（4-109），经过计算，可以写出

$$N_{i,1}(u)=\begin{cases}1 & u_i\leqslant u<u_{i+1}\\ 0 & \text{其他}\end{cases} \tag{4-110}$$

$$N_{i,2}(u)=\frac{u-u_i}{u_{i+1}-u_i}N_{i,1}(u)+\frac{u_{i+2}-u}{u_{i+2}-u_{i+1}}N_{i+1,1}(u)$$

$$=\begin{cases}u-u_i & u_i\leqslant u<u_{i+1}\\ u_{i+2}-u & u_{i+1}\leqslant u<u_{i+2}\\ 0 & \text{其他}\end{cases} \tag{4-111}$$

$$N_{i,3}(u)=\frac{u-u_i}{u_{i+2}-u_i}N_{i,2}(u)+\frac{u_{i+3}-u}{u_{i+3}-u_{i+1}}N_{i+1,2}(u)$$

$$=\begin{cases}\dfrac{1}{2}(u-u_i)^2 & u_i\leqslant u<u_{i+1}\\[2mm] \dfrac{1}{2}(u-u_i)(u_{i+2}-u) & \\ \quad\quad\quad\quad\quad\quad\quad\quad u_{i+1}\leqslant u<u_{i+2} \\ +\dfrac{1}{2}(u_{i+3}-u)(u-u_{i+1}) & \\[2mm] \dfrac{1}{2}(u_{i+3}-u)^2 & u_{i+2}\leqslant u<u_{i+3}\\[2mm] 0 & \text{其他}\end{cases} \tag{4-112}$$

$$N_{i,4}(u) = \frac{u-u_i}{u_{i+3}-u_i}N_{i,3}(u) + \frac{u_{i+4}-u}{u_{i+4}-u_{i+1}}N_{i+1,3}(u)$$

$$= \begin{cases} \dfrac{1}{6}(u-u_i)^3 & u_i \leqslant u < u_{i+1} \\[2mm] \dfrac{1}{6}\big[(u-u_i)^2(u_{i+2}-u)+(u-u_i)(u_{i+3} \\ -u)(u-u_{i+1})+(u_{i+4}-u)(u-u_{i+1})^2\big] & u_{i+1} \leqslant u < u_{i+2} \\[2mm] \dfrac{1}{6}\big[(u-u_i)(u_{i+3}-u)^2+(u-u_{i+1})(u_{i+4} \\ -u)(u_{i+3}-u)+(u_{i+4}-u)^2(u-u_{i+2})\big] & u_{i+2} \leqslant u < u_{i+3} \\[2mm] \dfrac{1}{6}(u_{i+4}-u)^3 & u_{i+3} \leqslant u < u_{i+4} \\[2mm] 0 & 其他 \end{cases} \quad (4\text{-}113)$$

图 4-27 给出了由节点向量 $(u_i,u_{i+1},u_{i+2},u_{i+3},u_{i+4})$ 所确定的均匀 B 样条基函数 $N_{i,4}(u)$ 曲线。由式（4-113）可以看出，B 样条基函数 $N_{i,4}(u)$ 由四条三次多项式曲线拼接而成，在图 4-27 所示的图中分别由实线、划线、点线、点画线表示。四条曲线在四个节点区间内分段定义，相互衔接，共同组成了一个连续且光滑的 B 样条基函数 $N_{i,4}(u)$。一般地，B 样条曲线基函数 $N_{i,k}(u)$ 在节点区间 (u_i,u_{i+k}) 上大于 0，而在其他区间上则为 0，并且 $N_{i,k}(u)$ 在节点 $(u_i,u_{i+1},\cdots,u_{i+k})$ 处是连续的。

均匀 B 样条基函数在曲线定义域内各节点区间上都有相同的图形。图 4-28 中给出了四个四阶均匀 B 样条基函数。图中可以看出，每个基函数 $N_{i,4}(u)$ 均定义在 u 的取值范围内间

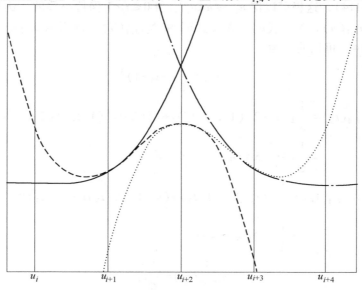

图 4-27　由节点向量 $(u_i,u_{i+1},u_{i+2},u_{i+3},u_{i+4})$ 所确定的均

匀 B 样条基函数 $N_{i,4}(u)$ 曲线

距为 $k=3$ 的 u_i 到 u_{i+3} 子区间上。从该例中可以分析出 B 样条的局部控制特性：比如第一个控制点 P_i 仅与基函数 $N_{i,4}(u)$ 做乘法，因此，改变 P_i 点仅影响曲线从 u_i 到 u_{i+4} 处的形状。

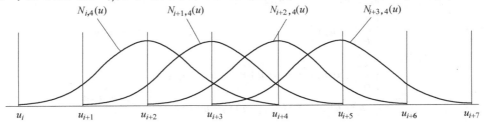

图 4-28　四阶均匀 B 样条基函数

在每一个均匀节点区间，最多会有 k 个 B 样条基函数跨越此区间。根据图 4-28 所示，如果固定在 $u_{i+3} \leqslant u < u_{i+4}$ 区间观察，可以看到 $N_{i,4}(u)$ 的第 4 段分片定义的函数、$N_{i+1,4}(u)$ 的第 3 段分片定义的函数、$N_{i+2,4}(u)$ 的第 2 段分片定义的函数和 $N_{i+3,4}(u)$ 的第 1 段分片定义的函数皆跨越此区间。于是，可以写出在 $u_{i+3} \leqslant u < u_{i+4}$ 区间内的 4 段 B 样条基函数：

$$N_{i,4}(u) = \frac{1}{6}(u_{i+4}-u)^3$$

$$N_{i+1,4}(u) = \frac{1}{6}\left[(u-u_{i+1})(u_{i+4}-u)^2 + (u-u_{i+2})(u_{i+5}-u)(u_{i+4}-u) + (u_{i+5}-u)^2(u-u_{i+3})\right]$$

$$N_{i+2,4}(u) = \frac{1}{6}\left[(u-u_{i+2})^2(u_{i+4}-u) + (u-u_{i+2})(u_{i+5}-u)(u-u_{i+3}) + (u_{i+6}-u)(u-u_{i+3})^2\right]$$

$$N_{i+3,4}(u) = \frac{1}{6}(u-u_{i+3})^3 \tag{4-114}$$

既然 $(u_i, u_{i+1}, \cdots, u_{i+k})$ 是间隔为 1 的节点向量，可以对参数进行如下变换 $t_j = u - u_{i+j}$ 以简化式（4-114），这仍可以使 $u_{i+j} \leqslant u < u_{i+j+1}$ 与 $0 \leqslant t_j < 1$ 保持一致的。例如，在 $u_{i+3} \leqslant u < u_{i+4}$ 区间，对于 $N_{i,4}(u)$、$N_{i+1,4}(u)$、$N_{i+2,4}(u)$ 和 $N_{i+3,4}(u)$，都引入 $t_3 = u - u_{i+3}$，即 $u = t_3 + u_{i+3}$，则式（4-114）可以简化为

$$N_{i,4}(t_3) = \frac{1}{6}(-t_3+1)^3$$

$$N_{i+1,4}(t_3) = \frac{1}{6}\left[(t_3+2)(1-t_3)^2 + (t_3+1)(2-t_3)(1-t_3) + (2-t_3)^2 t_3\right]$$

$$= \frac{1}{6}(3t_3^3 - 6t_3^2 + 4) \tag{4-115}$$

$$N_{i+2,4}(t_3) = \frac{1}{6}\left[(t_3+1)^2(1-t_3) + (t_3+1)(2-t_3)t_3 + (3-t_3)t_3^2\right]$$

$$= \frac{1}{6}(-3t_3^3 + 3t_3^2 + 3t_3 + 1)$$

$$N_{i+3,4}(t_3) = \frac{1}{6}t_3^3$$

上述结果对任意的 i 成立，令 $i=0$，同时对 t_3 用 u 进行名称替换，可写出四个四阶三次 B 样条基函数

$$N_{0,4}(u) = \frac{1}{6}(1-u)^3$$

$$N_{1,4}(u) = \frac{1}{6}(3u^3 - 6u^2 + 4)$$

$$N_{2,4}(u) = \frac{1}{6}(-3u^3 + 3u^2 + 3u + 1) \tag{4-116}$$

$$N_{3,4}(u) = \frac{1}{6}u^3$$

可用式（4-116）确定最常使用的 B 样条曲线如下：设给出 $n+1$ 个控制点 P_0，P_1，$\cdots$，P_n，则所确定的四阶三次均匀 B 样条曲线是

$$P(u) = Q_i(u) = \sum_{j=0}^{3} N_{j,4}(u) P_{i+j} \quad 0 \leqslant u \leqslant 1, i = 0, 1, \cdots, n-3 \tag{4-117}$$

注意这时整条曲线是分段定义的，第 0 段 $Q_0(u)$ 仅由顶点 P_0、P_1、P_2、P_3 确定，第 1 段 $Q_1(u)$ 由 P_1、P_2、P_3、P_4 确定，$\cdots$，第 $n-3$ 段由 P_{n-3}、P_{n-2}、P_{n-1}、P_n 确定。一般地，对第 i 段，$0 \leqslant i \leqslant n-3$，按式（4-117）可以写出

$$Q_i(u) = \begin{bmatrix} N_{0,4}(u) & N_{1,4}(u) & N_{2,4}(u) & N_{3,4}(u) \end{bmatrix} \begin{pmatrix} P_i \\ P_{i+1} \\ P_{i+2} \\ P_{i+3} \end{pmatrix}$$

$$= \frac{1}{6}(u^3 \quad u^2 \quad u \quad 1) \begin{pmatrix} -1 & 3 & -3 & 1 \\ 3 & -6 & 3 & 0 \\ -3 & 0 & 3 & 0 \\ 1 & 4 & 1 & 0 \end{pmatrix} \begin{pmatrix} P_i \\ P_{i+1} \\ P_{i+2} \\ P_{i+3} \end{pmatrix} \quad 0 \leqslant u \leqslant 1 \tag{4-118}$$

从式（4-118）中可以看出四阶三次均匀 B 样条曲线是关于参数 u 的三次多项式。四阶三次均匀 B 样条曲线同样具有凸包性，这通过验证 $0 \leqslant N_{j,4}(u) \leqslant 1$，$0 \leqslant j \leqslant 3$ 及 $\sum_{j=0}^{3} N_{j,4}(u) = 1$ 即可说明，即第 i 段曲线必落在控制点 P_i、P_{i+1}、P_{i+2}、P_{i+3} 四点张成的凸包内，整条曲线落在这些凸包的并集中。

按照同样的方法，可以写出二阶一次和三阶二次均匀 B 样条曲线的表达式

$$Q_i(u) = \sum_{j=0}^{1} N_{j,2}(w) P_{i+j}$$

$$= (1-u \quad u) \begin{pmatrix} P_i \\ P_{i+1} \end{pmatrix} = (u \quad 1) \begin{pmatrix} -1 & 1 \\ 1 & 0 \end{pmatrix} \begin{pmatrix} P_i \\ P_{i+1} \end{pmatrix} \tag{4-119}$$

$$Q_i(u) = \sum_{j=0}^{2} N_{j,3}(w) P_{i+j}$$

$$= \frac{1}{2} (u^2 \quad u \quad 1) \begin{pmatrix} 1 & -2 & 1 \\ -2 & 2 & 0 \\ 1 & 1 & 0 \end{pmatrix} \begin{pmatrix} P_i \\ P_{i+1} \\ P_{i+2} \end{pmatrix} \tag{4-120}$$

（2）均匀 B 样条曲线的拼接问题

下面以四阶三次均匀 B 样条曲线为例讨论拼接问题。对式（4-118）求一阶和二阶导数，整理后，可得

$$Q_i'(u) = \frac{1}{2} (u^2 \quad u \quad 1) \begin{pmatrix} -1 & 3 & -3 & 1 \\ 2 & -4 & 2 & 0 \\ -1 & 0 & 1 & 0 \end{pmatrix} \begin{pmatrix} P_i \\ P_{i+1} \\ P_{i+2} \\ P_{i+3} \end{pmatrix} \quad 0 \leqslant u \leqslant 1 \tag{4-121}$$

$$Q_i''(u) = (u \quad 1) \begin{pmatrix} -1 & 3 & -3 & 1 \\ 1 & -2 & 1 & 0 \end{pmatrix} \begin{pmatrix} P_i \\ P_{i+1} \\ P_{i+2} \\ P_{i+3} \end{pmatrix} \quad 0 \leqslant u \leqslant 1 \tag{4-122}$$

利用式（4-118）、式（4-121）、式（4-122），立即可得下列等式：

$$Q_i(0) = \frac{1}{6} (P_i + 4P_{i+1} + P_{i+2})$$

$$Q_i(1) = \frac{1}{6} (P_{i+1} + 4P_{i+2} + P_{i+3})$$

$$Q_i'(0) = \frac{1}{2} (P_{i+2} - P_i) \tag{4-123}$$

$$Q_i'(1) = \frac{1}{2} (P_{i+3} - P_{i+1})$$

$$Q_i''(0) = P_i - 2P_{i+1} + P_{i+2}$$

$$Q_i''(1) = P_{i+1} - 2P_{i+2} + P_{i+3}$$

现对上述各式的意义做出解释。$Q_i(0)$ 是控制点 P_i，P_{i+1}，P_{i+2}，P_{i+3} 确定的一段曲线的起点。将它的表达式改为

$$Q_i(0) = P_{i+1} + \frac{1}{3} \left[\frac{1}{2} (P_i + P_{i+2}) - P_{i+1} \right] \tag{4-124}$$

可以看出，$Q_i(0)$ 为曲线的起点，位于 $\Delta P_i P_{i+1} P_{i+2}$ 底边 $P_i P_{i+2}$ 的中线上，距顶点 P_{i+1} 的距离为中线长的三分之一处。$Q_i'(0)$ 为 $Q_i(0)$ 处的一阶导数，即切线向量，其方向平行于 $\Delta P_i P_{i+1} P_{i+2}$ 的底边 $P_i P_{i+2}$，长度是底边长的一半。该点处的二阶导数是 $Q_i''(0)$，改写为

$$Q_i''(0) = 2 \left[\frac{1}{2} (P_i + P_{i+2}) - P_{i+1} \right] \tag{4-125}$$

明显看出，它的方向是 $\Delta P_i P_{i+1} P_{i+2}$ 底边 $P_i P_{i+2}$ 上的中线方向，长度是中线长的二倍。类似的讨论用于终点 $Q_i(1)$、$Q_i'(1)$、$Q_i''(1)$。同样可知，$Q_i(1)$ 位于 $\Delta P_{i+1} P_{i+2} P_{i+3}$ 底边中线上距顶点 P_{i+2} 距离为中线长的三分之一处；$Q_i'(1)$ 平行于底边 $P_{i+1} P_{i+3}$，并且长度是底边长的一

半；$Q_i''(1)$ 平行于底边上的中线，且长度是中线长的二倍。这些情形如图 4-29 所示。

　　以上说明了点 P_i、P_{i+1}、P_{i+2}、P_{i+3} 确定的一段曲线的起点的位置向量、切线向量及二阶导向量，事实上都只与 $\Delta P_i P_{i+1} P_{i+2}$ 有关，而终点处各量只与 $\Delta P_{i+1} P_{i+2} P_{i+3}$ 有关。如果考虑接下去的一段曲线，即 P_{i+1}、P_{i+2}、P_{i+3}、P_{i+4} 确定的一段，在其起点，上述各量就只与 $\Delta P_{i+1} P_{i+2} P_{i+3}$ 有关，并恰好是前一段曲线终点处的上述各量，自然是对应相等的。这就证明了曲线在拼接处是连续

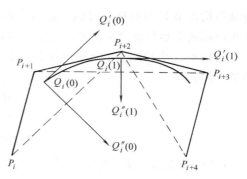

图 4-29　四阶三次均匀 B 样条曲线

的，一阶和二阶导数也是连续的。因此知道四阶三次均匀 B 样条曲线虽然分段确定，但各段拼接处有直到二阶导数的连续性，整条曲线是光滑的。

　　（3）特殊曲线的控制点配置

　　对 B 样条曲线一阶和二阶导数的研究有助于实现顶点配置。用四阶三次均匀 B 样条曲线进行曲线造型时，可充分运用四阶三次均匀 B 样条曲线的几何作图及设计技巧，通过配置控制点构造直线段、尖点、切线等特殊情况。

　　1）对于四阶三次均匀 B 样条曲线 $P(u)$，若要在其中得到一条直线段，只要控制点 P_i、P_{i+1}、P_{i+2}、P_{i+3} 四点位于一条直线上，此时 $P(u)$ 对应的 $u_{i+3} \leqslant u \leqslant u_{i+4}$ 的曲线即为一段直线，且和 P_i、P_{i+1}、P_{i+2}、P_{i+3} 所在的直线重合。

　　2）为了使 $P(u)$ 能过 P_i 点，只要 P_i、P_{i+1}、P_{i+2} 三点重合，此时 $P(u)$ 过 P_i 点（尖点）。

　　3）为了使 B 样条曲线 $P(u)$ 和某一直线 L 相切，只要求 B 样条曲线的控制点 P_i、P_{i+1}、P_{i+2} 位于 L 上。

　　图 4-30b、c 表示四阶三次 B 样条曲线在 P 处有二重控制点和三重控制点的情况。在 P 点处有二重控制点的曲线并不经过 P 点，其端点在距 P 点 1/6 控制边长处与控制边相切，如图 4-30b 所示。在 P 点处有三重控制点的曲线与控制边完全重合，位于距 P 点 1/6 控制边长处和 P 点之间；相邻两条控制边在 P 点处衔接，形成尖点，如图 4-30c 所示。这几例说明只要灵活地选择控制点的位置，就可形成多种特殊情况的 B 样条曲线。

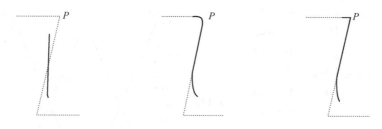

a) 没有重控制点的三　　　　b) 二重控制点的三次 B　　　　c) 三重控制点的三次 B
次 B 样条曲线　　　　　　　　样条曲线　　　　　　　　　　样条曲线

图 4-30　三次 B 样条曲线在 P 点有重合控制点的情况

四、准均匀 B 样条曲线

　　准均匀 B 样条是均匀 B 样条曲线和非均匀 B 样条曲线的交叉部分。有的文献把它看成

特殊的均匀 B 样条类型，有的文献则将其归于非均匀 B 样条一类。k 阶准均匀 B 样条曲线，除在两端的节点值重复 k 次外，其他节点间距是均匀的。

给定 $n+1$ 个控制点的 k 阶 B 样条，其参数值 k 和 n 通过下列计算可以生成准均匀具有整型节点的向量

$$u_j = \begin{cases} 0 & 0 \leqslant j \leqslant k-1 \\ j-k+1 & k \leqslant j \leqslant n \\ n-k+2 & n+1 \leqslant j \leqslant n+k \end{cases} \tag{4-126}$$

j 的值从 0 到 $n+k$。头 k 个节点向量值设为 0，后 k 个值为 $n-k+2$。例如，当 $k=4$，$n=4$ 时，准均匀、从 0 开始的整型节点向量为 $(0,0,0,0,1,2,2,2,2)$。

准均匀 B 样条具有与 Bézier 样条类似的特性。准均匀 B 样条多项式曲线通过第一和最后一个控制点。参数曲线在第一个控制点处的切向量平行于头两个控制点的连线；最后一个控制点处的切向量则平行于最后两个控制点的连线。因此，拼接曲线段的几何约束也与 Bézier 曲线相同。由于准均匀 B 样条始于第一控制点，终于最后一个控制点，因此把第一个和最后一个控制点定于同一位置则生成封闭曲线。

若选取 $n=3$、$k=2$，于是有四个控制顶点 P_0、P_1、P_2、P_3，应有参数节点 $n+k+1=6$ 个，设节点向量是 $(0,0,1,2,3,3)$，确定二阶 B 样条曲线。按定义式 (4-96) 计算 $P(u)$，首先应确定基函数 $N_{i,1}(u)$。

$$N_{0,1}(u) = 0 \quad 0 \leqslant u < 3$$

$$N_{1,1}(u) = \begin{cases} 1 & 0 \leqslant u < 1 \\ 0 & 1 \leqslant u < 3 \end{cases}$$

$$N_{2,1}(u) = \begin{cases} 0 & 0 \leqslant u < 1 \\ 1 & 1 \leqslant u < 2 \\ 0 & 2 \leqslant u < 3 \end{cases} \tag{4-127}$$

$$N_{3,1}(u) = \begin{cases} 0 & 0 \leqslant u < 2 \\ 1 & 2 \leqslant u < 3 \end{cases}$$

$$N_{4,1}(u) = 0 \quad 0 \leqslant u < 3$$

往下用式 (4-97) 做递归计算，得到 $N_{i,2}(u)$，如图 4-31 所示。

$$N_{0,2}(u) = \begin{cases} 1-u & 0 \leqslant u < 1 \\ 0 & 1 \leqslant u < 3 \end{cases}$$

$$N_{1,2}(u) = \begin{cases} u & 0 \leqslant u < 1 \\ 2-u & 1 \leqslant u < 2 \\ 0 & 2 \leqslant u < 3 \end{cases}$$

$$N_{2,2}(u) = \begin{cases} 0 & 0 \leqslant u < 1 \\ u-1 & 1 \leqslant u < 2 \\ 3-u & 2 \leqslant u < 3 \end{cases} \tag{4-128}$$

$$N_{3,2}(u) = \begin{cases} 0 & 0 \leqslant u < 2 \\ u-2 & 2 \leqslant u < 3 \end{cases}$$

这就可以代入式 (4-96) 计算 $P(u)$，有

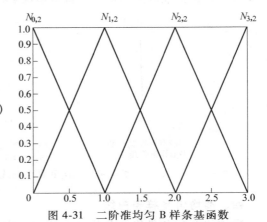

图 4-31 二阶准均匀 B 样条基函数

$$P(u)=N_{0,2}(u)P_0+N_{1,2}(u)P_1+N_{2,2}(u)P_2+N_{3,2}(u)P_3$$

$$=\begin{cases}(1-u)P_0+uP_1 & 0\leqslant u<1\\ (2-u)P_1+(u-1)P_2 & 1\leqslant u<2 \\ (3-u)P_2+(u-2)P_3 & 2\leqslant u\leqslant 3\end{cases} \tag{4-129}$$

一般地，可以严格证明准均匀二阶 B 样条曲线是一次多项式，是连接各控制点的线段组成的折线。

取 $n=4$（5 个控制点），$k=3$，可得节点向量的 8 个值（0，0，0，1，2，3，3，3）。u 的取值范围分成 7 个节点区间，5 个基函数 $N_{i,3}(u)$ 中的任一个函数定义在三个节点区间上。由递归关系式得基函数的多项式表示式如下：

$$N_{0,3}(u)=\begin{cases}(1-u)^2 & 0\leqslant u<1\\ 0 & 1\leqslant u<3\end{cases}$$

$$N_{1,3}(u)=\begin{cases}\dfrac{1}{2}u(4-3u) & 0\leqslant u<1\\ \dfrac{1}{2}(2-u)^2 & 1\leqslant u<2\\ 0 & 2\leqslant u<3\end{cases}$$

$$N_{2,3}(u)=\begin{cases}\dfrac{1}{2}u^2 & 0\leqslant u<1\\ \dfrac{1}{2}u(2-u)+\dfrac{1}{2}(u-1)(3-u) & 1\leqslant u<2\\ \dfrac{1}{2}(3-u)^2 & 2\leqslant u<3\end{cases}$$

$$N_{3,3}(u)=\begin{cases}0 & 0\leqslant u<1\\ \dfrac{1}{2}(u-1)^2 & 1\leqslant u<2\\ \dfrac{1}{2}(3-u)(3u-5)^2 & 2\leqslant u<3\end{cases} \tag{4-130}$$

$$N_{4,3}(u)=\begin{cases}0 & 0\leqslant u<2\\ (u-2)^2 & 2\leqslant u<3\end{cases}$$

图 4-32 表示了这 5 个基函数的形状。B 样条曲线的局部特性再一次得到证实。基函数仅在某些节点区间上取非零值，因此，控制点仅影响在这一区间上的曲线，不影响曲线在其他节点区间的形状。

事实上，当 $k=n+1$ 时，由式（4-126）得准均匀节点向量为

$$(\underbrace{0,0,\cdots,0}_{k\uparrow},1,\underbrace{1,1,\cdots,1}_{k\uparrow}) \tag{4-131}$$

该节点向量定义的 k 阶 $k-1$ 次 B 样条基函数就是 $k-1$ 次 Bernstein 基函数，准均匀 B 样条曲线退化为 Bézier 样条曲线，所有的节点值或为 0 或为 1。由此可知，Bernstein 基函数是 B 样条基函数的特例。

例如：选取 $n=3$，$k=4$，四个控制顶点为 P_0、P_1、P_2、P_3，这时应取参数节点 $n+k+1=$

8 个，设选取节点向量为 (0，0，0，0，1，1，1，1)，则确定四阶三次准均匀 B 样条曲线。

图 4-33 是计算 $N_{i,4}(t)$ 的过程，图中用方框标记出了所有可能的不为零的各项。下面就计算这些项，计算过程中可能出现 0/0，这时都约定是 0。

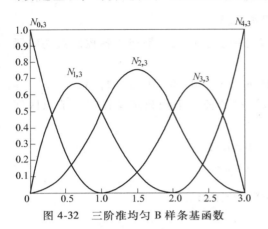

图 4-32 三阶准均匀 B 样条基函数

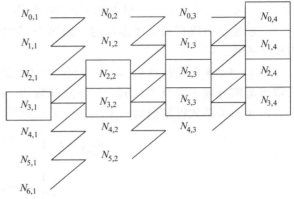

图 4-33 计算 $N_{i,4}(t)$ 的过程

$$N_{3,1}(u)=1, N_{i,1}(u)=0,\ i\neq 3\quad(i=0,1,2,4,5,6)$$

$$N_{2,2}(u)=\frac{u-u_2}{u_3-u_2}N_{2,1}(u)+\frac{u_4-u}{u_4-u_3}N_{3,1}(u)=\frac{u-0}{0-0}0+\frac{1-u}{1-0}1=1-u$$

$$N_{3,2}(u)=\frac{u-u_3}{u_4-u_3}N_{3,1}(u)+\frac{u_5-u}{u_5-u_4}N_{4,1}(u)=\frac{u-0}{1-0}1+\frac{1-u}{1-1}0=u$$

$$N_{i,2}(u)=\frac{u-u_i}{u_{i+1}-u_i}N_{i,1}(u)+\frac{u_{i+2}-u}{u_{i+2}-u_{i+1}}N_{i+1,1}(u)$$

$$=\frac{u-u_i}{u_{i+1}-u_i}0+\frac{u_{i+2}-u}{u_{i+2}-u_{i+1}}0=0\quad i\neq 2,3(i=0,1,4,5)$$

$$N_{1,3}(u)=\frac{u-u_1}{u_3-u_1}N_{1,2}(u)+\frac{u_4-u}{u_4-u_2}N_{2,2}(u)=\frac{u-0}{0-0}0+\frac{1-u}{1-0}(1-u)=(1-u)^2$$

$$N_{2,3}(u)=\frac{u-u_2}{u_4-u_2}N_{2,2}(u)+\frac{u_5-u}{u_5-u_3}N_{3,2}(u)=\frac{u-0}{1-0}(1-u)+\frac{1-u}{1-0}u=2u(1-u)$$

$$N_{3,3}(u)=\frac{u-u_3}{u_5-u_3}N_{3,2}(u)+\frac{u_6-u}{u_6-u_4}N_{4,2}(u)=\frac{u-0}{1-0}u+\frac{1-u}{1-1}0=u^2$$

$$N_{i,3}(u)=\frac{u-u_i}{u_{i+2}-u_i}N_{i,2}(u)+\frac{u_{i+3}-u}{u_{i+3}-u_{i+1}}N_{i+1,2}(u)$$

$$=\frac{u-u_i}{u_{i+2}-u_i}0+\frac{u_{i+3}-u}{u_{i+3}-u_{i+1}}0=0\quad i\neq 1,2,3(i=0,4)$$

$$N_{0,4}(u)=\frac{u-u_0}{u_3-u_0}N_{0,3}(u)+\frac{u_4-u}{u_4-u_1}N_{1,3}(u)=\frac{u-0}{0-0}0+\frac{1-u}{1-0}(1-u)^2=(1-u)^3$$

$$N_{1,4}(u)=\frac{u-u_1}{u_4-u_1}N_{1,3}(u)+\frac{u_5-u}{u_5-u_2}N_{2,3}(u)=\frac{u-0}{1-0}(1-u)^2+\frac{1-u}{1-0}2u(1-u)=3u(1-u)^2$$

$$N_{2,4}(u) = \frac{u-u_2}{u_5-u_2}N_{2,3}(u) + \frac{u_6-u}{u_6-u_3}N_{3,3}(u) = \frac{u-0}{1-0}2u(1-u) + \frac{1-u}{1-0}u^2 = 3u^2(1-u)$$

$$N_{3,4}(u) = \frac{u-u_3}{u_6-u_3}N_{3,3}(u) + \frac{u_7-u}{u_7-u_4}N_{4,3}(u) = \frac{u-0}{1-0}u^2 + \frac{1-u}{1-1}0 = u^3$$

可以发现这个计算结果与本章第四节计算 Bézier 曲线的基函数是完全相同的，形状如图 4-34 所示。这表明，按本例中节点向量的取法，所给四个控制点确定的四阶 B 样条曲线就是它们所确定的 Bézier 曲线。事实上可以证明更一般的结论，即 $n+1$ 个控制点 P_0，P_1，$\cdots$，P_n 所确定的最高阶的 B 样条曲线是 $k=n+1$ 阶的，这时由节点向量 $(0,0,\cdots,0,1,1,\cdots,1)$ 所确定的 B 样条曲线，与该 $n+1$ 个控制点所确定的 Bézier 曲线相同。这个结论说明了 B 样条曲线确实是 Bézier 曲线的一种推广。

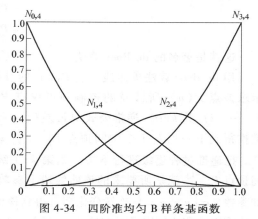

图 4-34　四阶准均匀 B 样条基函数

五、B 样条曲线的绘制

（1）de Boor 算法

给定控制顶点 $P_i(i=0,1,\cdots,n)$、阶数 k 及节点向量 $(u_0,u_1,\cdots,u_{n+k})$ 后，就定义了一条 k 阶 B 样条曲线。在计算并绘制曲线上的点时，利用 de Boor 算法的递推公式更快捷、更简单。它类似于计算 Bézier 曲线上点的几何作图法（de Casteljau 算法），但要复杂一些。

先将 u 固定在区间 $[u_i,u_{i+1})(k-1 \leqslant i \leqslant n)$，根据式（4-109）以及 B 样条曲线的局部性，可知 k 阶 B 样条曲线上定义域内参数为 $u \in [u_i,u_{i+1})$ 的一点 $P(u)$ 至多与 k 个顶点 P_j $(j=i-k+1,i-k+2,\cdots,i)$ 有关，与其他顶点无关。于是，可得 de Boor 算法的递推公式如下：

$$\begin{aligned}
P(u) &= \sum_{j=0}^{n} P_j N_{j,k}(u) = \sum_{j=i-k+1}^{i} P_j N_{j,k}(u) \\
&= \sum_{j=i-k+1}^{i} P_j \left[\frac{u-u_j}{u_{j+k-1}-u_j}N_{j,k-1}(u) + \frac{u_{j+k}-u}{u_{j+k}-u_{j+1}}N_{j+1,k-1}(u) \right] \\
&= \sum_{j=i-k+1}^{i} \left[\frac{u-u_j}{u_{j+k-1}-u_j}P_j + \frac{u_{j+k-1}-u}{u_{j+k-1}-u_j}P_{j-1} \right] N_{j,k-1}(u) \quad u \in [u_i,u_{i+1}) \quad (4\text{-}132)
\end{aligned}$$

现令

$$P_j^{[r]}(u) = \begin{cases} P_j & r=0, j=i-k+1, i-k+2, \cdots, i \\[2mm] \dfrac{u-u_j}{u_{j+k-r}-u_j}P_j^{[r-1]}(u) + \dfrac{u_{j+k-r}-u}{u_{j+k-r}-u_j}P_{j-1}^{[r-1]}(u) \\[2mm] r=1,2,\cdots,k-1; j=i-k+r+1, i-k+r+2, \cdots, i \end{cases} \quad (4\text{-}133)$$

则

$$P(u) = \sum_{j=i-k+1}^{i} P_j N_{j,k}(u)$$

$$= \sum_{j=i-k+2}^{i} P_j^{[1]}(u) N_{j,k-1}(u)$$

$$= \sum_{j=i-k+3}^{i} P_j^{[2]}(u) N_{j,k-2}(u) \tag{4-134}$$

$$\vdots$$

$$= P_i^{[k-1]}(u) N_{i,1}(u)$$

$$= P_i^{[k-1]}(u)$$

这就是著名的 de Boor 算法。

用 de Boor 算法求曲线上点 $P(u)$ 的过程可用图 4-35 所示的三角阵列表示，最左那列表示求该点 $P(u)$ 所涉及的控制顶点仅有 P_j（$j=i-k+1$, $i-k+2$, $\cdots$, i）共 k 个。递推公式对最左列的原始顶点进行第一级递推得到下一列 $k-1$ 个中间顶点 $P_j^{[1]}$（$j=i-k+2$, $i-k+3$, $\cdots$, i）。把递推过程逐级进行下去，则第 $k-1$ 级递推得到的一个中间顶点 $P_i^{[k-1]}$ 就是所要求的该曲线段上参数为 u 的一点 $P(u)$。如参数 $u \in [u_i, u_{i+1}]$ 连续变化即可得到该曲线段。递推公式中的比例因子和比例因子对应的节点区间在递推过程中都在不断变化，这与 Bézier 曲线的几何作图法（de Casteljau 算法）不同。

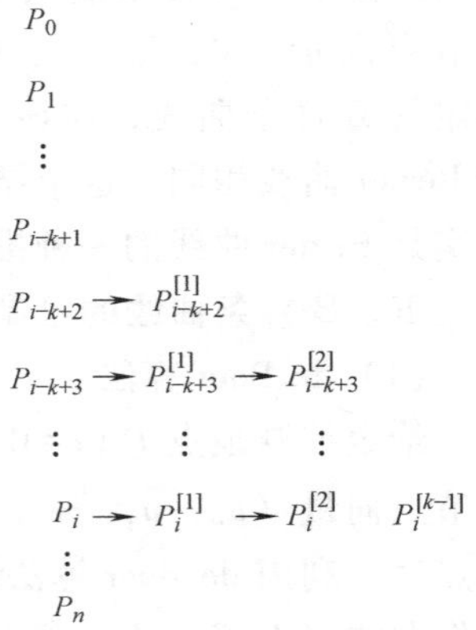

利用 de Boor 算法计算 B 样条曲线上的点时，不必先进行 B 样条基的计算，因此计算量相应减少。算法表明，每求一个中间顶点都是前一级有关两个顶点的线性内插。因此与几何作图法（de Casteljau 算法）求 Bézier 曲线上一点一样，它是很稳定的，但 de Boor 算法求 B 样条曲线上一点要复杂一些。事实上，

$$P_0$$
$$P_1$$
$$\vdots$$
$$P_{i-k+1}$$
$$P_{i-k+2} \rightarrow P_{i-k+2}^{[1]}$$
$$P_{i-k+3} \rightarrow P_{i-k+3}^{[1]} \rightarrow P_{i-k+3}^{[2]}$$
$$\vdots \qquad \vdots \qquad \vdots$$
$$P_i \rightarrow P_i^{[1]} \rightarrow P_i^{[2]} \quad P_i^{[k-1]}$$
$$\vdots$$
$$P_n$$

图 4-35 de Boor 算法的递推关系

若给定控制顶点 P_i（$i=0$, 1, $\cdots$, n）及节点向量 $(\underbrace{0,0,\cdots,0}_{k个},\underbrace{1,1,\cdots,1}_{k个})$，所定义的 B 样条曲线就是 k 阶 Bézier 曲线。对每一段曲线使用 de Boor 算法求 $P(t), t \in [0,1]$。可以看出，若递推公式使用的比例因子恒为 $\dfrac{u-u_j}{u_{j+k-r}-u_j}=t$ （$r=1,2,\cdots,k-1$; $j=i-k+r+1, i-k+r+2, \cdots, i$），则 de Boor 算法就退化成了 Bézier 曲线的几何作图法（de Casteljau 算法）

$$P_i^{[r]}(t) = t P_i^{[r-1]}(t) + (1-t) P_{i-1}^{[r-1]}(t) \tag{4-135}$$

由此可见几何作图法（de Castel jau 算法）是 de Boor 算法的特例。

以下是用 de Boor 算法求 B 样条曲线上点的 C 语言算法：

算法 4-4　用 de Boor 算法求 B 样条曲线上的点

```
//输入参数 CP 为控制点坐标
//控制点 P 的个数为 n+1
//输入参数 k 为 B 样条曲线的阶数
//输入参数 knot 为 B 样条曲线节点向量
//节点向量 knot 的长度为 n+k+1
//输出参数为采用 de Boor 算法生成的 B 样条曲线上的离散点序列 pts
//整条曲线离散点序列 pts 的个数为 npoints+1
```

```
void bspline_to_points( Point CP[ ], int n, int k, double knot[ ], Point pts[ ], int npoints )
{
    double u, delt;
    int i, j;
    delt = ( knot[ n+1 ]-knot[ k-1 ] )/( double ) npoints;//在每个节点区间,将参数 t 变化区间
进行 npoints 等分
    i = k-1;
    u = knot[ k-1 ];
    for( j = 0; j < = npoints; j++ )
    {
        while( ( i<n ) && ( u>knot[ i+1 ] ) ) i++;//确定参数 u 所在的节点区间[ u_i , u_{i+1} )
        //在每个节点区间,分别求出 npoints 个离散点 pts 的坐标
        pts[ j ] = deboor( CP, i, k, knot, u );
        u+ = delt;
    }
}


//输入参数 CP 为控制点坐标
//输入参数 i 代表第 i 个节点区间,即第 i 个曲线段
//输入参数 k 为 B 样条曲线的阶数
//输入参数 knot 为 B 样条曲线节点向量
//u 为参数值,其变化范围为节点区间[ u_i , u_{i+1} )
//函数返回值为 B 样条曲线在参数为 t 的坐标值
Point deboor( Point CP[ ], int i, int k, double knot[ ], double u )
{
    double denom, alpha;
    point  * p = new Point[ k ];
    const double epsilon = 0.0005;
    for( int 1 = 0; 1<k; 1++ )
        p[ 1 ] = CP[ i-k+1+1 ];

    //进行 k-1 次循环,即进行 k-1 级递推
    for( int r = 1; r<k; r++ )
    {
        //在每一级递推中,按照递减的顺序对控制顶点进行更新
        //按递减顺序更新,是为了确保已更新的控制顶点
        //不会对未更新的控制顶点的计算产生影响
        for( int m = k-1; m> = r; m-- )
        {
```

```
            int j = m+i-k+1;
            denom = knot[j+k-r]-knot[j];
            if(fabs(denom)<epsilon)
                alpha = 0;
            else
                alpha = (u-knot[j])/denom;
            p[m].x = (1-alpha) * p[m-1].x+alpha * p[m].x;
            p[m].y = (1-alpha) * p[m-1].y+alpha * p[m].y;
        }
    }
    return p[k-1];
}
```

在函数 deboor 中，存储控制点的数组 p 长度为 k，控制点 $P_j(j=i-k+1,i-k+2,\cdots,i)$ 在数组中相应的保存位置为 $p[m](m=0,1,\cdots,k-1)$，如图 4-36 所示。节点数组 knot 的长度为 $n+k+1$，存储着节点值 $u_i(i=0,\cdots,n+k+1)$。在式（4-133）中，比例因子中的节点值 u_{j+k-r} 和 u_j 对应的数组元素为 knot $[j+k-r]$ 和 knot $[j]$，其中 u_{j+k-r} 和 u_j 的下标 j 的取值范围为 $j=i-k+1,i-k+2,\cdots,i$，对应 m 的取值范围为 $m=0,1,\cdots,k-1$。

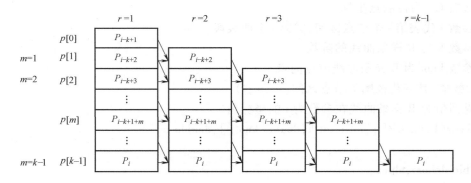

图 4-36　de Boor 算法中的控制点数组

（2）de Boor 算法的几何意义

de Boor 算法有着直观的几何意义，即以线段 $P_i^{[r]}P_{i+1}^{[r]}$ 割去角 $P_i^{[r-1]}$。从多边形 P_{i-k+1} $P_{i-k+2}\cdots P_i$，经过 $k-1$ 层割角，最后得到 $P(u)$ 上的点 $P_i^{[k-1]}(u)$，如图 4-37 所示。

六、非均匀有理 B 样条曲线

虽然 B 样条有很多优点，但是仍然有一些函数不能准确地用它们来表示。特别是，B 样条不能表示圆锥曲线。为了表示这样的曲线，最一般的形式是采用非均匀有理 B 样条（Non-Uniform Rational B-Spline，NURBS）。

非均匀有理 B 样条把每一个控制点 P_i 与一个权值 W_i 相连，并对分子分母使用同样的 B 样条基函数

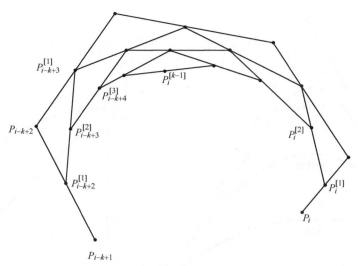

图 4-37　B 样条曲线的 de Boor 算法的几何意义

$$P(u) = \frac{\sum\limits_{i=0}^{n} W_i N_{i,k}(u) P_i}{\sum\limits_{i=0}^{n} W_i N_{i,k}(u)} \tag{4-136}$$

式中，P_i 是控制多边形顶点的位置向量；$N_{i,k}(u)$ 是 k 阶 B 样条基函数；W_i 是相应控制点 P_i 的权值。

下面来看一看用 NURBS 曲线如何表示二次曲线。假定 $n=2$，$k=3$，用定义在 $n+1=3$ 个控制顶点和准均匀节点向量上的三阶二次 B 样条基函数来拟合，于是，有长度为 $n+k+1=6$ 的节点向量 $(0, 0, 0, 1, 1, 1)$，取权函数为

$$W_0 = W_2 = 1$$

$$W_1 = \frac{r}{1-r} \quad 0 \leqslant r < 1 \tag{4-137}$$

则有理 B 样条的表达式为

$$P(u) = \frac{N_{0,3}(u) P_0 + \dfrac{r}{1-r} N_{1,3}(u) P_1 + N_{2,3}(u) P_2}{N_{0,3}(u) + \dfrac{r}{1-r} N_{1,3}(u) + N_{2,3}(u)} \tag{4-138}$$

当取不同的 r 值时，会得到各种二次曲线，如图 4-38 所示。当 $r > \dfrac{1}{2}$，$W_1 > 1$ 时，得到双曲线段；当 $r = \dfrac{1}{2}$，$W_1 = 1$ 时，得到抛物线段；当 $r < \dfrac{1}{2}$，$W_1 < 1$ 时，得到椭圆弧；当 $r = 0$，$W_1 = 0$ 时，得到直线段。

当选控制点为 $P_0 = (0,1)$、$P_1 = (1,1)$、$P_2 = (1,0)$，$W_1 = \cos\alpha$ 时，式（4-138）可产生第一象限的四分之一单位圆弧，如图 4-39 所示。若要产生单位圆的其他部分只需改变控制点的位置即可。

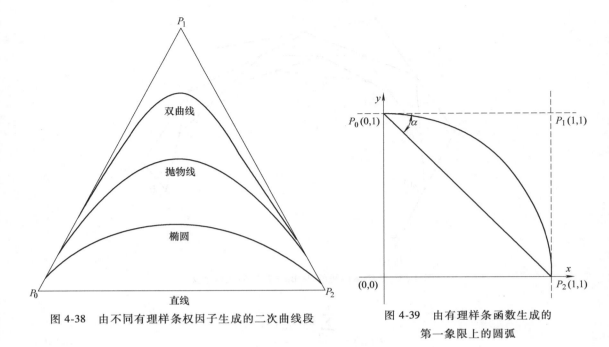

图 4-38　由不同有理样条权因子生成的二次曲线段　　　图 4-39　由有理样条函数生成的
第一象限上的圆弧

NURBS 曲线也可用有理基函数的形式表示：

$$P(u) = \sum_{i=0}^{n} R_{i,k}(u) P_i$$

$$R_{i,k}(u) = \frac{W_i N_{i,k}(u)}{\sum_{i=0}^{n} W_i N_{i,k}(u)} \qquad (4\text{-}139)$$

式中，$R_{i,k}(u)$ 称为有理基函数，它具有如下一些性质：

（1）普遍性

若令全部权因子均为 1，则 $R_{i,k}(u)$ 退化为 $N_{i,k}(u)$；而若节点向量仅由两端的 k 重节点构成，则 $R_{i,k}(u)$ 退化为 Bernstein 基函数。

（2）正性和局部性

$R_{i,k}(u)$ 在 u_i 到 u_{i+k} 的子区间中取正值，在其他地方为零，即

$$R_{i,k}(u) \begin{cases} \geqslant 0 & u \in [u_i, u_{i+k}) \\ = 0 & u \notin [u_i, u_{i+k}) \end{cases} \qquad (4\text{-}140)$$

（3）凸包性

可以证明 $\sum_{i=0}^{n} R_{i,k}(u) = 1$

（4）可微性

在节点处，若节点的重复度（出现次数）为 p，则 $R_{i,k}(u)$ 为 $k-p-1$ 次可微的，即在节点处具有与 B 样条曲线同样的连续阶。

（5）权因子

如果某个权因子 W_i 等于零，则 $R_{i,k}(u) = 0$，相应的控制顶点对曲线根本没有影响。若

$W_i = +\infty$，则 $R_{i,k}(u) = 1$，说明权因子越大，曲线越靠近相应的控制顶点。

由上可知，NURBS 曲线具有与 B 样条曲线同样的局部调整性、凸包性、几何不变性、造型灵活等特征。类似地，NURBS 曲面也具有凸包性、几何不变性、局部调整性等。另外，NURBS 方法还具有如下一些优点：

1）既为自由型曲线曲面也为初等曲线曲面（如圆锥曲线、二次曲面、旋转面等）的精确表示与设计提供了一个公共的数学形式，因此，一个统一的数据库就能存储这两类形状信息。

2）为了修改曲线曲面的形状，既可借助调整控制顶点，又可利用权因子，因此具有较大的灵活性。

3）计算稳定且速度快。

4）NURBS 有明显的几何解释，使得它对具有良好的几何知识、尤其是画法几何知识的设计人员特别有用。

5）NURBS 具有强有力的几何配套计算工具，包括节点插入与删除、节点细分、升阶、节点分割等，能用于设计、分析与处理等各个环节。

6）NURBS 在比例、旋转、平移、剪切以及平行、透视投影变换下是不变的。

7）NURBS 是非有理 B 样条形式以及有理与非有理 Bézier 形式的合适的推广。

鉴于 NURBS 在形状定义方面的强大功能与潜力，不等到该方法完全成熟，美国国家标准局在 1983 年制定的 IGES 规范第二版中就将 NURBS 列为优化类型。1991 年国际标准化组织（ISO）正式颁布了工业产品几何定义的 STEP 标准作为产品数据交换的国际标准。在 STEP 标准中，自由型曲线曲面唯一地用 NURBS 表示。尽管如此，NURBS 也还存在一些缺点：

1）需要额外的存储以定义传统的曲线和曲面。如图 4-40 所示，为用一个外切正方形作为控制多边形定义一个整圆，至少需要 7 个控制顶点 (x_k, y_k, z_k)、7 个权因子和 10 个节点，而传统的表示只要求给出圆心 (x_r, y_r, z_r)、半径 R 和垂直于圆所在平面的法向量

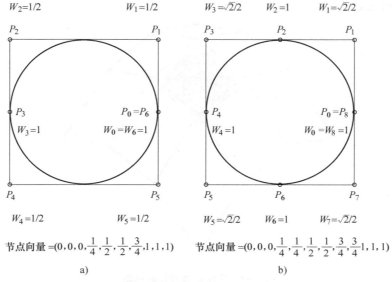

图 4-40 7 顶点和 9 顶点构成的外切正方形表示整圆

(n_x, n_y, n_z)。这意味着，在三维空间用 NURBS 方法定义一个整圆要求 38 个数据，而传统方法只要求 7 个数据。

2）权因子的不合适应用可能导致很坏的参数化，甚至毁掉随后的曲面结构。

3）某些技术用传统形式比用 NURBS 工作得更好。比如曲面与曲面求交，NURBS 方法特别难于处理刚好接触的情况。

4）某些基本算法，例如反求曲线曲面上的点的参数值，存在数值不稳定问题。

NURBS 方式是建立在非有理 Bézier 方法与非有理 B 样条方法基础上的，然而把 NURBS 方法看成是非有理 Bézier 方法与非有理 B 样条方法的直接推广就过于简单，也是不恰当的。在 NURBS 里将会遇到非有理方法中未出现的一系列新问题，计算将变得复杂，特别是权因子与参数化问题至今没有完全解决，有关 NURBS 曲线和曲面的几何连续性问题也较为复杂。但有理由相信，对 NURBS 的深入研究和 NURBS 在几何建模中的广泛实践，将会扬长避短，充分发挥 NURBS 的潜能。

第六节　B 样条曲面

B 样条曲面是 B 样条曲线的拓广。B 样条曲面的数学表达形式如下定义：

在三维空间里，给定 $(m+1) \times (n+1)$ 个点，用向量 $P_{k+i,l+j}(i=0,1,\cdots,m,j=0,1,\cdots,n)$ 表示，称

$$Q_{kl}(u,w) = \sum_{i=0}^{m} \sum_{j=0}^{n} N_{i,m}(u) N_{j,n}(w) P_{k+i,l+j}$$
$$0 \leqslant u \leqslant 1, 0 \leqslant w \leqslant 1 \tag{4-141}$$

为 $m \times n$ 次 B 样条曲面。$P_{k+i,l+j}$ 是 $Q_{kl}(u,w)$ 的控制顶点，$N_{i,m}(u)$ 和 $N_{j,n}(w)$ 为 B 样条基函数。

如果用一系列直线段将 $P_{k+i,l}, P_{k+i,l+1}, \cdots, P_{k+i,l+n}(i=0,1,\cdots,m)$ 和 $P_{k,l+j}, P_{k+1,l+j}, \cdots, P_{k+m,l+j}(j=0,1,\cdots,n)$ 一一连接起来，组成一张空间网格，称这张网格为 $m \times n$ 次 B 样条曲面控制网格，如图 4-41 所示。

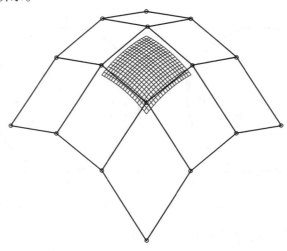

图 4-41　B 样条曲面控制网格

（1）双一次均匀 B 样条曲面

当 $m=n=1$ 时，给定 $(m+1)\times(n+1)=2\times2=4$ 个控制点：$P_{k,l}$、$P_{k,l+1}$、$P_{k+1,l}$、$P_{k+1,l+1}$、得双一次 B 样条曲面。B 样条基函数取

$$N_{0,1}(u)=1-u,\ N_{1,1}(u)=u,\ N_{0,1}(w)=1-w,\ N_{1,1}(w)=w \tag{4-142}$$

所以，双一次 B 样条曲面为

$$Q_{kl}(u,w)=\sum_{i=0}^{1}\sum_{j=0}^{1}N_{i,2}(u)N_{j,2}(w)P_{k+i,l+j}$$

$$=(1-u \quad u)\begin{pmatrix} P_{k,l} & P_{k,l+1} \\ P_{k+1,l} & P_{k+1,l+1} \end{pmatrix}\begin{pmatrix} 1-w \\ w \end{pmatrix} \tag{4-143}$$

与双一次 Bézier 曲面一样，双一次 B 样条曲面也是双曲抛物面（马鞍面）的曲面。

（2）双二次均匀 B 样条曲面

当 $m=n=2$ 时，给定 $(m+1)\times(n+1)=3\times3=9$ 个控制点，即 $P_{k,l}$、$P_{k,l+1}$、$P_{k,l+2}$、$P_{k+1,l}$、$P_{k+1,l+1}$、$P_{k+1,l+2}$、$P_{k+2,l}$、$P_{k+2,l+1}$、$P_{k+2,l+2}$，得双二次 B 样条曲面。B 样条基函数取

$$N_{0,2}(u)=\frac{1}{2}(u^2-2u+1),\ N_{1,2}(u)=\frac{1}{2}(-2u^2+2u+1),\ N_{2,2}(u)=\frac{1}{2}u^2$$

$$N_{0,2}(w)=\frac{1}{2}(w^2-2w+1),\ N_{1,2}(w)=\frac{1}{2}(-2w^2+2w+1),\ N_{2,2}(w)=\frac{1}{2}w^2 \tag{4-144}$$

所以，双二次 B 样条曲面为

$$Q_{kl}(u,w)=\sum_{i=0}^{2}\sum_{j=0}^{2}N_{i,3}(u)N_{j,3}(w)P_{k+i,l+j}$$

$$=\frac{1}{4}(u^2 \quad u \quad 1)\begin{pmatrix} 1 & -2 & 1 \\ -2 & 2 & 0 \\ 1 & 1 & 0 \end{pmatrix}\begin{pmatrix} P_{k,l} & P_{k,l+1} & P_{k,l+2} \\ P_{k+1,l} & P_{k+1,l+1} & P_{k+1,l+2} \\ P_{k+2,l} & P_{k+2,l+1} & P_{k+2,l+2} \end{pmatrix}$$

$$\begin{pmatrix} 1 & -2 & 1 \\ -2 & 2 & 1 \\ 1 & 0 & 0 \end{pmatrix}\begin{pmatrix} w^2 \\ w \\ 1 \end{pmatrix} \tag{4-145}$$

当 u 和 w 取定值时，曲面的 u 线和 w 线也都是抛物线。图 4-42 表明了双二次 B 样条曲面与控制网格的关系。由图可知，与 Bézier 曲面不同，双二次 B 样条曲面不经过任何一个网格顶点，四个角点也不在网格角点上。图 4-42 只表示了双二次 B 样条曲面的一片，如果网格向外扩展，曲面也相应延伸。由于二次 B 样条曲面基函数是一阶连续的，所以对于双二次 B 样条曲面两片连接自然也是一阶连续。

（3）双三次均匀 B 样条曲面

当 $m=n=3$ 时，给定 $(m+1)\times(n+1)=4\times4=16$ 个控制点，即每一个曲面片 $Q_{kl}(u,w)$ 由 16 个控制点 $P_{k+i,l+j}(i=0,1,2,3,j=0,1,2,3)$ 确定，得双三次 B 样条曲面。双三次均匀 B 样条曲面的定义如下：

$$Q_{kl}(u,w)=\sum_{i=0}^{3}\sum_{j=0}^{3}N_{i,4}(u)N_{j,4}(w)P_{k+i,l+j} \tag{4-146}$$

式中，$0\le u\le1$；$0\le w\le1$；$0\le k\le K$；$0\le l\le L$。把这里的式（4-146）写为下面的矩阵形式：

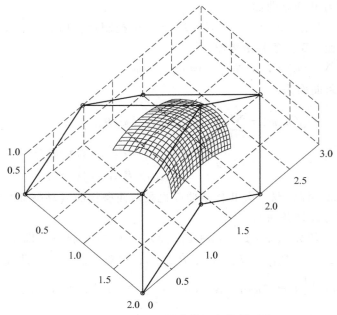

图 4-42 双二次 B 样条曲面与控制网格

$$Q_{kl}(u,w) = \begin{pmatrix} N_{0,4}(u) & N_{1,4}(u) & N_{2,4}(u) & N_{3,4}(u) \end{pmatrix}$$

$$\cdot \begin{pmatrix} P_{k,l} & P_{k,l+1} & P_{k,l+2} & P_{k,l+3} \\ P_{k+1,l} & P_{k+1,l+1} & P_{k+1,l+2} & P_{k+1,l+3} \\ P_{k+2,l} & P_{k+2,l+1} & P_{k+2,l+2} & P_{k+2,l+3} \\ P_{k+3,l} & P_{k+3,l+1} & P_{k+3,l+2} & P_{k+3,l+3} \end{pmatrix} \begin{pmatrix} N_{0,4}(w) \\ N_{1,4}(w) \\ N_{2,4}(w) \\ N_{3,4}(w) \end{pmatrix}$$

$$= \frac{1}{36}(u^3 \quad u^2 \quad u \quad 1) \begin{pmatrix} -1 & 3 & -3 & 1 \\ 3 & -6 & 3 & 0 \\ -3 & 0 & 3 & 0 \\ 1 & 4 & 1 & 0 \end{pmatrix}$$

$$\begin{pmatrix} P_{k,l} & P_{k,l+1} & P_{k,l+2} & P_{k,l+3} \\ P_{k+1,l} & P_{k+1,l+1} & P_{k+1,l+2} & P_{k+1,l+3} \\ P_{k+2,l} & P_{k+2,l+1} & P_{k+2,l+2} & P_{k+2,l+3} \\ P_{k+3,l} & P_{k+3,l+1} & P_{k+3,l+2} & P_{k+3,l+3} \end{pmatrix}$$

$$\begin{pmatrix} -1 & 3 & -3 & 1 \\ 3 & -6 & 0 & 4 \\ -3 & 3 & 3 & 1 \\ 1 & 0 & 0 & 0 \end{pmatrix} \begin{pmatrix} w^3 \\ w^2 \\ w \\ 1 \end{pmatrix} \tag{4-147}$$

$$= \frac{1}{36}(u^3 \quad u^2 \quad u \quad 1) B P_{k+i,l+j} B^{\mathrm{T}} (w^3 \quad w^2 \quad w \quad 1)^{\mathrm{T}}$$

式中，矩阵 $P_{k+i,l+j}$ 是以 16 个控制点位置向量为元素的 4×4 矩阵，它确定了第 (k,l) 块曲面片。图 4-43 表明了双三次 B 样条曲面与控制网格的关系。与四阶三次均匀 B 样条类似，每增加一排四个控制点就增加一块曲面片，此时，拼接处可以达到直到二阶导数的连续性。曲面片能保证落在自身控制点形成的凸包内。用这种方法产生的曲面还具有局部性，有利于交互修改。这些优点使 B 样条曲面应用很广泛。但需注意这种曲面一般不通过它的任何一

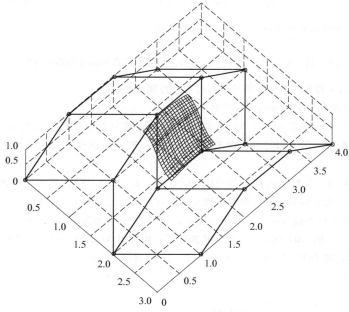

图 4-43　双三次 B 样条曲面与控制网格

个控制点。

习　题

1. 形成一条参数三次多项式曲线的 Lagrange 插值法，是使曲线 $P(t)$ 在参数 $t = 0$、$\dfrac{1}{3}$、$\dfrac{2}{3}$、1 时通过事先给定的四个点 P_1、P_2、P_3、P_4。求矩阵 $\boldsymbol{M}_1$，使 $P(t) = \boldsymbol{TM}_1\boldsymbol{P}$，式中 $\boldsymbol{T} = (\,t^3 \quad t^2 \quad t^1 \quad 1\,)$，$\boldsymbol{P} = (\,P_1 \quad P_2 \quad P_3 \quad P_4\,)^{\mathrm{T}}$。

2. 设 $P_0 = (0,\ 0,\ 0)$、$P_1 = (0,\ 1,\ 0)$、$P_2 = (1,\ 0,\ 1)$、$P_3 = (1,\ 0,\ 0)$，试求出一段三次参数多项式曲线，使曲线经过 P_1 和 P_2 点，与 P_0P_1 和 P_2P_3 相切。

3. 设用 P_0、P_1、P_0'、P_1' 确定了一段 Hermite 形式的参数三次多项式曲线，用 Q_0、Q_1、Q_0'、Q_1' 又确定了一段，问两段曲线连续的条件是什么？一阶导数和二阶导数连续的条件是什么？由此讨论两段 Hermite 形式的参数三次曲线怎样才能光滑地拼接起来。

4. 设任意给定两点 A 和 B，请示意性地画出两簇 Hermite 三次参数曲线，其中第一簇要能说明在两点的切向量的方向固定不变而切向量长度发生变化时，相应的曲线会发生怎样的变化；第二簇要能够说明当切向量在一端始终不变而在另一端保持长度不变而方向不断变化时，相应的曲线会发生怎样的变化。说明画出这二簇曲线的依据。

5. 设 $f(t)$ 为任一给定的光滑函数。请编制一个计算三次 Hermite 样条曲线并能显示其图形的程序。令 $f(t) = \cos(n\pi t)$，并分别令 $n = 5$、10、15、20，进行计算并作图。

6. 由三个型值点确定的二次 Bézier 曲线是一条平面上的二次参数曲线。对任意的平面上二次参数曲线 $x(t) = a_0 + a_1 t + a_2 t^2$，$y(t) = b_0 + b_1 t + b_2 t^2$，证明它是一条抛物线。

7. 给出四点 P_0、P_1、P_2、P_3，使 $P_0' = 3(P_1 - P_0)$，$P_3' = 3(P_3 - P_2)$，这时用 P_0、P_3、P_0'、P_3' 可以确定一条 Hermite 形式的三次参数曲线，证明所确定的曲线与用原来四点确定的 Bézier 形式的三次参数曲线相同。

8. 设平面上四点 （1，1）、（2，3）、（4，3）、（3，1） 确定了一条三次 Bézier 曲线 $P(t)$，试求 $P\left(\dfrac{1}{5}\right)$，考虑用 Bézier 曲线几何作图算法依据的思想来求解。

9. 设平面上四点 （1，1）、（2，3）、（4，3）、（3，1） 确定的 Bézier 曲线是 $P(t)$，如果在点 $P\left(\dfrac{1}{2}\right)$ 处将它分为两段，求前后两段作为 Bézier 曲线各自的四个控制点坐标。

10. 写出用分裂法绘制 Bézier 曲线的完整的算法。

11. 设 P_0，P_1，$\cdots$，P_n 确定的 n 次 Bézier 曲线是 $P(t)$，其中仅一点 P_i 变动到 P_i^*，证明这时确定的曲线 $P^*(t)= P(t)+B_{i,n}(t)(P_i^*-P_i)$，由此表明 Bézier 曲线没有局部性，即一点改动将影响整条曲线的形状。

12. 选取 $n=3$、$k=4$，参数节点向量为 （0，0，0，0，1，1，1，1），证明这时四个控制点 P_0、P_1、P_2、P_3 所确定的四阶三次 B 样条曲线，恰是该四个控制点确定的三次 Bézier 曲线。

13. 设已给出 k 阶 B 样条曲线的节点向量 $(u_1, u_2, \cdots)$，计算在区间 $[u_i, u_{i+1}]$ 上任意一点 u 处的 B 样条基函数 $N_{i,k}(u)$ 的值，$0\leqslant i\leqslant k-1$，可有算法如下：用数组 $N(i, j)$ 存放 $N_{i,j}(u)$ 的值：

（1）$N(i, 1)\leftarrow 1$；对 $l=0$，1，2，$\cdots$，$i-1$，$i+1$，$k-1$，$N(l, 1)\leftarrow 0$；

（2）l 从 2 至 k 做：

j 从 0 至 $l-1$ 做：

$a=[(u-u_{i-1})/(u_{i-j+l-1}-u_{i-1})]N(i-j,l-1)$

$b=[(u_{i-j+l}-u)/(u_{i-j+l}-u_{i-j+1})]N(i-j+1,l-1)$

$N(i-j,\ l)\leftarrow a+b$

试解释算法工作依据的理由。设给出参数节点向量为 （0，0，0，0，1，1，1，1），要求计算 $N_{j,4}(0.5)$，$j=0$，1，2，3，说明用此算法计算的过程和结果。

14. 对四阶三次均匀 B 样条曲线，说明如果有四个控制点共线，则可以在曲线上造出一段直线；如果有三个相邻控制点共线，或两个相邻控制点重合，则可以使曲线与控制多边形的边相切；如果有三个相邻控制点重合，则可以使曲线通过该重合的控制点。

15. 设给出两个型值点 P_1、P_2，问怎样求出另外两个型值点 Q_1、Q_2，使 Q_1、Q_2、P_1、P_2 四点确定的一段均匀四阶三次 B 样条曲线，能以给定的某点 S 为起点，S' 为起点处的切线向量？如果事先给定的是终点和终点处的切线向量，情形应该如何？

16. 设给定 n 个型值点 P_1、P_2、$\cdots$、P_n，问如何做出一条均匀四阶三次 B 样条曲线，使曲线分别以 P_1 和 P_n 为起点和终点，并与边 $P_1 P_2$ 和边 $P_{n-1} P_n$ 相切。

17. 设已知四个控制点 V_0、V_1、V_2、V_3 分别为 （0，0）、（3，9）、（6，3）、（9，6），运用三重控制顶点方法，做四阶三次均匀 B 样条曲线，使通过 V_0、V_3 这两个控制点。

18. 设已知四点 V_0、V_1、V_2、V_3 分别为 （0，0）、（3，9）、（6，3）、（9，6），求另外两个顶点 P_0、P_3，使 P_0、V_1、V_2、P_3 四点所确定的四阶三次均匀 B 样条曲线，以 V_0、V_3 为起点和终点。

19. 确定通过 $Q_0=(-1，0)$、$Q_1=(0，1)$、$Q_2=(1，0)$ 这三个型值点的平面上的没有直线段的四阶三次均匀 B 样条曲线。

20. 均匀 B 样条曲线可一般定义如下：设 P_0、P_1，$\cdots$，P_{n+m} 为 $n+m+1$ 个控制点的序列，称 n 次参数曲线段

$$P_{i,n}(t)=\sum_{l=0}^{n} F_{l,n}(t)P_{i+1} \qquad 0\leqslant t\leqslant 1$$

为 n 次均匀 B 样条曲线的第 i 段，$i=0$，1，$\cdots$，m，式中

$$F_{l,n}(t)=\frac{1}{n!}\sum_{j=0}^{n-l}(-1)^j C_{n+1}^j (t+n-l-j)^n \qquad l=0,1,\cdots,n$$

试对 $n \leqslant 3$，验证这个定义与本章给出的定义是一致的。

21. 设有一段 Hermite 形式的三次参数曲线，是由两个控制点 P_1、P_4 及两点处的导数值 P_1'、P_4' 确定的。

（1）求四个控制点 B_1、B_2、B_3、B_4，使这四点确定的三次 Bézier 曲线，与原 Hermite 形式的三次参数曲线相同。

（2）求四个控制点 V_1、V_2、V_3、V_4，使这四点确定的四阶三次均匀 B 样条曲线，仍与原来那条曲线相同。

22. 编程序画一条三次 Bézier 曲线，让它逼近一个椭圆在第一象限中的部分。

23. 编程序画一条三次均匀 B 样条曲线，让它逼近单位圆周在第一象限的部分。

第五章 图形运算

随着计算机图形学的日益成熟，大量的图形处理算法不断涌现出来。本章介绍一些基本的有代表性的算法，这些算法中有很多也称之为几何算法，其作用是处理简单的几何图形。

第一节 线段的交点计算

一、两条线段求交

考虑求交问题的动机起源于这样一个简单的事实，即两个对象不能同时占有一个位置。容易理解，在图形显示问题中将遇到大量的求交计算。下面来考察最简单的情形，即线段的交点计算问题。最简单的情形是对平面上两线段求交。设有两线段 AB 和 CD，其端点坐标分别为 (x_a, y_a)、(x_b, y_b) 和 (x_c, y_c)、(x_d, y_d)，它们所在直线的参数方程分别为

$$\begin{cases} x = x_a + \lambda(x_b - x_a) \\ y = y_a + \lambda(y_b - x_a) \end{cases} \quad \begin{cases} x = x_c + \mu(x_d - x_c) \\ y = y_c + \mu(y_d - y_c) \end{cases} \tag{5-1}$$

若两线段相交，则交点的参数值 λ、μ 应满足

$$\begin{cases} x = x_a + \lambda(x_b - x_a) = x_c + \mu(x_d - x_c) \\ y = y_a + \lambda(y_b - y_a) = y_c + \mu(y_d - y_c) \end{cases} \tag{5-2}$$

即

$$\begin{cases} (x_b - x_a)\lambda - (x_d - x_c)\mu = x_c - x_a \\ (y_b - y_a)\lambda - (y_d - y_c)\mu = y_c - y_a \end{cases} \tag{5-3}$$

因此，若行列式

$$\Delta = \begin{vmatrix} x_b - x_a & -(x_d - x_c) \\ y_b - y_a & -(y_d - y_c) \end{vmatrix} = 0 \tag{5-4}$$

则表示两线段 AB 和 CD 重合或平行，一般作为它们不相交来处理。如果 $\Delta \neq 0$，则可求出交点对应的两个参数 λ 和 μ 的值

$$\begin{cases} \lambda = \dfrac{1}{\Delta} \begin{vmatrix} x_c - x_d & -(x_d - x_c) \\ y_c - y_d & -(y_d - y_c) \end{vmatrix} \\ \mu = \dfrac{1}{\Delta} \begin{vmatrix} x_b - x_a & (x_c - x_a) \\ y_b - y_a & (y_c - y_a) \end{vmatrix} \end{cases} \tag{5-5}$$

需要注意，只有 $0 \leqslant \lambda \leqslant 1$，$0 \leqslant \mu \leqslant 1$ 时两线段才真正相交。否则，交点在两线段或其中某一条线段的延长线上，这时仍然认为是两线段不相交。

于是可写出求两线段 AB 和 CD 交点的算法，算法的输入是两线段端点的坐标，如下：
算法 5-1 两线段求交算法
int LineSegmentIntersection(POINT a, POINT b, POINT c, POINT d, POINT p)
// POINT 平面点类型

```
    // a,b,c,d 两直线的端点, p 求解的交点
    {
        float t,t1,t2;
        t=(b.x-a.x))*(c.y-d.y)-(c.x-d.x))*(b.y-a.y);       //计算行列式
        if( fabs(t)<=1.0e-3)return 0;    //平行或重合,无解返回
        t1=((c.x-a.x))*(c.y-d.y)-(c.x-d.x))*(c.y-a.y)/t;    //计算参数
        if(t1<0 ||t1>1 )return 0 ;    //无解返回
        t2=((b.x-a.x))*(c.y-a.y)-(c.x-a.x))*(b.y-a.y)/t;    //计算参数
        if(t2<0 ||t2>1 )    return  0;  //无解返回
        p.x=a.x+t1*(b.x-a.x);
        p.y=a.y+t1*(b.y-a.y);
        return 1;
    }
```

二、多条线段求交

接下来考虑一个复杂些的问题:设平面上以端点坐标的方式给出了 n 条线段,那么怎样高效率地求出所有交点呢?

直接的想法是对每两条线段都利用前述算法计算交点。这在每两条线段都相交时是必要的,但在有许多线段并不相交时,不必要的计算工作量会很多,这必然造成很大的计算浪费。我们希望寻找这样的算法,其计算工作量要大体上与交点个数成正比,即只对有可能相交的两线段计算交点,对不可能相交的线段不计算交点,使算法有更好的效率。

为此应该在平面上各线段间规定一个次序关系。我们称平面内两条线段在横坐标 x 处是可比较的,如果存在一条通过 x 的垂直线,此线与两条线段都相交。规定一个在 x 处的"上面"关系为:在 x 处,线段 S_1 在 S_2 的上面,记为 $S_1 >_x S_2$,如果在 x 处可比较,且 S_1 与垂直线的交点位于 S 与垂直线的交点的上面,由此有下列关系(见图 5-1):

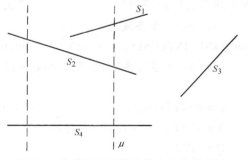

$$S_2 >_\mu S_4, \quad S_1 >_\mu S_2, \quad S_1 >_\mu S_4$$

而线段 S_3 与其他线段是不可比较的。

可见所规定的次序关系对垂直的线段不适合。为说明简便,以下假设要求交点的 n 条线段

图 5-1 为线段之间规定的一个次序关系

中没有垂直的,并且没有三条以上线段交于一点,否则以下给出的算法中需要再增加一些必要的步骤。

利用所规定次序关系可以给出一个两线段相交的必要条件,即若两线段相交,则必然存在某个 x,使它们在规定的次序关系 $>_x$ 下是相邻的。这提示我们,求线段所有交点的算法可以只检查在上述次序关系下相邻的从而可能有交点的线段。

算法可以采用"平面扫描"型。设想有一条垂直线从左向右扫描,在扫描过程维持正确的线段间的次序关系。这种次序关系只能有三种可能的变化方式:

1) 遇见某条线段 S 的左端点,此时 S 应加入次序关系。

2）遇见某线段 S 的右端点，此时 S 应从次序关系中删除，因为它往后将不会再与任何线段可比较。

3）遇到某两条线段 S_1 和 S_2 的交点，这时在次序关系中 S_1 和 S_2 交换位置。

下面说明算法的数据组织和实现过程。平面扫描技巧需要两个基本的数据结构，即扫描线状态表和事件点进度表。

这里的扫描线状态是规定次序关系的描述，扫描线状态表 L 中存放按所规定次序关系 $>_x$ 排序的线段的序列。此表初始应为空，在平面扫描过程中当关系 $>_x$ 改变时变化。事件点指扫描进行中可能使所规定次序关系 $>_x$ 发生变化的点，存放于事件点进度表 E 中。该表初始值为所有输入线段端点按 x 坐标递增排序后的端点坐标序列。在平面扫描过程中求出的交点，应及时地插入到事件点进度表中。扫描线状态表 L 应能支持以下四个操作：

1）INSERT (S, L)，把线段 S 插入到扫描线状态表 L 中，注意应插入到适当位置以保持正确的次序关系。

2）DELETE (S, L)，从 L 中删除线段 S。

3）ABOVE (S, L)，返回次序关系中 S 上面紧接着的线段的编号。

4）BELOW (S, L)，返回次序关系中 S 下面紧接着的线段的编号。

而事件点进度表 E 应能支持以下三个操作：

1）MIN (E)，取出表 E 中的最小元素。

2）INSERT (x, E)，把横坐标为 x 的一个点插入到表 E 中，插入要使 E 中事件点存放保持递增次序。

3）MEMBER (x, E)，判定横坐标为 x 的点是否在事件点进度表 E 中。

假设已经为扫描线状态表 L 和事件点进度表 E 选择了合适的实现方式，并已经有了实现上述各操作的子程序，这时完整的算法可概述如下：

算法 5-2　多条线段求交算法

```
void LINE_INTERSECTION(LINE  * Line,int n, POINT  * Q)
    /* Line 为线段数组;Q 为交点集合;L 为扫描线状态表;E 为事件点进度表 */
    {
    E = SORT(Line);//将线段 Line 数组的 n 个端点按 x,y 字典排序保存至 E 中;
    A = NULL;L = NULL;//A 初始为空,暂时保存当前 L 表中线段的交点
    Q = NULL;
    while(! EMPTY(E)){//若 E 非空
        P = MIN(E);   //取出当前事件点
        S = BELONGTO(Line,P);//P 属于线段 S 上的一点
        if(P = = LEFTENDPOINT(S)){ //P 为 Line 中线段 S 左端点
            INSERT(S,L);//将 S 插入 L 中
            S1 = ABOVE(S,L);
            S2 = BELOW(S,L);
            q = INTERSECTION(S,S1);//计算交点并存入 A 中
            if(q! = NULL)INSERT(q, A);
            q = INTERSECTION(S,S2);// 计算交点并存入 A 中
```

```
            if( q! = NULL) INSERT( q, A);
        }else if( P == RIGHTENDPOINT( S)){ //P 为 Line 中线段 S 右端点
            S1 = ABOVE( S,L);
            S2 = BELOW( S,L);
            q = INTERSECTION( S1,S2);//若 S1 和 S2 相交于 P 的右边,交点送入 A 集合
            if(( q! = NULL) &&( q->x>P->x)) INSERT( q, A);
            DELETE( S,L);//在 L 中删去 S 线段
        }else{      //P 为线段之交点
            [ S1,S2] = BELONGTO( Line, P);//P 为 S1 和 S2 的交点,且在 P 的左边,S1 位
于 S2 的上面
            S3 = ABOVE( S1,L);
            S4 = BELOW( S2,L);
            q = INTERSECTION( S3,S2);//计算交点并存入 A 中
            if( q! = NULL) INSERT( q, A);
            q = INTERSECTION( S4,S1);// 计算交点并存入 A 中
            if( q! = NULL) INSERT( q, A);
            SWAP( S1,S2,L);//在 L 中交换 S1 和 S2 的位置
        }
        while(! EMPTY( A)){
            x = GETFIRST( A);//取出 A 中的交点,得到 x 坐标
            if(! MEMBER( x,E)){   // 交点第一次计算得出
                INSERT( x,E);//交点送入 E 中
                INSERT( x,Q);//交点送入 Q 中
            }
        }
    }
}
```

现举一个算法工作的例子。设有三条线段 S_1、S_2、S_3,它们的 6 个端点坐标依次如下:
$(1, 1)$、$(5, 3)$、$(2, 3)$、$(4, 1)$、$(6, 4)$、$(8, 2)$,如图 5-2 所示,计算所有交点。

算法初始形成的事件点进度表 E,可有形式为:

$((1, 1)$, S_1 左端点), $((2, 3)$, S_2 左端点), $((4, 1)$, S_2 右端点), $((5, 3)$, S_1 右端点), $((6, 4)$, S_3 左端点), $((8, 2)$, S_3 右端点))。

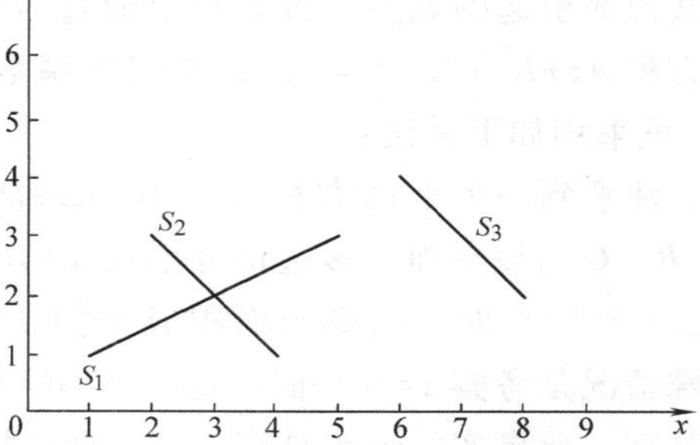

算法工作中的平面扫描过程见表 5-1,它完成了对 n 条线段求交点的算法的简要说明。虽然要使算法能够实用还有一些细节需要补充,但它明显地优于所有线段每两条都要求相交的直接的解

图 5-2 一个算法工作的例子

法。这个算法求交点的计算工作量与实际的交点个数有关，交点多则计算量大，交点少则计算量小，具有一种可称为"自适应"的性质。实用中常常需要寻找这种有自适应性的算法。此外这个算法所使用的平面扫描技巧，对解决许多图形处理问题都是有效的。

表 5-1 S_1、S_2、S_3 线段求交算法平面扫描过程

算法步骤	从表 E 前面取出的扫描到达的事件点 P	扫描线状态表 L	工作解释
3.2(1)	$((1,1),S_1$ 左端点$)$	(S_1)	插入 S_1
3.2(1)	$((2,3),S_2$ 左端点$)$	(S_1,S_2)	S_1、S_2 求交,求出交点$(3,2)$插入 E $((4,1),S_2$ 右端点$)$前
3.2(3)	$((3,2),S_1$ 和 S_2 的交点$)$	(S_2,S_1)	S_1 与 S_2 交换
3.2(2)	$((4,1),S_2$ 右端点$)$	(S_1)	删除 S_2
3.2(2)	$((5,3),S_1$ 右端点$)$	$(\quad)$	删除 S_1
3.2(1)	$((6,4),S_3$ 左端点$)$	(S_3)	插入 S_3
3.2(2)	$((8,8),S_3$ 右端点$)$	$(\quad)$	删除 S_3

第二节 多边形表面的交线计算

多边形表面指空间多面体的表面，是位于空间中某个平面上的多边形。许多实际问题需要对空间不同姿态的两个多边形表面，判断它们是否相交，若相交则计算出交线。

为简便，设两个要求交线的多边形表面都是凸多边形表面，分别由其顶点坐标逆时针方向按序列确定，即约定按顶点序列前行时内部在左侧。这时来看一下应如何计算它们之间的交线。

想法是先根据顶点坐标求出两个多边形表面分别所在平面的方程，再根据平面方程计算交线，最后，还要确定出交线同时在两个多边形表面内部的部分，如图 5-3 和图 5-4 所示。

先看怎样利用若干个顶点的位置坐标求出它们所在平面的方程。事实上只要用不共线的三个点的位置坐标就能唯一地确定所在平面的方程，但在实际中用更多的点来确定平面方程更为可取。由于多边形产生的方法不同，可能发生多边形表面的多个顶点坐标位置有偏差，实际上并不共面的情况。利用多个顶点位置坐标来计算平面方程可以减少由于不共面而引起的偏差。设要解出通过若干顶点的平面方程 $Ax+By+Cz+D=0$，即要定出系数 A、B、C、D，可采用如下做法：

注意到一个平面方程 $Ax+By+Cz+D=0$ 的系数 A、B、C 与该平面上多边形分别在 $x=0$，$y=0$，$z=0$ 三个坐标平面上投影的面积成比例。例如，一个特殊情况是考察 $z=0$ 平面，这时 $A=B=0$，而此时多边形在 $x=0$ 和 $y=0$ 平面上投影的面积也是零。此事实的证明是简单的。现在根据这一事实，可以利用多边形所有顶点的坐标数值计算各相应投影的面积，由此定出 A、B、C 的值。

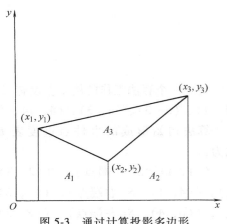

图 5-3 通过计算投影多边形
面积求平面方程系数

例如，多边形在 $z=0$ 平面上投影的面积 S 可如下求出：

$$S = \frac{1}{2} \sum_{i=1}^{n} (x_i - x_j)(y_i + y_j) \qquad (5\text{-}6)$$

式中，若 $i=n$，则 $j=1$；否则 $j=i+1$。

这里实际计算的是多边形各相继边的投影，与平行于 y 轴的线段及 x 轴所围成的所有梯形面积之和。其中，某些梯形面积计算后得负值，因此是在面积和中被去掉。整个投影面积 S 的值也可能为负。事实上这个符号与投影方向有关。这里符号必须保留，不能取绝对值。图 5-3 所示是用式（5-6）计算的一个例子，其中投影三角形面积是 S，即 A_3，相应两个梯形面积的绝对值是 A_1 和 A_2。观察图中情形可知

$$-A_1 = \frac{1}{2}(y_1 + y_2)(x_1 - x_2) \qquad (5\text{-}7)$$

$$-A_2 = \frac{1}{2}(y_2 + y_3)(x_2 - x_3) \qquad (5\text{-}8)$$

$$A_1 + A_2 + A_3 = \frac{1}{2}(y_1 + y_3)(x_3 - x_1) \qquad (5\text{-}9)$$

于是有

$$S = \frac{1}{2} \big[(y_1 + y_2)(x_1 - x_2) + (y_2 + y_3)(x_2 - x_3) + (y_3 + y_1)(x_3 - x_1) \big] \qquad (5\text{-}10)$$

类似地可计算多边形表面在 $x=0$ 和 $y=0$ 平面上投影的面积，从而确定 A、B，然后 D 可通过代入平面上一点坐标数值来求出。明确地说，若给出空间若干点的坐标在 (x_1, y_1, z_1)，(x_2, y_2, z_2)，$\cdots$，(x_n, y_n, z_n) 注意这里没有要求这些点共面或围成了凸多边形，因此都可以求出通过或接近这些点的一个平面方程 $Ax + By + Cy + D = 0$

$$A = \frac{1}{2} \sum_{i=1}^{n} (y_i - y_j)(z_i + z_j) \qquad (5\text{-}11)$$

$$B = \frac{1}{2} \sum_{i=1}^{n} (z_i - z_j)(x_i + x_j) \qquad (5\text{-}12)$$

$$C = \frac{1}{2} \sum_{i=1}^{n} (x_i - x_j)(y_i + y_j) \qquad (5\text{-}13)$$

$$D = -Ax_1 - By_1 - Cz_1 \qquad (5\text{-}14)$$

式中，若 $i=n$，则 $j=1$；否则 $j=i+1$。

下面考虑两个已知平面方程的求交问题。如果已知两平面方程 $A_1 x + B_1 y + C_1 y + D_1 = 0$ 和 $A_2 x + B_2 y + C_2 y + D_2 = 0$，如何求两平面的交线？这个问题很简单，若 $A_1/A_2 = B_1/B_2 = C_1/C_2$，则两平面重合或平行，没有交点；否则，两平面方程联立，可以认为是一条空间直线的交面式方程。

现在讨论如何确定交线同时在两个多边形表面内部的部分。观察图 5-4，可以分别对每个多边形表面各边相应的线段，计算它与另一个多边形表面所在平面的交点。注意，这里是求线段与平面的交点，即交点

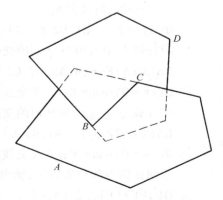

图 5-4　两个多边形表面求交线

在线段延长线上时算不相交。由于已假定两个多边形表面都是凸的，故共有四个交点。图 5-4 所示是一种相交情形的例子，其中四个交点是 A、B、C、D。

一般情况下交得的四个交点可按 x、y、z 坐标字典式排序，中间两个交点间的线段是两个多边形表面相交所得的线段。

这样，只需再说明对空间一条线段与一个平面如何计算交点。设空间线段由两个端点的坐标 (x_1, y_1, z_1) 和 (x_2, y_2, z_2) 给出，平面由它的方程 $Ax+By+Cy+D=0$ 确定。写出直线的参数方程为

$$\begin{cases} x=x_1+(x_2-x_1)t \\ y=y_1+(y_2-y_1)t \\ z=z_1+(z_2-z_1)t \end{cases} \tag{5-15}$$

代入平面方程得

$$A[x_1+(x_2-x_1)t]+B[y_1+(y_2-y_1)t+C(z_1+(z_2-z_1)t]+D=0 \tag{5-16}$$

整理得到

$$[A(x_2-x_1)+B(y_2-y_1)+C(z_2-z_1)]t=-(Ax_1+By_1+Cz_1+D) \tag{5-17}$$

若 $A(x_2-x_1)+B(y_2-y_1)+C(z_2-z_1)=0$，则所给线段在平面上或与平面平行，没有唯一确定的交点。否则，交点对应的参数 t 可以求出

$$t=-\frac{Ax_1+By_1+Cz_1+D}{A(x_2-x_1)+B(y_2-y_1)+C(z_2-z_1)} \tag{5-18}$$

若 $t<0$ 或者 $t>1$，交点在给出线段的延长线上，仍算是没有交点。否则 $0 \leqslant t \leqslant 1$，将求得的参数 t 代回直线的参数方程便求出了交点的坐标。

空间两多边形的交线计算算法如下：

算法 5-3　两多边形求交线算法

```
int PolygonIntersection(POINT P[],int n,POINT Q[],int m){
    /* P、Q 表示空间两多边形,n、m 表示边数目 */
    PLANE(P,n,A1,B1,C1,D1);//计算 P 的平面方程
    PLANE(Q,m,A2,B2,C2,D2);// 计算 Q 的平面方程
    // 无交线,算法结束
    if(A1/A2 = = B1/B2 && A1/A2 = =C1/C2)return 0;
    //计算 P 中每边与 Q 面的交点,若有保存两交点,s 为交点个数
    CACULATE(P,n,A2,B2,C2,D2,P1,P2,s);
    if(s = =0)return 0;// 无交线,算法结束
    //计算 Q 中每边与 P 面的交点,若有保存两交点,s 为交点个数
    CACULATE(Q,m,A1,B1,C1,D1,P3,P4,s);
    if(s = =0)return 0;// 无交线,算法结束
    //测试四点的位置关系,输出交线部分
    OUTPUT(P1,P2,P3,P4);
}
```

第三节　平面中的凸壳算法

包含一个平面点集的最小凸区域称为点集的凸壳，凸区域指要求区域内任意两点的连线仍在该区域内。设 S 是平面上 n 个点的集合，则 S 的凸壳是一个凸多边形，它包含所有 n 点且面积最小。事实上求点集 S 的凸壳就是要在 S 中选出壳上的点并排出围成凸多边形的次序。这里介绍两个可以完成此任务的算法。

首先介绍称为 Graham 扫描的算法。处理的思路是设想有一内点 O，并且不妨设想 O 就是坐标原点，这时点集 S 中所有各点相对轴 O_x 有一个倾角。所有各点按倾角递增排序后，如果某一点不是壳上顶点，则它必然在两个壳顶点与点 O 形成的三角形内部。Graham 扫描如图 5-5 所示，其中，P_2 不是壳顶点，它在 $\Delta P_1 O P_3$ 内部。Graham 扫描的实质是围绕已经按"倾角"排序的各顶点进行一次扫描，在扫描过程中消去在凸壳内部的点，

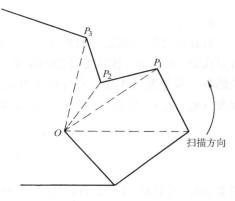

图 5-5　Graham 扫描

留下以希望次序排列的壳顶点。由于是按倾角递增排序，故可知若三个顶点 P_1、P_2、P_3 连续"右转"（见图 5-5），则 P_2 是一个应去掉的内点。

对给出的三点 P_1、P_2、P_3，设它们的坐标是 (x_1, y_1)、(x_2, y_2)、(x_3, y_3)，这时要判断三点在 P_2 处形成一个右转还是左转，可以计算下面的行列式：

$$\Delta = \begin{vmatrix} x_1 & y_1 & 1 \\ x_2 & y_2 & 1 \\ x_3 & y_3 & 1 \end{vmatrix} \tag{5-19}$$

式中，Δ 给出的是带有正负号的三角形 $P_1 P_2 P_3$ 面积的两倍，因此若 $\Delta > 0$，则 P_1，P_2，P_3 是左转；$\Delta < 0$，则是右转；$\Delta = 0$，则三点共线。

为了方便，可以给出点集 S 中 x 坐标最小的点为前述内点 O，设想过 O 有一条向右转的射线，对其余各点，相对该射线计算倾角然后再排序。这样就可以写出采用 Graham 扫描求凸壳算法如下：

算法 5-4　Graham 扫描求凸壳算法

```
void   Graham(POINT S[ ],int n){ // S 为点集数组,n 为点的个数
    //依据边界点 O 将 S 中点按倾角排成序放置在 Q 中,
    //Q 中起始点为 O
    sortangle(S,n,Q);
    v=first(Q); //取出 Q 中起始点
    // 若 Q 中 v 的下一个点不是起始点
    while(next(v,Q)! =first(Q)){
        //若连续三点左转
        if(left(v,next(v,Q),next(next(v,Q),Q)))
```

```
              v = next(v,Q);//v 前进至下一个点
       else{
              delete(next(v, Q),Q);//删除 v 的下一个点
              v = pred(v,Q);           //v 退回至前一个点
          }
      }
  }
```

对此算法还应该说明的是 sortangle 中的倾角计算。如图 5-6 所示，要计算点 P 对水平向右射线 Ox 的倾角。按这里算法的需要，并不必求得实际角度的真正数值，只需求出一个相应的数，可称为角度数，它与角度的真正数值有互相对应的大小关系就可以了。记 P 点坐标为 (x_p, y_p)，O 点坐标 (x_0, y_0)，这个角度可如下简单地计算：

$$A = \frac{(x_p - x_0)}{\sqrt{(x_p - x_0)^2 + (y_p - y_0)^2}} \tag{5-20}$$

$$B = y_p - y_0 \tag{5-21}$$

若 $B \geqslant 0$，则角度 $= 1 - A$，否则角度 $= 3 + A$。这里 A 是 OP 与 Ox 方向上单位向量的内积，因此是倾角的余弦值。B 用以判断该倾角是否大于 180°。由余弦在各象限的增减性，知道上述做法求得的角度值在 0～4 之间，按照点 P 从 Ox 轴上出发逆时针旋转时单调增加，因此该数值可在倾角排序时使用。

现在介绍求平面凸壳的另一个常用的算法，这个算法被称为 Jarvis 行进。算法是若相继两点是一条凸壳多边形的边，则对于过该边的直线，所有点集中的顶点在该直线同侧。因此，若找到 pq 是壳上一边，则以 q 为端点的下一条壳边 qr 可以如下求出点集中其余各点相对 q 点发出沿向量 pq 向的射线的倾角，若倾角最小者对应的点是 r，则 qr 是下一条壳边，如图 5-7 所示。

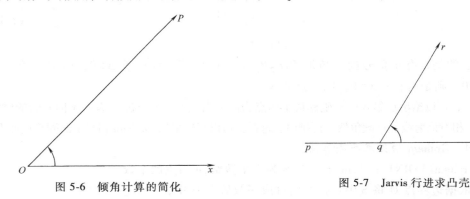

图 5-6 倾角计算的简化　　　　　　　图 5-7 Jarvis 行进求凸壳

为寻找开始行进的第一条壳边，可以选出点集中按 x、y 坐标字典式次序最小的点，该点必定是一个壳顶点。可从该点引一条竖直向下的射线，在此做一个行进步就找到了第一条壳边。算法可概述如下：

算法 5-5　Jarvis 凸壳算法

```
void   Jarvis(POINT S[ ],int n){// S 为点集数组,n 为点的个数
     v0 = xy_minsort(S,n);//xy_minsort 求 S 中 xy 排序最小点
     d = (0,-1);//d 送竖直向下向量
```

Q = null;//队列 Q 置空

add(Q,v0);//v0 添加到队列 Q 中

S1 = delete(v0,S);//将 S1 设置成仅在 S 集合中删去 v0 点的集合

u = v0;

//取出 S1 中与 u 点连接并与 d 方向夹角最小的点,若角度一样取最远点

v1 = wrapping(u,d,S1);

while(v1! = v0){

　　　add(Q,v1);//v1 加入队列 Q 中

　　　//S1 置为删除 v1、u 两点的后包含其余点的点集合

　　　S1 = delete(v1,S);S1 = delete(u,S1);

　　　d = vector(u,v1);//d 置为由 u 到 v1 的向量

　　　u = v1;

　　　v1 = wrapping(u,d,S1);

　　}

}

　　Jarvis 行进算法的工作量集中在 wrapping 操作,每次该操作都要对点集 S 中几乎所有点计算倾角。但该操作只对找到的壳顶点执行,因此若点集 S 中只有较少数点在壳上,则算法效率很高。若点集 S 中绝大多数点都在壳上,算法的效率一般来说就不如 Graham 扫描了。

第四节　包含与重叠

一、简单多边形的包含算法

　　现在考察平面上点对简单多边形的包含性检验问题。平面上的简单多边形是不相邻的边不能相交的多边形,设它用顶点坐标的逆时针序列 $(x_0,y_0),(x_1,y_1),\cdots,(x_{n-1},y_{n-1})$ 确定,即沿顶点序列前行时内部在左侧。对平面上坐标为 (x_p,y_p) 的任意一点 P,包含性检验问题是判断它是否在所给出简单多边形的内部。

　　一个简便的判断方法是由 P 做竖直向下的射线,计算此射线与多边形各边交点的个数。因为射线穿过多边形边界线时必然或者是从内到外,或者是从外到内,因此若交点个数是奇数,则点 P 必然是在多边形内,是偶数则在外,如图 5-8 所示。

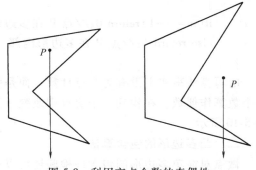

图 5-8　利用交点个数的奇偶性
做点的包含性检验

　　当由点 P 竖直向下的射线恰好通过多边形的顶点或某一边时,交点计数可采取简单的"左闭右开"法来处理,即当多边形一边的两个顶点的 x 坐标都小于或等于点 P 的 x 坐标时,相应交点不计算在内。如图 5-9a、b、c 所示,其中线段 AB 属此情况,此时端点 B 虽与射线相交,但不计数。只要多边形一边两端点的 x 坐标中仅有一个大于点 P 的 x 坐标,求得的交点就计数。如图 5-9a 中线段 CD,图 5-9b

中 *BC*，图 5-9c 中 *CD*，图 5-9d 中 *BC*、*CD*、*DE*。当所做射线正通过多边形某一边时，应算做前一种，即该边两端点坐标都小于或等于点 *P* 的 *x* 坐标的情况，算是没有交点，如图 5-9a 中的线段 *BD*。于是可以写出点对简单多边形包含性检验的算法如下：

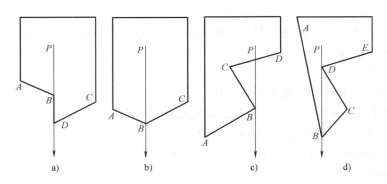

图 5-9 端点相交计数的"左闭右开"法

算法 5-6 简单多边形的包含算法

```
int InSimplePolygon( POINT q[ ] ,int n ,POINT p) { // q 为多边形顶点数组,p 为待测点
    int m,i,y;
    q[n]=q[0];
    m=-1;i=0;
    while(i<n)       {
        if(( p.x<q[i].x && p.x<q[i+1].x)||(p.x>=q[i].x &&
            p.x>=q[i+1].x)||(p.y<q[i].y && p.y<q[i+1].y));
        else {
            y=q[i].y+(p.x-q[i].x) * (q[i+1].y-q[i].y)/(q[i+1].x-q[i].x);
            if(y==p.y) return 1;
            if(y<p.y)m=m * (-1);
        }
        ++i;
    }
    if(m==-1) return 0;//点 P 在多边形外部
    else return 1;//点 P 在多边形内部
}
```

所写算法事实上没有对交点计数，而是引入 *m* 即交点个数的奇偶性。初始 *m* 为 -1，交点个数算作偶数，在找到一个交点则改变一下奇偶性。首先排除掉必不相交的三种情形，如图 5-10 所示。

二、凸多边形的包含算法

做点对简单多边形的包含性检验还可以有许多其他的方法，各种方法的简单性和有效性相差不多。但是对于凸多边形，却可以有更简单或更有效的算法。

注意沿逆时针行进，凸多边形内部均在其各边所在直线的左侧，因此只要对询问点 *P*，逐个检查它是否在凸多边形每一边所在直线的左侧就可以了。

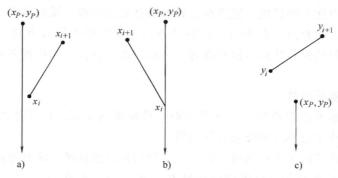

图 5-10　算法中不必求交的三种情况

如何判断坐标为（x_p，y_p）的点 P 是在直线的哪一侧呢？设直线是由其上两点（x_1，y_1）和（x_2，y_2）确定，直线方向是由（x_1，y_1）到（x_2，y_2）的方向。这时若直线的方程记为 $Ax+By+Cy=0$，则有

$$A=y_2-y_1，B=x_1-x_2，C=x_2y_1-x_1y_2 \tag{5-22}$$

这时可以计算 D，得

$$D=Ax_p+By_p+C \tag{5-23}$$

根据解析几何知识可知，若 $D<0$，则点在直线左侧；若 $D>0$，则点在直线右侧；若 $D=0$，则点在直线上，如图 5-11 所示。

这样点对凸多边形的包含性检验问题已经解决，但还可以再进一步，引入"折半查找"思想，写出下面更有效率的算法。设算法的输入是一个凸多边形的顶点序列 P_0，P_1，…，P_{n-1}，询问点 P，可有包含性检验算法如下：

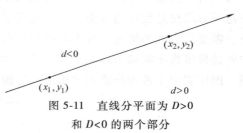

图 5-11　直线分平面为 $D>0$
和 $D<0$ 的两个部分

算法 5-7　凸多边形的包含算法
```
/* p 为凸多边形顶点数组, n 为多边形边数, q 为待测点 */
int    InConvexPolygon( POINT p[ ], int n, POINT q){
    int i,j,k;
    i=1;j=n-1;
    while( j-i>1){
        k=(i+j)/2;//折半查找
        res=test(q,p,0,k)
        if( res==0)return 1;//q 在 p[0]和 p[k]线段内部
        else if( res==1)return 0;//q 在 p[0]和 p[k]线段延长线上
        else if( res==2)i=k;//q 在在 p[0]和 p[k]线段左侧
        else if( res==3)j=k;//q 在在 p[0]和 p[k]线段右侧
    }
    if( test3(q,p,0,i,j))    return 1;//q 在 p[0]p[i]p[j]三角形内
    else    return 0;
}
```

这个算法为了表达上的简便，把点在边界上也算是在内部，没有区分在边界上和在内部这两种情况。算法把检查点对凸多边形的包含性，迅速归结为检查点对一个三角形的包含性。检查点对三角形的包含性只需检查点对三角形三边所在直线的位置关系，同在三条直线左侧就在内部。

三、凸多边形重叠计算

下面转向讨论图形的重叠问题，且只讨论一种简单的情况，即两个凸多边形的重叠问题，也就是对两个凸多边形求相交部分的问题。

约定凸多边形指它的边界和内部，凸多边形仍用顶点坐标的逆时针方向序列确定。设给出的两个凸多边形 P 和 Q 的顶点序列分别是 P_1，P_2，…，P_L 和 Q_1，Q_2，…，Q_m。为说明简便，假设 P 的边界上不包含 Q 的顶点，Q 的边界也不包含 P 的顶点。这使得 P 和 Q 或者完全分离，或者重叠而交出一个新的凸多边形。这里要求写出一个算法，它能判断 P 和 Q 是否相交并在相交时输出交得凸多边形的顶点序列。

有两个问题需要解决，一个是如何有次序地求出各边的所有交点，一个是如何排列求出交点和原凸多边形的顶点，形成交得凸多边形的顶点序列。

为了有次序地求出交点，可以在两个多边形边上交替地前进，原则是在哪个多边形的边上可能有交点就等待，在另一个多边形的边上前进。初始从对边 P_0P_1 与 Q_0Q_1 的求交开始，注意所有求交是线段的求交。这里规定了 $P_0 = P_L$，$Q_0 = Q_m$。接下去在哪个多边形的边上前进，需要区分八种情况，其中前四种和后四种是 P 和 Q 的地位对调了，如图 5-12 所示。图中各情形虽然不能确切地知道下个交点在何处，但由凸性知道必然在画出两直线共同的左侧。图中表明了选为前进的多边形一边的前行趋势。

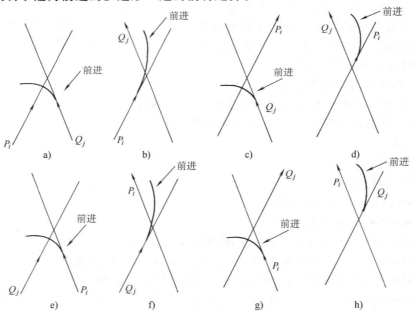

图 5-12　前进过程：在哪个多边形的边上前进，取决于边 $P_{i-1}P_i$ 和 $Q_{j-1}Q_j$ 的相对位置为情形 a 时，
P_i 和 Q_j 的前方者都可能有交点，选哪个边前进是任意的，约定选在多边形 Q 上前进。情形 b 时，
$Q_{j-1}Q_j$ 上可能还有交点，故应该等待，必须选在多边形 P 上前进。其他情形可类似说明

怎样在前四种情形中区分出是哪一种？怎样在后四种情形中区分出是哪一种？区分方法见表 5-2。怎样区分是前四种情形还是后四种情形？注意到前四种情形从向量 $P_{i-1}P_i$ 转动到与向量 $Q_{j-1}Q_j$ 重合，转动是逆时针向的一个锐角，后四种情形则转动是顺时针向的一个锐角。因此可以求向量积 $P_{i-1}P_i \times Q_{j-1}Q_j$ 的 z 分量，若该分量大于等于 0，是前四种情形，小于 0 是后四种情形。这样就可以写出求交算法 Advance：

表 5-2 前进过程

情形	a	b	c	d	e	f	g	h
P_i 在 $Q_{j-1}Q_j$	左	左	右	右	右	左	右	左
Q_j 在 $P_{i-1}P_i$	右	左	右	左	左	左	右	右
前进的多边形	Q	P	Q	P	P	Q	P	Q

算法 5-8 凸多形重叠计算的前进策略
/ * P、Q 为多边形顶点数组,l、m 为顶点个数 * /
```
void Advance( PONIT P[ ] ,int l,POINT Q[ ] ,int m) {
    int s;
    s = vector3( P,Q,i,j) ;//s 置成 P_{i-1}P_i 与 Q_{j-1}Q_j 的叉乘的 z 值
    if( s > = 0) {
        if( ( left( P,i,Q,j) && left( Q,j,P,i) ) || ( right( P,i,Q,j) && left( Q,j,P,i) ) ) {
            if( i<l) i++ ;
            else i = 1;
        } else {
            if( j<m) j++ ;
            else j = 1;
        }
    } else {
        if( ( right( P,i,Q,j) && left( Q,j,P,i) ) || ( right( P,i,Q,j) && right( Q,j,P,i) ) ) {
            if( i<l) i++ ;
            else i = 1;
        } else {
            if( j<m) j++ ;
            else j = 1;
        }
    }
}
```

算法中，"i 前进"指若 $i<1$，则前进一步是 $i+1$；若 $i=1$，则前进一步是 1。因为多边形 P 是首尾相接的。类似地，"j 前进"指若 $j<m$，则前进一步是 $j+1$；若 $j=m$，则前进一步是 1。i 总在多边形 P 上前进，j 在 Q 上前进。

为了正确排列求出交点并加入原两个凸多边形部分顶点以形成相交的凸多边形，可以在每求出一个交点时进行一次输出。求出的第一个交点可只做一下记录，如果在以后交替前进

求交点的过程中再次求出与第一次求得相同的交点，就知道整个求交过程已经结束了。当求得不是第一个的其他任何一个交点时，为形成交得凸多边形顶点序列，要区分边 $P_{i-1}P_i$ 是进入多边形 Q，还是走出 Q 两种情况，如图 5-13 所示。

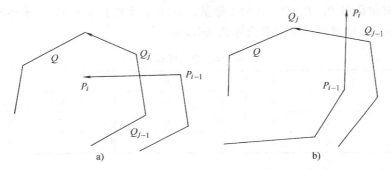

图 5-13 如何选出交凸多边形的顶点

图 5-13a 中 $P_{i-1}P_i$ 正进入多边形 Q，此时应输出本次求出交点前，上次求得交点后的多边形 Q 上的各顶点，然后再输出本次交点，因为这些点是交得凸多边形的顶点。图 5-13b 中 $P_{i-1}P_i$ 是走出 Q，这时应输出本次求出交点前，上次求得交点后的多边形 P 上的各顶点，再输出本次交点。这两种情况的区分，可通过检查 P_i 在直线 $Q_{j-1}Q_j$ 的左侧还是右侧来确定。

至此，可以写出在交替前进过程中求出了一个交点应立即调用的过程 Output：

算法 5-9 凸多边形重叠计算的输出策略

```
/* P、Q 为多边形顶点数组，l、m 为顶点个数 */
void Output(PONIT P[ ],int l,POINT Q[ ],int m){
    POINT r0;int t;
    if(本过程第一次调用){
        r0=intersect(P,i,Q,j);//r0 置成 Pi-1Pi 与 Qj-1Qj 之交点
        if(left(P,i,Q,j))//Pi 在 Qj-1Qj 左
            t=i;
        else
            t=j;
    }else {
        if(left(P,i,Q,j)){//若 Pi 在 Qj-1Qj 左,输出 Q 中 t 至 j-1 顶点,输出 Pi-1Pi 与
Qj-1Qj 之交点
            out(Q,t,j-1);t=i;
        }else {//输出 P 中 t 至 i-1 顶点,输出 Pi-1Pi 与 Qj-1Qj 之交点
            out(P,t,i-1);t=j;
        }
    }
}
```

现在可以写出两个凸多边形求交的完整过程：

算法 5-10 两个凸多边形求交算法

```
/* P、Q 为多边形顶点数组,l、m 为多边形边数 */
```

```
void    Convex_polygon_intersection( POINT P[ ] ,int l ,POINT Q[ ] ,int m)
{
    int i ,j ,k ,P0 ,Q0;
    i=1;j=1;k=1;P0=P[l];Q0=Q[m];//初始化
    while(k<=2*(l+m)&&(求得的交点不是第一个交点 R0))//交替前进求交
    {
        if(Pi-1Pi 与 Qj-1Qⱼ 相交)Output(P,l,Q,m);//若相交,则调用 Output
        Advance(P, l, Q, m);
        k++;
    }
    if(找到过交点){
        Output(P, l, Q, m);
        return ;
    } else {
        if( inner(Q,m,P[1]) )printf("P 在 Q 中");
        else if( inner(P,l,Q[1]) )printf("Q 在 P 中");
        else printf("P 与 Q 分离");
    }
}
```

算法中 k 是交替前进的步数,不管是在哪个多边形上前进一步,k 都增加 1。容易理解,若经过 $2(l+m)$ 个前进步仍没有找到交点,则必然是两个凸多边形完全不相交,应该结束交替前进求交的循环。如果两凸多边形是相交的,则在 $l+m$ 个前进步前,即某一个多边形的边被完全遍历前,应该必有交点被找到。

这个算法简单而有效率,要使它成为一个实用的算法尚有待补充一些必要的细节,如有一个多边形的顶点在另一个多边形的边界线上的情形等。由于这个算法过多地依赖于凸性,故使得它很难推广到任意两个简单多边形求交的情形中。

第五节   简单多边形的三角剖分

平面上的简单多边形是不相邻的边不能相交的任意多边形。对简单多边形做三角剖分,要求选出完全在内部有互不相交的一组对角线,把整个多边形划分成一些三角形。这里对角线是不相邻顶点间的连线,选出的对角线的集合称为是简单多边形的三角剖分。

容易知道,对任意一个简单多边形,其三角剖分不是唯一的。例如,四边形有两条对角线,从而该多边形的三角剖分有两种情形。实用中常要求所做三角剖分有一些很好的性质。如果满足于找到一个三角剖分,不提出任何其他要求,则这个问题能够很简单地解决。

这时要依据以下两个事实:

事实 1:简单多边形必有一条对角线完全在其内部。

事实 2:简单多边形上必有连续的三个顶点 A、B、C,使对角线 AC 完全在其内部。

说明第一个事实成立的理由如图 5-14 所示。做直线 L 与简单多边形 P 不相交,然后平

行移动 L 至刚好与 P 相交，设交于一顶点 A。交于一边时的处理是类似的。设与 A 相邻的顶点是 B 和 C，则有三种情形：第一种如图 5-14a 所示，BC 已经是内部对角线。第二种如图 5-14b 所示，BC 上有多边形其他顶点，但 $\triangle ABC$ 内无其他顶点。这时 BC 上从 B 至 C 的头一个顶点记为 V，则 BV 是内部的对角线。第三种如图 5-14c 所示 $\triangle ABC$ 内有多边形的其他顶点。可让点 X 从 B 走向 C，这时线段 AX 扫描原简单多边形内部，必在某时刻第一次遇到某顶点 V，这时 AV 是内部对角线。

　　说明事实 2 可利用事实 1。对任意简单多边形，事实 1 说明有一条完全在内部的对角线，此线将原多边形分为两个。对两个多边形再用事实 1，如此继续，知原简单多边形必能达到一个三角剖分。达到三角剖分时必有连续三个顶点在一个剖分形成的三角形中。

　　依据事实 2 可以得到寻找简单多边形某一个三角剖分算法的处理方法：考察连续三个顶点 A、B、C，若 AC 完全在多边形内部，则可输出 $\triangle ABC$ 为一个剖分后形成的三角形，删除点 B 后再对少了一个顶点的多边形继续进行。

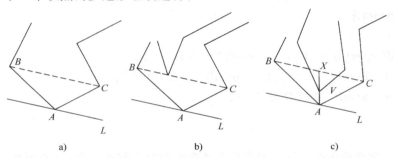

图 5-14　必有完全在内部的对角线

设输入为简单多边形的顶点序列 P_0，P_1，$\cdots$，P_{n-1}，那么算法可描述如下：

算法 5-11　简单多边形的三角剖分

```
/ * P 为指向多边形链表的首指针,n 为多边形顶点数 */
void Simple_polygon_triangulation( POINT  * P, int n)
{
    Q0 = P; m = n;
    while( m>3)
    {
        Q1 = next( Q0) ; Q2 = next( Q1) ;
        if( Test( Q0, Q1, Q2) {
            Output( Q0) ;//输出三角形 Q0Q1Q2;
            m-- ;
            delete( Q1) ;//删除顶点 Q1
        }
        else
            Q0 = Q1 ;
    }
    Output( Q0) ;//输出 Q0 开始的剩下的三角形;
}
```

函数 Test 是对 $\triangle Q_0 Q_1 Q_2$ 进行检查，若 $Q_0 Q_2$ 是完全在原多边形内部的对角线则回答为真，否则回答为假。这一检查可分两步实现，第一步检查 Q_0、Q_1、Q_2 是否是一个在 Q_1 的左转，若不然，是右转，则 $Q_0 Q_2$ 在多边形外部而可以回答假而结束。第二步可对原多边形中除去 Q_0、Q_1、Q_2 这三点之外的其他点，对每一点都考察它对三角形的包含性，若有一点被包含则就可以回答假而结束，只有其他点都在三角形外部时才能回答真而结束。

这个算法可以找到简单多边形的一个三角剖分。容易知道，当边数较多时，简单多边形的三角剖分也很多，算法不能确定是找到了哪一个。因为这与输入的顶点序列有关，即跟对原多边形顶点的编号选取有关。

如果一个三角剖分中选取的对角线的总长度最小，则这样的剖分称为是最小权三角剖分或最小三角剖分。许多实际问题希望对任意简单多边形求出最小三角剖分。事实上经过一番思索，会发现这是一个很困难的问题。

把问题简化一下，设给出的是一个任意的凸多边形，看怎样求得它的最小三角剖分。图 5-15 中给出了一个凸七边形两个三角剖分。当凸七边形各顶点的坐标已知时，图中两种三角剖分加入的四条对角线长度之和则可以计算求出。为获得凸多边形最小权三角剖分的算法，需要注意到以下两个事实。

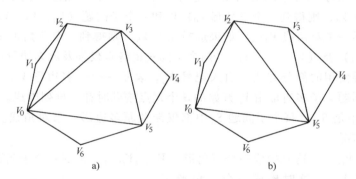

图 5-15　同一个凸多边形的两种三角剖分

事实 3：在 n 边形（$n \geqslant 3$）的任意一种三角剖分中，每一对相邻顶点中至少有一个顶点是某条对角线的端点。

因为若相邻顶点 V_i、V_{i+1} 都不是某条对角线的端点，则区域（V_{i-1}，V_i，V_{i+1}，V_{i+2}）中没有对角线，因此也就没有被三角剖分。

事实 4：如果 $V_i V_j$ 是三角剖分的一条对角线，则一定存在某顶点 V_k，使得 $V_i V_k$ 和 $V_k V_j$ 是多边形的边或对角线。若不然，一定存在以 $V_i V_j$ 为边界的某个区域没有被三角剖分。

现在来解决由顶点序列 V_0，V_1，$\cdots$，V_{n-1} 确定的凸 n 边形的最小三角剖分问题。首先挑选两个相邻顶点，例如选 V_0 和 V_1，由事实 3 知道，在最小三角剖分中，必有另一顶点 V_k，或者使 $V_1 V_k$ 是对角线，或者使 $V_0 V_k$ 是对角线。必须考虑 V_k 的各种可能的取法，以便找出最小三角剖分所选中的那条。对有 n 个顶点的多边形，V_k 的选取方法有 $n-2$ 种。

对于每个可能的 V_k 用对角线 $V_0 V_k$（或 $V_1 V_k$）把原多边形剖分成两个较小的多边形，这样原问题就被分成两个子问题。例如，在前面举过的凸七边形中，如果选了 V_3，则 $V_0 V_3$ 分出的两个较小的凸多边形，如图 5-16 所示。

往下需要寻找分成的两个较小凸多边形的最小三角剖分。这时仍旧可以像刚才那样，考

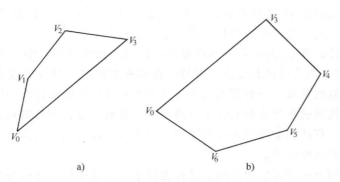

图 5-16 原凸多边形分出两个较小的凸多边形

虑从两个相邻顶点出发的所有可能的对角线。例如，对图 5-16b，可以选择对角线 V_3V_5，这时得到的子问题 (V_0, V_3, V_5, V_6) 中有两条边 V_0V_3、V_3V_5 都是原多边形的对角线。由此可见，如果这样一直做下去，则选出的子问题所涉及的原多边形的对角线会越来越多。然而，可以采用改变剖分方法，使得每次剖分后所得的子问题只涉及一条原多边形的对角线。由事实 4 可知，在最小剖分中的对角线一定与另外一点构成三角形。例如图 5-16b 中边 V_0V_3，如果选择顶点 V_4，则得到一个三角形 $V_0V_3V_4$ 和一个子问题 (V_0, V_4, V_5, V_6)，子问题中仅涉及原多边形一条对角线 V_0V_4。如果选择顶点 V_5，则得到一个三角形 $V_0V_3V_5$ 和两个子问题 (V_3, V_4, V_5) 及 (V_0, V_5, V_6)，两个子问题也各自仅涉及原多边形中一条对角线。

现在说明所要使用的剖分方法。引入记号 S_{is}，表示一个子多边形 V_i，V_{i+1}，$\cdots$，V_{i+s-1} 的最小三角剖分问题。子多边形由 V_i 开始的 S 个顶点按顺时针向排列围成。例如图 5-16a 中是 S_{04}，图 5-16b 中是 S_{35}。每个子问题 S_{is} 中都仅涉及原多边形一条对角线。为了解 S_{is}，必须考虑如下三种情况：

1）选择顶点 V_{i+s-2}，这时构成一个三角形 $V_iV_{i+s-2}V_{i+s-1}$，得到一个子问题 $S_{i,s-1}$。

2）选择顶点 V_{i+1}，这时构成一个三角形 $V_iV_{i+1}V_{i+s-1}$，得到一个子问题 $S_{i+1,s-1}$。

3）对 $2 \leqslant k \leqslant S-3$，选择 V_{i+k} 这时构成一个三角形 $V_iV_{i+k}V_{i+s-1}$，得到两个子问题 $S_{i,k+1}$ 和 $S_{i+k,s-k}$。

实际上可以把三种情况概括为一句话，即对 $1 \leqslant k \leqslant S-2$，把 S_{is} 分解成两个子问题 $S_{i,k+1}$ 和 $S_{i+k,s-k}$。容易验证 $k=1$ 和 $k=s-2$ 时，各自有一个子问题不称其为问题，但这不影响一般的讨论。图 5-17 说明了这种分解过程。

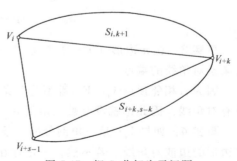

图 5-17 把 S_{is} 分解为子问题

引入记号 C_{is} 记子问题 S_{is} 的解，即子问题 S_{is} 对应的最小三角剖分中所有引入对角线的总长度。我们关心的是 C_{is} 的计算。因为一个子问题的解仅仅依赖于它的子问题的解，所以可以由较小子问题的解计算较大子问题的解。对照前面说明的剖分方式，可以给出计算 C_{is} 的公式如下：

$$C_{is} = \min[C_{i,k+1} + C_{i+k,s-k} + D(V_iV_{i+k}) + D(V_{i+k}V_{i+s-1})] \quad 1 \leqslant k \leqslant s-2 \quad (5-24)$$

式中，$D(AB)$ 代表以 A、B 为端点的线段长度。如果 V_pV_q 是对角线，则 $D(V_pV_q)$ 是

它的长度；若 $V_p V_q$ 是原多边形的边，则 $D(V_p V_q)=0$；如果 $s<4$，则 $C_{is}=0$。这因为 C_{is} 是最小三角剖分中引入对角线的总长度，原多边形的边不是对角线，当 $s<4$ 时也不必引入对角线。

根据 C_{is} 的这个计算公式写出求解算法。先来看一下它的应用例子，若多边形的顶点坐标如下：(6，2)、(3，5)、(5，11)、(10，15)、(18，11)、(21，7)、(12，2)。对前面说明的凸七边形，要计算的各 C_{is}，有 $0\leqslant i\leqslant 6$，$4\leqslant S\leqslant 6$。可用填表的方式逐个计算，见表 5-3。此问题的最后解答 C_{07}，它填在表的最后一行，并且最后一行的值都表示最后的解，因此应该是相同的。

表 5-3 C_{is} 填表计算

$C_{07}=44.27$						
$C_{06}=36.26$	$C_{16}=35.22$	$C_{26}=35.22$	$C_{36}=33.46$	$C_{46}=31.27$	$C_{56}=33.61$	$C_{66}=33.46$
$C_{05}=22.06$	$C_{15}=25.81$	$C_{25}=23.82$	$C_{35}=23.97$	$C_{45}=20.30$	$C_{55}=20.46$	$C_{65}=20.46$
$C_{04}=9.06$	$C_{14}=12.21$	$C_{24}=13.00$	$C_{34}=10.82$	$C_{44}=10.82$	$C_{54}=9.49$	$C_{64}=9.06$

例如，对表 5-3 中 C_{65} 的计算由式 5-24 应该计算下面三个值：

$$C_{62}+C_{04}+D(V_6 V_0)+D(V_0 V_3)$$
$$C_{63}+C_{13}+D(V_6 V_1)+D(V_1 V_3)$$
$$C_{64}+C_{22}+D(V_6 V_2)+D(V_2 V_3) \tag{5-25}$$

代入数值进行计算，注意到 $D(V_6 V_0)=D(V_2 V_3)=0$，$D(V_6 V_2)=11.40$，$D(V_1 V_3)=12.21$，$D(V_6 V_1)=9.49$，$D(V_0 V_3)=13.60$，C_{04}、C_{64} 在表中已求出，C_{62}、C_{63}、C_{13}、C_{22} 为 0，于是算出上述三式的值分别 22.66、21.7、20.46。所以知道 $C_{65}=20.46$，可以把这个值填入表中，并知道按第一式子问题 S_{65} 分解出一个子问题 S_{04}，另一个 S_{62} 不成为子问题。

这个例子说明了有广泛应用的一种填表方法，它其实是动态规划的填表法。动态规划方法适用的情形，主要是原问题能分解成子问题，子问题又能分解为子问题。这时可以保存已计算求出的子问题的答案，需要时简单查一下，避免重复计算。这种方法可以引入两个表记录子问题的答案，不管子问题以后是否被用到，只要计算过，就填入表中。

对于最小三角剖分问题的求解显然适合于采用动态规划方法。在这里对 C_{is} 的计算涉及 $C_{i,k+1}$ 和 $C_{i+k,s-k}$，当 $k=1$，2，…，$s-2$ 时，各 $C_{i,k+1}$ 的值可以在表中第 i 列由 $k=1$ 向上依次查到，各 $C_{i+k,s-k}$ 的值可以在表中从 $C_{i,k+1}$ 开始向右下方沿表的对角线方向依次查到。图 5-18 以计算 C_{07} 为例说明了这种查表方法。这种方法是动态规划程序填表的共同之处。于是知道对用顶点坐标序列 V_0、V_1、V_{n-1} 给出的凸 n 边形，求最小三角剖分的动态规划算法的填表过程是：

算法 5-12   最小三角剖分的动态规划算法

void Minimum_Distance_Triangulation(Point p[ ] [2],int m){ /* P 存储多边形顶点坐标 m 为顶点数 */

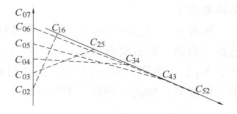

图 5-18 C_{07} 计算的查表方法

double d[m][m],cc,ccc;//d 为数组存储对角线长度

```
double c[m+1][m+1];
int i,j,k;int n=m;
for(i=0;i<n;i++)
    for(j=0;j<n;j++)
        if(i!=j&&(abs(i-j)!=1)&&(abs(i-j)!=n-1))
            d[i][j]=sqrt((p[i][0]-p[j][0])*(p[i][0]-p[j][0])
            +(p[i][1]-p[j][1])*(p[i][1]-p[j][1]));
        else d[i][j]=0.0;              //计算对角线长度
for(j=0;j<=3;j++)
    for(i=0;i<=n-j;i++)
        c[i][j]=0.0;//j小于3的Cij赋值成0
for(j=4;j<=n;j++)    //计算4≤j≤n的Cij
    for(i=0;i<=n-j;i++)  {
        c[i][j]=maxdouble;      //赋值最大双精度数
            for(k=1;k<=j-2;k++){
                cc=c[i][(k+1)%n]+c[(i+k)%n][j-k]
                +d[i][(i+k)%n]+d[(i+k)%n][(i+j-1)%n];
                if(c[i][j]>cc)c[i][j]=cc;
            }
    }
}
```

至此已经找到了对凸 n 边形做最小三角剖分时所引入的对角线的总长度，但还没有给出最小三角剖分本身，即还不知道究竟选取了哪些凸 n 边形的对角线。由计算所用的公式（5-24），知道对每个子问题的 C_{is}，都存在一个确定它的 k。如果知道这个 k 值，就知道子问题 S_{is} 的最小三角剖分中的对角线，有子问题 $S_{i,k+1}$ 和 $S_{i+k,s-k}$ 中的对角线，还有 V_iV_{i+k} 和 $V_{i+k}V_{k+s-1}$。这里如果 $k=1$，则 V_iV_{i+k} 不是对角线；如果 $k=s-2$，则 $V_{i+k}V_{i+s-1}$ 不是对角线。所以如果在填表过程中除了填入每个子问题的 C_{is}，还同时填入确定它的 k 值，就可以在最后依据 k 值找到引入的各对角线，从而确定最小三角剖分。

仍以凸七边形为例，计算 C_{07} 时，确定它的 k 值是 5，即 $C_{06}+C_{52}+D(V_0V_5)+D(V_5V_6)$ 是最小的。这样应引入对角线 V_0V_5，原问题分解为子问题 S_{06} 和 S_{52}。S_{52} 已经是三角形，不必再考虑了。

再看 C_{06}，它对应 $k=2$，于是引进对角线 V_0V_2 和 V_2V_5，子问题 S_{06} 分解为 S_{03} 和 S_{24}。S_{03} 已是三角形。最后要看 C_{24}，对应 $k=1$，于是引进对角线 V_3V_5，子问题 S_{24} 分解为 S_{22} 和 S_{33}，其中 S_{33} 是三角形，而 S_{22} 是边。整个过程已经完成，过程中引入各对角线就构成原问题的最小三角剖分，如前面的图 5-15b 所示。

习　题

1. 设空间有两条线段 AB 和 CD，其端点坐标分别为 (x_a, y_a, z_a)、(x_z, y_a, z_a) 和 (x_c, y_c, z_c)、(x_d, y_d, z_d)，怎样判断它们是否相交？若相交求出交点坐标。

2. 如果对 n 条线段只想判断它们是否相交，并不要求计算出所有交点，则对所述线段求所有交点算法应如何简化？

3. 穿透线问题是对平面中 n 条线段的集合 S，问是否有一条直线能与 S 中所有线段都相交，若有则构造它。试设计一个算法解此问题。

4. 求平面上 n 条直线相交所得的三角形，这些三角形内部不包含别的三角形。

5. 设空间有四个点 $(1, 0, 0)$、$(0, 1, 0)$、$(0, 0, 1)$ 和 $(1, -1, 1)$，求通过或逼近该四点的平面方程。

6. 设空间有两个四边形表面，确定它们的顶点坐标 $(1, 0, 0)$、$(0, 1, 0)$、$(0, 0, 1)$、$(1, -1, 1)$ 和 $(0, 0, 0)$、$(0, 0, 2)$、$(1/2, 0, 2)$、$(1/2, 0, 0)$，求交线。

7. 若平面多边形不相邻的边没有公共点，则称多边形是简单的。简单多边形路径问题要求对给出平面中 n 个点，构造一个以这些点为顶点的简单多边形。设计一个算法解此问题。

8. 假设用给出顶点坐标序列的方式给出了一个简单多边形，试写一个算法判断它是不是凸多边形。

9. 怎样推广 Jarvis 行进到三维，求空间 n 个点形成的凸壳多面体？

10. 平面上点对简单多边形包含性检验的转角法是，若点在多边形外，则由该点向多边形各顶点连线形成的考虑方向的夹角之和为 $0°$；而若点在多边形内，则夹角之和为 $360°$，如图 5-19 所示。试利用此想法写出判断点对简单多边形的包含性的检验算法，说明若点在边界上会出现什么情况并如何处理。

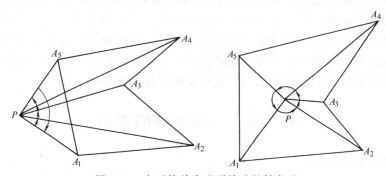

图 5-19　点对简单多边形检验的转角法

11. 写出一个算法，能迅速地判断一条直线与一个凸多边形是否相交，若相交求出交点。

12. 能否将平面上点对简单多边形包含性检验的射线交点计数方法推广到空间，判断点对一个空间多面体的包含性？

13. 设对两个凸多边形，只想判断它们是否相交，若相交求出一个交点即可，试问对所说明的两凸多边形求交算法如何简化？

14. 考虑对平面上任意两个简单多边形如何求交，分析可能遇到的问题，试写出解此问题的算法。

15. 点集的三角剖分问题是给定平面上 n 个点，用不相交的直线段连接它们使凸壳内部的每一个区域都是三角形。如果不提出其他要求，试写出一个简单算法，找到点集的一个三角剖分。

16. 试对一个边长为 1 的正六边形运行求凸多边形最小剖分，采用动态规划方法的算法，写出所填写的表及剖分的过程和结果。

第六章　形体的表示及其数据结构

与空间任意形体有关的信息可以分为图形信息和非图形信息两类。图形信息指构成它们的点、线、面的位置，相互关系及大小等；非图形信息指形体的颜色、亮度、质量、体积等一些性质。形体的图形信息又可以分为几何信息和拓扑信息两类。几何信息指形体在空间的位置和大小，拓扑信息指组成形体各部分的数目及相互间的连接关系。为了用计算机显示空间的任意形体及进行必要的图形操作，需要解决如何组织和存放有关信息，使计算机处理起来速度快、节省空间，这就是形体的表示及数据结构问题。这个问题非常重要但也比较复杂，本章将对此进行简单的介绍。

引入坐标系后，形体的图形信息就可以用数学方法来表示。例如第四章讨论过的对曲线和曲面的处理，已经广泛地应用于表示二维和三维图形的边界和表面。还有很多其他的表示方法。各种不同的表示方法是针对不同应用问题的需要而提出来的。不论选择什么表示方法，有两点是必须考虑的：第一是这种方法的覆盖域，即用该方法能定义形体范围的大小，覆盖域大，则所设计出图形系统的造型能力就强；第二是该表示法蕴含信息的完整性，即由这种表示法所决定的数据结构是否唯一地描述了一个实在的形体。此外还应该考虑表示方法是否简洁，是否提供了便利的用户接口来支持系统的各项应用等。

第一节　二维形体的表示

一、二维图形的边界表示

二维图形的边界常用曲线表示。第四章中讨论了用参数的三次多项式表示曲线的方法，尽管那些方法很有效，但并非是唯一可行的。由于曲线的复杂程度不同，应用中的环境不同，要实施的操作及允许使用的计算资源也可能不同，所以应当有多种多样的表示法。本节讨论另一种曲线的表示法，即带树法。

带树是一棵二叉树，树的每个节点对应一个矩形带段，这样每个节点可由八个字段组成，前六个字段描述矩形带段，后两个是指向两个子节点的指针，如图 6-1 所示。即矩形带段的起点是 (X_b, Y_b)，终点是 (X_e, Y_e)。相对从起点到终点的连线，矩形有两边与之平行，两边与之垂直，平行两边与之距离分别为 w_l 和 w_r。

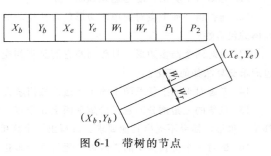

图 6-1　带树的节点

设要表示的曲线是由经过适当选取已确定的一组离散点 P_0，P_1，$\cdots$，P_n 序列给出，则生成表示曲线的分辨率为 W 的带树的算法，可简略描述如下：

算法 6-1　带树生成算法

```
BINARY * Create(float * P, int i, int j, float W){
```

／＊ BINARY 带树节点类型,P[i]至 P[j]描述折线表示的曲线,W 为分辨率＊／
Search(P,i,j,wl,wr); //确定 P[i]至 P[j]所有点所形成的矩形带段的宽度
root＝new(BINARY);　　//获取带树节点
CBINARY(root,wl,wr,P,i,j);　//构造根节点
if(wl+wr<＝W) return root;//返回带树根节点
else {
　　k ＝ maxdis(P,i,j);//找出距 Pi 与 Pj 连线垂直距离最远的点 Pk
　　t1＝ Create(P,i,k, W);　//构造 P[i]至 P[k]间的带树
　　t2＝ Create(P,k,j, W);　//构造 P[k]至 P[j]点间的带树
　　Left(root,t1);　　//t1 作为 root 左子树
　　Right(root,t2); // t2 作为 root 右子树
　　return(root);
　}
}

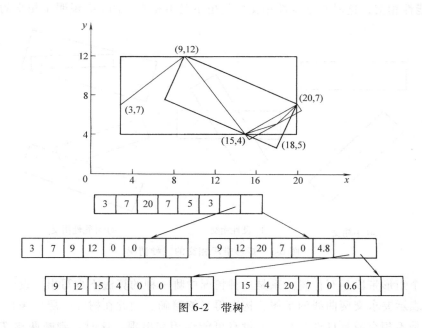

图 6-2　带树

看一个简单的例子。设表示曲线有五个点 (3，7)、(9，12)、(15，4)、(18，5) 和 (20，7)、取分辨率 $W_0 = 1$，则上述算法构造的带树如图 6-2 所示。

下面看怎样利用带树解决有关曲线的问题。

先看怎样以不同的分辨率显示用带树表示的曲线。设给出允许的分辨率为 W，表示曲线的带树的分辨率为 $Width(root)$，并设 $Width(root) \leqslant W$，则显示算法可简略描述如下：

算法 6-2　带树显示算法

void　Display(BINARY ＊root, float W){
　　//BINARY 带树节点类型 root 带树根指针，W 为显示分辨率
　　if(Width(root)<＝W){ //wl 与 wr 之和函数
　　　　DisplayLine(root); //显示带树为两端点线段

```
        return;
    } else {
        Display( root->left,W );   //显示左子树
        Display( root->right,W ); //显示右子树
        return;
    }
}
```

再看两条用带树表示的曲线如何求交。利用带树求交，在较低分辨率就能满足要求时，可以用较少的计算确定出包含交点的小区域。

注意到两个矩形带段 S_1 和 S_2 的位置关系有如下三种：

1）不相交。

2）良性相交，即 S_1 的与起点至终点连线平行的两条边都与 S_2 相交，S_2 的与起点至终点连线平行的两条边也都与 S_1 相交。

3）可能性相交，这时不是良性相交，但也不是不相交。图 6-3 说明了相交的三种情形。

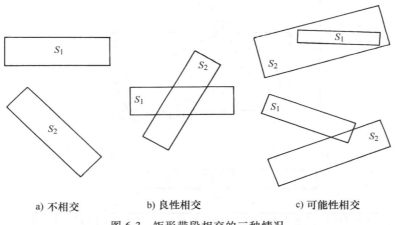

a) 不相交　　　　　　b) 良性相交　　　　　　c) 可能性相交

图 6-3　矩形带段相交的三种情况

判断两个矩形带段相互位置关系是三种情况中哪一种的算法不难写出，设已有了这样的算法，再设表示要求交两曲线的带树已构造得足够精确，因此在树叶一层，来自不同带树的矩形带段或是不相交或是良性相交，而没有可能性相交出现。这时，判断两树 T_1 和 T_2 表示的两条曲线是否相交的算法，可以简略叙述如下：

若 T_1 和 T_2 对应的矩形带段互不相交，那么它们代表的曲线不相交。

若 T_1 和 T_2 对应的矩形带段良性相交，那么它们代表的曲线相交。

若 T_1 和 T_2 对应的矩形带段可能性相交，且 T_1 的面积大于或等于 T_2 的面积，那么分别执行 T_2 与 T_1 的左右两个儿子节点的相交性检查。

若 T_1 的面积小于 T_2 的面积，则把它们位置对换一下再如上进行两个检查。若两个检查的结果都是不相交，则认为所表示曲线不相交；若两个检查中有一个是良性相交，则认为所表示曲线相交；若不是上述两情形，即出现可能性相交，则对可能性相交的两个矩形带段中面积较大者，取其对应节点的两个子节点，如此进行可直到树叶那一层。

这里只是简略地叙述了是否相交的判别。不难看出，经适当修改，这个算法可以计算求出包含交点的区域，并且还可以做到在求得区域足够小时再结束算法。当然，越是要求精确，计算花费也就越大。

最后看如何确定一点是否在一封闭曲线的内部。这时所用的准则是：如果一点在区域之内，则从该点引出的任一射线与区域边界相交的次数为奇数，否则就在区域外。当然，这里要注意避免所引射线恰与曲线相切的情形，为此一般可以多试几个不同方向的射线。这样问题转化为前面刚刚讨论过的判别两曲线相交问题，只是其中一条是射线，可用一棵宽度为零的带树来表示。要计算交点个数，只要明确求出有多少次良性相交。对可能性相交，分别计算与其两子树的良性相交次数，然后以其和为交点个数。这时可递归进行，可能一直进行到树叶一层才结束。

实践表明，用带树方法表示曲线对提高计算效率是有帮助的。另外两个带树对并、交等运算是封闭的，与用像素阵列来表示图形的方法比较空间需求也更节省。因此这种方法在许多领域得到了广泛的应用。

二、平面图形的四叉树表示方法

假定一个平面图形是黑白的二值图形，即组成图形像素阵列的仅有黑色像素值 1，白色像素值 0，可以设表现图形的像素阵列由 $2^n \times 2^n$ 个像素组成，若不然可补充上一定数量的行与列的背景色像素值使满足所述要求。这时表示该图形的四叉树结构可以如下形成：

算法 6-3 平面图形的四叉树表示算法

```
Tree CreateQuadtree (V,C,n)//V 是栅格图形,C 是正方形,n 表示正方形边长对应的层次
{   if( intersect( V,C,n) = = C) {
        new( P) ; P->V = 1;return( P) ;//构造黑结点
    } else   if( intersect( V,C,n) = = NULL){
        P->V = 0; return NULL; //构造白结点
    } else //构造灰结点
    if( n = = 1) {//正方形边长为 1
        new( P) ; P->V = 1;return( P) ;
    } else{//正方形边大于 1
        new( P) ; P->V = 0.5;
        C0 = C.0;C1 = C.1;C2 = C.2;C3 = C.3; //将正方形边均分为四块
        P->F0 = CreateQuadtree (V,C0,n−1) ;
        P->F1 = CreateQuadtree (V,C1,n−1) ;
        P->F2 = CreateQuadtree (V,C2,n−1) ;
        P->F3 = CreateQuadtree (V,C3,n−1) ;
        return( P) ;
    }
}
```

图 6-4 说明四叉树的形成，其中图 6-4a 是原图形，它在 4×4 的像素阵列中确定。图 6-4b 是第一层四等分，易见区域 0 是灰节点，1 是黑节点，2 是白节点，3 也是灰节点。图 6-4c 是第二层四等分。本例至此已达到一个像素单位，再分则终止。图 6-4d 是形成的四叉树。

下面介绍常用的三种表示四叉树的存储结构，即规则方式、线性方式和一对四方式，相

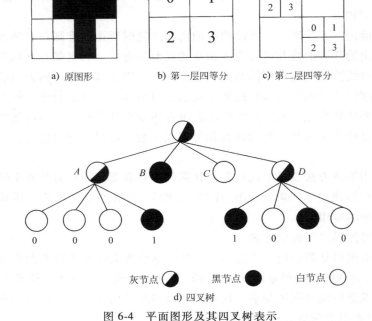

a) 原图形　　　　　　　b) 第一层四等分　　　　c) 第二层四等分

灰节点　　　黑节点　　　白节点

d) 四叉树

图 6-4　平面图形及其四叉树表示

应的四叉树也就称为规则四叉树、线性四叉树和一对四式四叉树。

　　规则四叉树是用五个字段来记录表示树中的每个节点，其中一个用来描述节点的特性，即是灰、黑、白三类节点中的哪一种，其余四个用于存放指向四个子节点的指针。这是最普遍使用的表示树形数据的存储结构方式，在早期将四叉树用于图形显示或处理。不难看出这种形式有一个极大的缺点，就是大量的存储空间被指针所占用。因此尽管这种方式自然简单，容易被人接受，但在存储空间利用率方面太差，所以使用不多。

　　线性四叉树较多地考虑了如何提高空间利用率。为此，它以某一预先确定的次序遍历四叉树，例如，以深度第一的方式，将四叉树结构转换成一个线性表结构，表中每个元素与一个节点对应。对节点的描述可以多一些。对 6-4 中所示四叉树，按上面想法转换成线性四叉树如下：

RA'abcdBCD'efgh

其中，R 表示根，字母右上角加'表示是灰节点，其他描述没有标出。每个节点可以用固定个数的字段，使得可以在内存中以紧凑的方式表示出来，可以不用或用很少的指针。

　　这种方法节省存储空间，对一些运算也比较方便，但也丧失了一些灵活性。例如，为了存取属于原图形右下角的子图形，那么必须先遍历其余三个子图形对应的所有节点后才能进行，不能方便地以其他遍历方式对树的节点进行存取，导致许多与此相关的运算效率很低。

　　一对四式四叉树的存储结构如图 6-5 所示，每个节点有五个字段，其中四个字段用来描述该节点的四个子节点的状态，另一个节点存放指向子节点记录存放处的指针。这里要求四个子节点对应的记录是依次连续存放的。

　　可以看出，一个记录和一个节点对应，记录中描述的是四个子节点的状态，指针给出的是四个子节点所对应记录的存放处，这里还隐含地假定了子节点记录存放的次序。这样对不是最后一层的某节点，即使它已经是叶节点，即使是不必要的，却也必须占据位置保证不会错误地存取其他同辈节点的记录。这使得存储空间仍然可能有浪费。图 6-6 说明了这一情形，这是图 6-6d 中四叉树的一对四式存储表示，可以看到图中 B、C 两个节点对应的空记录要占据位置。

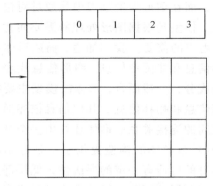

图 6-5　一对四式四叉树存储结构

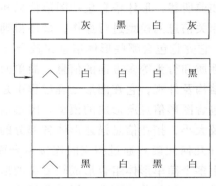

图 6-6　一对四式四叉树

为了不浪费存储空间，有两个途径可以采取。一个是增加计算量，就是在存取相应节点记录之前，首先检查它的父记录节点，看一下在它之前有几个叶节点。例如对图 6-6，去掉空记录，便得到图 6-7 所示紧凑的一对四式四叉树。

这时如果要对节点 D 对应记录，确定它是其父节点的第几个子节点，可以在它的父节点中检查。这里 D 排在所在存储位置的第二位，所以要找父节点中排在第二位的灰节点标记，要跳过叶节点，发现是在第四个位置，因此知道 D 是其父节点的第四个子节点。这种方法存储需求达到最小，但要有附加的计算量。

图 6-7　紧凑的一对四式四叉树

另一个途径是在记录中再增加一个字节，一分为四，每个子节点对应两位，表示它的子节点在指针指向区域中的偏移。因此要找子节点的记录位置，只要固定地把指针指向的记录位置加上这个偏移值即可。例如对图 6-4d 中的四叉树，仍紧凑存储（见图 6-7），但根节点 R 后应加一字节 01000000，它一分为四，分别对应第四、三、二、一子节点的偏移值。这里第一个子节点偏移值是 00，因此它存放在指针正指向的记录处，第四个子节点偏移值 01，因此它存放在指针正指向的记录的下一个记录处。这种方式存放的四叉树与图 6-7 所示是一样的，只是每个记录再多用一个存储偏移值的字节。

比起用像素阵列对应的二维数组表示平面图形的形式，四叉树表示在存储空间方面显然有很大节省。从图形的像素阵列求得四叉树表示，以及从四叉树表示恢复为像素阵列，都可以写出算法使之方便地实现。由于四叉树是一种分层的表示方式，不同的层次对应不同的分辨率，因此为按不同精确程度的图形显示提供了很好的数据结构。生成实时动画时，运动很快，可以在分辨率较低的层次上迅速进行转换显示，运动较慢或达到静止的画面再用较高的分辨率。另外四叉树作为一种与设备无关的图形表示，可以经适当的转换在不同的设备上显示。总之，平面图形的四叉树表示优点很多，是值得重视的。

第二节 三维几何模型

一、几何元素

如前所述，形体信息包括图形信息和非图形信息，而在图形处理过程中是通过对包含有这些相关信息的模型进行操作，最终得到需要的结果。模型是根据图形处理的需要而建立起来的，它究竟包含哪些形体信息比较合适？这取决于用户的需要。我们知道，描述形体有结构、性质和行为等多方面的信息，简单而言就是图形信息和非图形信息。图形信息代表着形体的结构及外观，它在图形处理过程中是不可缺少的成分，一般而言，形体的模型主要指的就是包含图形信息所形成的模型。图形信息包括几何信息和拓扑信息。几何信息描述形体的位置及大小，拓扑信息描述形体各部分的数目及相互间的连接关系。形体往往由多个基本的部分（几何元素）通过相应的连接组合而成，这也为复杂形体的构造提供了一种基本的方法，由多个简单形体组合形成较复杂的形体。形体本身的构造有一定的层次性，低层部分组合构成上一层部分，而上一层部分组合又可以构成更高一层的部分，以此类推可形成多层结构。其中，每一层中的部分称为几何元素。

首先，介绍几何元素方面的内容。

1. 点

点是 0 维几何元素，有端点、交点、切点、孤立点等形式。实际应用中，一般不允许存在孤立点。而在曲线、曲面的应用中会涉及三种类型的点：

型值点：相应曲线、曲面必然经过的点。

控制点：相应曲线、曲面不一定经过的点，仅用于确定位置和形状。

插值点：在型值点之间插入的一系列点，用于提高曲线曲面的输出精度。

在不同的空间中点有不同的表示方式。一维空间中用一元组 $\{t\}$ 表示；二维空间中用二元组 $\{x, y\}$ 或 $\{x(t), y(t)\}$ 表示；三维空间中用三元组 $\{x, y, z\}$ 或 $\{x(t), y(t), z(t)\}$ 表示。点是几何造型中的最基本的元素，曲线、曲面和其他形体都可以用有序的点集描述。用计算机存储、管理、输出形体的实质就是对点集及其连接关系的处理。

2. 边

边是一维几何元素，是两个邻面（正则形体）或多个邻面（非正则形体）的交界。边分直线边和曲线边。直线边由起点和终点两端点确定；曲线边由一系列型值点或控制点表示，也可以用显示、隐式方程描述。

3. 环

环是有序有向边（直线段或曲线段）组成的面的封闭边界。环中的边不能相交，相邻两条边共享一个端点。环有内外之分，确定面的最大外边界的环称之为外环，通常其边按逆时针方向排序。而把确定面中内孔或凸台边界的环称之为内环，其边相应外环排序方向相反，通常按顺时针方向排序。基于这种定义，在面上沿一个环前进，其左侧总是面内，右侧总是面外。

4. 面

面是二维元素，是形体上一个有限、非零的区域，它由一个外环和若干个内环所界定。一个面可以无内环，但必须有一个且只有一个外环。面有方向性，一般用其外法向量作为该面的正向。若一个面的外法向量向外，此面为正；否则，为反向面。区分正向面和反向面在面之间求交、交线分类及真实感图形显示等方面都很重要。在几何造型中常常用到平面、二次面、双三次曲面等形式。

5. 体

体是三维几何元素，由封闭表面围成的空间，它是欧氏空间 R_3 中非空、有界的封闭子集，其边界是有限面的并集。在实际应用中，为保证模型的可靠性及可加工性，要求形体是正则形体，即形体上任意一点的足够小的邻域在拓扑上应是一个等价的封闭圆。不满足上述要求的形体称为非正则形体。存在悬面、悬边的形体是非正则形体。

6. 体素

体素是可以用有限个尺寸参数定位和定型的体，常有下面三种定义形式：

一组单元实体：长方体、圆柱体、圆锥体、球体。

扫描体：由参数定义的一条（一组）截面轮廓线沿一条（一组）空间参数曲线做扫描运动而产生的形体。

用代数半空间定义的形体：在此半空间中点集可定义 $\{(x,y,z) \mid f(x,y,z) \leqslant 0\}$ 此处的 f 应是不可约的多项式。

形体的层次结构形体在计算机中用上述几何元素按六个层次表示：

点→边→环→面→外壳→形体。

其次，介绍点、边、面几何元素间的连接关系。

从前面的介绍中，我们已经知道形体是由几何元素构成的，每一种形体的边界都是由与其相对应的较低维的几何元素组成的。几何元素间典型的连接关系是指一个形体由哪些面组成，每个面上有几个环，每个环由哪些边组成，而每条边又由哪些顶点所组成。在几何造型中最基本的几何元素是点（V）、边（E）、面（F），这三种元素一共有九种连接关系，如图 6-8 所示。

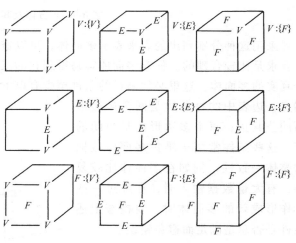

图 6-8　点、边、面之间的连接关系

二、线框、表面及实体表示

多面体指各表面都是平面多边形的三维空间中的形体，比起任意形状的三维形体，多面体的表示与处理都简单些，又可以用于逼近任意形状的三维形体。因此讨论如何表示多面体是必要的。

比较常用的多面体表示法是三表表示法，即采用三个表：顶点表，用来存放多面体各顶点的坐标；边表，指出哪两个顶点之间有多面体的边；面表，指出哪些边围成了多面体的表面。容易理解，三张表的具体形式可以有不同，但为了唯一确定地描述一个多面体，这三张表都是不可缺少的。实用中为了方便，还常常增加一些其他有关的表。通常以上述三表为主体来描述多面体的结构，都称为三表表示法。

例如，对图 6-9 所示的正方体，图中列出了表示它的三张表，其中顶点表中存放各顶点的坐标，边表中用两个顶点的编号表达一条边，面表中用围成面的边的编号序列表示面。用三张表描述多面体其实是一种边界表示法，因为这时多面体被看作是围成它的各平面多边形所形成的集合。有时需要明确说明实体是在表面的哪一侧，这时可约定表面的法线方向总是指向实体外部一侧，即当观察者从实体外部向实体看去，法线方向指向观察者，而围成多边形表面各边排列次序是逆时针走向。

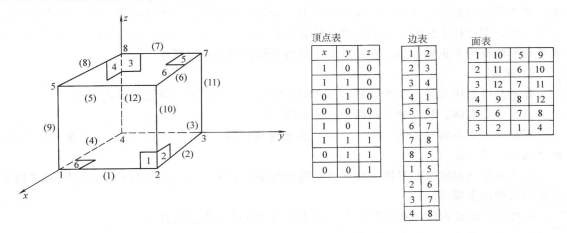

图 6-9　正方体及其三表表示

采用这种分别列出的表来表示多面体，可以避免点、边及面的重复存储，因此对存储量的要求是比较合理的。任意多面体容易得到它的三表表示，但任意三张表却不一定表示了一个真实的多面体。这里必须满足的条件至少有以下几项：顶点表中的每个顶点至少是三边的端点；边表中的每条边是两个多边形面的公共边；每个多边形面是封闭的等。这些条件常用于维护多面体数据的整体一致性，例如在多面体比较复杂，有大量数据输入时，在经过一些操作形成新的多面体时，要检查上述条件是否总是满足而避免错误。

作为复杂一些的例子，下面看对图 6-10 所示的空间正二十面体 V_{20}，可以得到怎样的三表表示。这里关键是找到一组 V_{20} 顶点的坐标。为此可引入一个正数 $\Phi > 0$，它满足二次方程 $\Phi^2 - \Phi - 1 = 0$，因此 $\Phi = (1 + \sqrt{5})/2 \approx 1.618034$。

在图 6-10 中画出了三个彼此垂直并相交的矩形，每个矩形的长宽比是

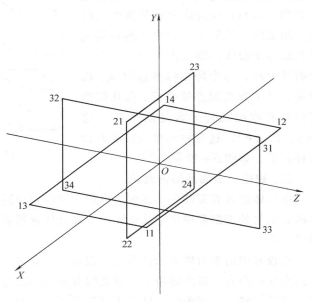

图 6-10　正二十面体构造

$\Phi : 1$，这个比率称为黄金分割比率，而矩形称为是黄金矩形。三个矩形有 12 个顶点，如图示依次标记为 11，12，13，14，21，…，34。它们恰好可以作为 V_{20} 的顶点。V_{20} 的边如下形成：三

个矩形中共有六条边长为 2 的边。它们也是 V_{20} 的边，并编号为 1，2，…，6。然后考虑两个不同矩形顶点之间的连线，选出也是长为 2 的共 24 条，编号为 7，8，…，30，这就是 V_{20} 的所有边，而每三条边围成一正三角形面，所形成边表及面表见表 6-1 和表 6-2。

<table>
<tr><th colspan="2">表 6-1　边表</th></tr>
</table>

边编号		边编号	
1	11,13	16	21,32
2	12,14	17	22,33
3	21,23	18	22,34
4	22,24	19	23,31
5	31,33	20	23,32
6	32,34	21	24,33
7	11,21	22	24,34
8	11,22	23	31,11
9	12,23	24	31,12
10	12,24	25	32,13
11	13,21	26	32,14
12	13,22	27	33,11
13	14,23	28	33,12
14	14,24	29	34,13
15	21,31	30	34,14

表 6-2　面表

面编号		面编号	
1	7,23,15	11	25,6,29
2	8,17,27	12	30,6,26
3	11,16,25	13	11,1,7
4	29,28,12	14	8,1,12
5	9,19,24	15	9,2,13
6	28,21,10	16	14,2,10
7	26,20,13	17	19,3,15
8	14,22,30	18	16,3,20
9	27,5,23	19	17,4,21
10	24,5,28	20	22,4,18

　　注意面表中前面八个面，每个面的三个顶点均来自不同的矩形，故其中没有 1~6 这六条边，而 7~30 这 24 条边中每一边均出现且仅出现一次。面表中后 12 个面，1~6 这六条边均出现且只出现两次，而 7~30 这 24 条边又均出现且只出现一次。面表中给出边的次序是：从体的外部向某个面看去，组成该面的三条边的次序是逆时针转向的。不难验证写出的三张表的数据是符合整体一致性要求的，这里每个顶点是五条边的端点，每条边出现在两个相邻的三角形面中且走向相反，每个面是封闭的三角形面。进一步也不难验证所确定的确是正二十面体，这里所有各边长是 2，所有各面是正三角形，如图 6-11 所示。

　　利用三表表示，能够方便地画出多面体的线框图。可以先按观察要求对顶点坐标进行必要的变换，经投影变为平面坐标后，再按边表给出的连接关系画出各边。如此得到的线框图没有消除因被遮挡而不应画出的隐藏边，利用面表考察遮挡关系，可以画出消除隐藏边及隐藏面的实体图。事实上很多消除隐藏边及隐藏面的算法，是针对以三表表示为主体的边界表示法来进行讨论的。

三、三维形体表示方法

　　上面介绍的线框、表面和实体模型对于实际的应用来讲并不是直接选择的表示方式。从用户角度来看，形体以特征表示和构造的实体几何表示比较适宜；从计算机对形体的存储管理和操作运算角度看，以边界表示最为实用。

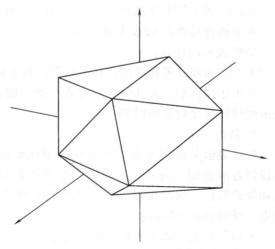

图 6-11　一个正二十面体的图示

1. 构造的实体几何法

构造的实体几何法（Constructive Solid Geometry，CSG）是指任意复杂的形体都可以用简单形体（体素）的组合来表示。通常用正则集合运算来实现这种组合，其中可配合执行有关的几何变换。形体的 CSG 表示可看成是一棵有序的二叉树，称为 CSG 树，如图 6-12 所示。其终端节点或是体素，如长方体、圆锥等；或是刚体运动的变换参数，如平移参数 T_x 等；非终端节点或是正则的集合运算，一般有交、并、差运算；或是刚体的几何变换，如平移、旋转等。这种运算或变换只对其紧接着的子节点（子形体）起作用。每棵子树（非变换叶子节点）都代表一个集合，表示了其下两个组合及变换的结果，它是用算子对体素进行运算后生成的。树根表示了最终的节点，即整个形体。CSG 树可能是一棵不完全的二叉树，这取决于用户拼合该物体时所设计的步骤。采用 BNF 范式，CSG 树可定义为：

〈CSG〉:: =〈体素叶子〉|〈CSG 树〉〈正则集合运算节点〉〈CSG 树〉|〈CSG 树〉〈刚体运动节点〉〈刚体运动变量〉。

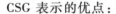

图 6-12　CSG 树

CSG 树是无二义性的，但不是唯一的，其定义域取决于所用体素以及所允许的几何变换和正则集合运算算子。

CSG 表示的优点：

- 数据结构比较简单，数据量比较小，内部数据的管理比较容易。
- 每个 CSG 表示都和一个实际的有效形体所对应。
- CSG 表示可方便地转换成 Brep 表示，从而可支持广泛的应用。
- 比较容易修改 CSG 表示形体的形状。

CSG 表示的缺点：

- 产生和修改形体的操作种类有限，基于集合运算对形体的局部操作不易实现。
- 由于形体的边界几何元素（点、边、面）隐含地表示在 CSG 中，故显示与绘制 CSG 表示的形体需要较长的时间。

2. 特征表示

特征表示从应用层来定义形体，因此可以较好地表达设计者的意图，为制造和检验产品和形体提供技术依据和管理信息，如图 6-13 所示。从功能上看可分为形状、精度、材料和技术特征：

- 形状特征：体素、孔、槽、键等。
- 精度特征：形位公差、表面粗糙度等。
- 材料特征：材料硬度、热处理方法等。
- 技术特征：形体的性能参数和特征等。

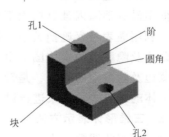

图 6-13　特征表示

形状特征单元是一个有形的几何实体，是一组可加工表面的集合。如采用长、宽、高三尺寸表示的长方体；采用底面半径及高度表示的圆柱体均是可选用的形状特征单元。

形状特征单元的 BNF 范式可定义如下：

〈形状特征单元〉∷=〈体素〉|〈形状特征单元〉〈集合运算〉〈形状特征单元〉|〈体素〉〈集合运算〉〈体素〉|〈体素〉〈集合运算〉〈形状特征单元〉|〈形状特征单元〉〈集合运算〉〈形状特征过渡单元〉；

〈体素〉∷=长方体|圆柱体|球体|圆锥体|棱锥体|棱柱体|棱台体|圆环体|楔形体|圆角体|…；

〈集合运算〉∷=并|交|差|放；

〈形状特征过渡单元〉∷=外圆角|内圆角|倒角。

3. 边界表示

边界表示详细记录了构成形体的所有几何元素的几何信息及其相互连接关系——拓扑关系，以便直接存取构成形体的各个面、面的边界以及各个顶点的定义参数，有利于以面、边、点为基础的各种几何运算和操作。如形体线框的绘制、有限元网格的划分、数控加工轨迹的计算、真实感彩色图形的生成。

形体的边界表示就是用面、环、边、点来定义形体的位置和形状。例如，一个长方体由六个面围成，对应有六个环，每个环由四条边界定，每条边又由两个端点定义。而圆柱体则由上顶面、下底面和圆柱面所围成，对应有上顶面圆环、下底面圆环。边界表示如图 6-14 所示。边界表示的优点如下：

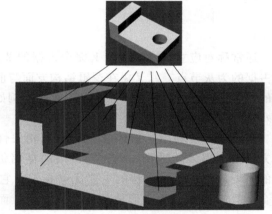

图 6-14 边界表示

• 表示形体的点、边、面等几何元素是显式表示的，使得绘制边界表示形体的速度较快，而且比较容易确定几何元素间的连接关系。

• 对形体的边界表示可有多种操作和运算。

边界表示的缺点：

• 数据结构复杂，需要大量的存储空间，维护内部数据结构的程序比较复杂。

• 修改形体的操作比较难以实现。

• 边界表示并不一定对应一个有效形体，即需要有专门的程序来保证边界表示形体的有效性、正则性等。

四、八叉树

八叉树方法可以看作是表示平面图形的四叉树方法在三维空间的推广。假设要表示的形体 V 可以放在一个充分大的正立方体 C 内，C 的边长为 2^n，形体 $V \subseteq C$，它的八叉树生成过程如下：

算法 6-4 八叉树生成算法

Tree Create Octree(V,C,n)//V 是形体,C 是立方形,n 表示正方形边长对应的层次

{   if(intersect(V,C,n) = = C){

new(P);P->V = 1;return(P);//构造黑结点

```
        }else   if(intersect(V,C,n)= =NULL){
          P->V=0;returnNULL;//构造白结点
        }else//构造灰结点
          if(n= =1){//正方形边长为1
              new(P);P->V=1;return(P);
          }else{//正方形边大于1
              new(P);P->V=0.5;
              C0=C.0;C1=C.1;C2=C.2;C3=C.3;
              C4=C.4;C5=C.5;C6=C.6;C7=C.7//将立方体均分为八块
              P->F0=CreateOctree(V,C0,n-1);P->F1=CreateOctree(V,C1,n-1);
              P->F2=CreateOctree(V,C2,n-1);P->F3=CreateOctree(V,C3,n-1);
              P->F4=CreateOctree(V,C4,n-1);P->F5=CreateOctree(V,C5,n-1);
              P->F6=CreateOctree(V,C6,n-1);P->F7=CreateOctree(V,C7,n-1);
              return(P);
          }
}
```

通常称对应立方体被形体 V 完全占据的节点为黑节点，完全不占据的为白节点，部分被占据的为灰节点。八叉树在逻辑结构方面与前面讨论过的四叉树如此相似，以至于对四叉树的许多讨论，可以非常容易地推广过来。例如对存储结构，也可以有常规的、线性的、一对八式的八叉树等。

八叉树方法利用了形体在空间中的相关性，因此，它占用的存储比起用三维体素阵列方法要少得多。尽管如此，它占用的存储仍然相当多，所以这并不是八叉树方法吸引人的主要原因。这一方法的主要优点在于，它可以非常方便地实现有广泛用途的形体的集合运算，例如求两个形体的并、交、差，而这些运算恰恰是其他一些表示方法认为比较难于处理或者要耗费较多计算资源的。不仅如此，这种方法的有序性及分层性，对显示精度与速度的平衡，隐藏线和隐藏面的消除等要求都带来很大的方便，所以受到了越来越多的重视。

图 6-15 所示的是一个三维形体及其八叉树表示的例子。下面简要地讨论一下对八叉树表示的三维形体做几何变换的问题。为简便起见，假定变换前后的形体 V 和 V 均包含在充分大正立方体 C 中，不然的话，就算是出错。这时，设要对某形体 V 在各个方向均扩大两倍。

为保证扩大后形体不超出 C，应该在树根的八个子节点中，只有一个是灰节点，其余 7 个都是白节点。于是扩大两倍，只要将那唯一的灰节点改为根节点就可以了。根据形体八叉树表示的定义，这样做使形体各方向扩大两倍，道理是显然的。

同理可知若想将形体缩小为原来的二分之一，或者一般地，对形体缩小 $1/2^m$，可以类似地对形体的八叉树表示做相应调整。除此以外，对形体的对称变换，旋转90°的倍数的变换，也不难通过对八叉树的简单调整而得出结果。

现在来分析一下，对通过原点的一条任意方向的直线做旋转任意角度的旋转变换时，可能出现的问题及解决办法。这里可能出现的一个问题是"舍入"误差及其积累。注意到用

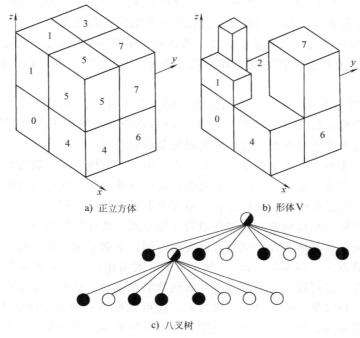

a) 正立方体　　　　b) 形体 V

c) 八叉树

图 6-15　三维形体及其八叉树

八叉树表示一个三维形体，等价于用一系列有大有小的直立的正立方体去拼成相应的形体。这里"直立"的意思是立方体各面都与某个坐标平面平行，不然就称为"斜置"。构成原形体的直立的正立方体绕原点任意轴线旋转任意角度后，一般都成为斜置的。为了使变换后形体的八叉树仍对应一系列直立的正立方体，必须对被斜置立方体部分占据体素做出选择，即或认为是占据，为黑节点，或认为不占据，为白节点，这就必然带来一定的误差。而且执行多次变换后，误差积累会大到产生严重的错误。为此，可以采取两项措施。

　　第一项措施是保持一个原始的八叉树作为参考的源树。设指定了一次变换 R_1，接着又要做变换 R_2，可以计算出复合变换 $R=R_1R_2$，然后对原始的八叉树做一次变换。这样可避免误差的积累。

　　第二项措施是为了尽量减少"舍入"误差，可以规定一个当前正要重建的八叉树，如果它的最底层叶节点对应的体素是部分地显示对象所占据，那么当且仅当这个体素的中心位于某个黑变换后立方体内时，这个体素才被规定为黑，否则就规定为白。这样规定使得一般不会产生原来不存在的孔洞，而不这样规定，例如简单地规定部分被占据的体素都为白，则可能在做 45°左右旋转时原来黑立方体变换为部分占据若干体素而被指定为白，在变换后形体中间出现断裂。

　　设已采取了上述两项措施，已知形体变换前的八叉树表示 T_1，已计算出要做的复合变换 R，要确定变换后形体的八叉树表示 T_2，可以写出如下的算法框架：

　　1）遍历形体原来的八叉树 T_1，对遇到的每个黑节点，执行下述步骤2）。

　　2）对遇到黑节点对应的正立方体做相应变换，得到一般来说是斜置的新位置。若这位置已超出定义八叉树的充分大正立方体 C 之外，报告出错；否则执行下述的步骤3）。

3）从要计算求出的目标树 T_2 的根开始，检查步骤 2）中确定的处于新位置立方体与 T_2 中节点对应的直立的正立方体是否相交，分以下三种情况进行处理：

① 不相交，说明正考察直立正立方体未被占据，可保持为白节点，不做处理。

② 直立的正立方体整个被占据，即它在变换后"斜置"立方体内，置对应节点为黑节点。

③ 在上述两条均不成立时，生成当前节点的八个子节点，对八个子节点对应的八个直立子立方体，依次再递归执行步骤 3）。如果最终这八个节点被标上同样特性，比方为黑节点，则应再删掉这八个子节点而把它们的共同父节点置为黑。

在这个算法框架中，主要工作是检查某个直立的正立方体与一个斜置的正立方体是否相交，这项工作已经不难实现，还可以尽量简化以提高计算效率。注意到对所有黑节点对应正立方体处理相同，使得操作可以并行进行。事实上有利于并行处理也是形体八叉树表示的优点之一。八叉树用树形结构的常规存储很浪费存储空间，线性存储则可以比较节省。线性存储得到线性八叉树，其具体实现方式也可以互有不同。下面是常用的一种：在对立方体做八等分时，按一致的方式，例如图 6-15a 说明的方式，对分出的子立方体进行编号。若再分共进行 n 层，则每个节点可以用 n 位的八进制数的数串来表示，数串从左至右，第一位对应第一次划分，第二位对应第二位划分，以此类推。还可以在节点的表示中加上它所在的层次，可以规定树根是第 n 层，再分一次减少一层，体素对应的节点在第 0 层。如此编号后，整个八叉树就可以根据对其做深度第一遍历而依次列出的黑节点的编号序列来表示了。例如，对图 6-15b 所示三维形体，其线性八叉树表示是 $\{0x, 10, 12, 13, 14, 2x, 4x, 6x, 7x\}$，其中，$0x$ 表示经一次分割就达到了叶节点，不必往下继续再分了。

前面提到形体的集合运算在八叉树表示中可以简单地实现，这因为两个形体的并是它们占据的全部空间，交是它们共同占据的空间，这使得对形体执行交或并运算时，只需同时遍历两个形体的八叉树表示，并依据对应两节点特性对结果做出选择，不必真正进行复杂的求交运算。下面通对线性八叉树，说明其实现的方法。

例如，给出了两棵线性八叉树：

$C_1 = \{122, 123, 301, 302, 303, 305, 307\}$

$C_2 = \{12x, 300, 302, 304, 306\}$

想要求出 $C_1 \cup C_2$，可以将 C_2 的各节点依次插入到 C_1 的适当位置，使插入后编号渐增这一性质保持不变。当 C_2 中节点可以包含 C_1 中若干节点时，则取而代之。例如，C_2 中的 $12x$ 可以取代 C_1 中的 122、123。另外，如果插入后可以进行节点"压缩"，也应该立即进行，例如当 C_2 的节点全部插入后，应做如下"压缩"：

$C_1 \cup C_2 = \{12x, 300, 301, 302, 303, 304, 305, 306, 307\} = \{12x, 30x\}$

最后介绍一种对线性八叉树表示形体进行显示的方法。设观察位置即视点的坐标是 (x_1, y_1, z_1)，从原点到视点的方向，可以认为是观察平面的法向量。参看图 6-15a 中八叉树八个子正方体的编号方式，可知当观察位置是 $x_1>0$，$y_1<0$，$z_1>0$ 时，最可能被遮挡看不见的是编号 2 的子立方体，全部依次排出可以是 260347150 考察视点在八个坐标象限的各种可能，可以确定不同子立方体在显示时的优先级。将最可能被遮挡的放在前面，最不可能被遮挡，即首先就能看到的放在后面，可以列出下面的对应表。注意下面这种对应可能并不唯一，但它肯定是可行的。

z_1	y_1	x_1	优先级	z_1	y_1	x_1	优先级
<0	<0	<0	73561240	>0	<0	<0	62470351
<0	<0	>0	37125604	>0	<0	>0	26034715
<0	>0	<0	51743062	>0	>0	<0	40652173
<0	>0	>0	15307426	>0	>0	>0	04216537

　　这时若给出视点位置，则立即能确定是上述八种情形的哪一种。例如设是第六种 $z_1>0$，$y_1<0$，$x_1>0$，知道优先级次序为 26034715。为了确定要显示线性八叉树中两个不同节点显示的先后次序，应该逐位比较它们的编码。这里第一位是 2 的应先放入显示队列，显示时后显示。当左边几位相同时，就比较右边的一位，直至最后一位，总能定出优先次序。

　　例如，对前面图 6-11b 表示形体的线性八叉树，如上重排后按节点应显示次序排出的序列就是

　　{2x，6x，0x，4x，7x，12，10，13，14}

　　确定了显示队列，注意到对显示屏幕上每个像素置值，有后显示的像素覆盖先前显示的像素这一情形，就知道显示时只要按排出次序，依次对各黑节点对应的正立方体做扫描转换就可以了。

　　当然这种做法并不是最有效率的，可以从多方面进行改进，这里不再做进一步讨论。

第三节　分　　形

一、分形的概念

　　什么是分形？这个问题很难简单地回答。让我们首先考察两个被公认为是分形的例子，找出它们的一些特征，然后再利用这些特征，对"分形"这个新出现的概念，给出尽可能明确的说明。

　　康托尔（Cantor）三分集是人们比较了解的分形，它构造如下：设 E_0 是闭区间 [0，1]，即 E_0 是满足 $0 \leqslant x \leqslant 1$ 的实数 x 组成的点集；E_1 是 E_0 去掉中间 1/3 之后的点集，即 E_1 是两个闭区间 [0，1/3] 和 [2/3，1]；E_2 是分别去掉 E_1 中两个区间的中间 1/3 之后的点集，即 E_2 已经是四个闭区间，如图 6-16 所示。此过程要继续进行，E_k 是 2^k 个长度为 $1/3^k$ 主的闭区间组成的点集。康托尔三分集 F 是属于所有的 E_k 的点组成的集，即

$$F = \bigcup_{k=0}^{\infty} E_k$$

F 可以看成是集序列 E_k 当 k 趋于无穷时的极限。显然，不可能画出带有无穷小细节的 F 本身，只能画出 k 取定时的某个 E_k。当 k 充分大时，E_k 是对 F 很好的近似表现。

　　容易想到的一个问题是，已经去掉区间中那么多点，还能剩下多少呢？事实上，F 仍是一个不可数的无穷集，在它每一个点的邻域中都包含集内的无穷多个点。康托尔三分集是区间 [0，1] 中的可以由展成以 3 为底的幂级数的下面形式的数组成：

$$a_1 3^{-1} + a_2 3^{-2} + a_3 3^{-3} \cdots$$

式中，a_i 的取值限制为 0 或 2，不取 1。为看清这一事实，注意从 E_0 得到 E_1 时，去掉的是 $a_1 = 1$ 的数，从 E_1 得到 E_2 时，去掉的是 $a_2 = 1$ 的数，并以此类推。

现在看康托尔三分集具有的一些值得注意的特征，这些特征对许多其他的分形也是大体上适合的。

1）F 是自相似的。E_1 的两个区间 [0，1/3] 和 [2/3，1] 的每一个，其内部 F 的部分与 F 整体相似，相似比为 1/3。容易看出，康托尔三分集作为一个集合，包含了许多按不同比例与自身相似的子集。

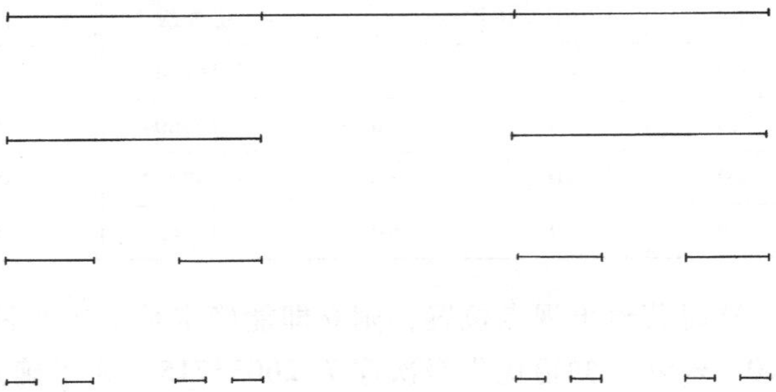

图 6-16　康托尔三分图

2）F 具有"精细结构"，即它包含有任意小比例的细节。其图形越放大，间隙就越清楚地呈现出来。

3）F 的实际定义是简单的和明确的。事实上 F 可由一个迭代过程得到，即反复去掉区间中间的 1/3。持续的步骤得到的 E_k，就是 F 越来越好的逼近。

4）传统的几何学很难描述 F 的性质，因为 F 不是满足某些简单条件的点的轨迹，也不是任何简单方程的解的集合。

5）F 的局部几何性质也很难描述，在它的每点附近都有大量被各种不同间隔分开的其他点。

6）按传统几何学中的长度概念，F 的长度为零。就是说，尽管从不可数集合这点上说 F 是一个相当大的集，但它却没有长度，或者说长度不能对 F 的形状或大小提供有意义的描述。

再看一个例子。设 E_0 是单位长度的直线段，E_1 是由 E_0 除去中间 1/3 的线段后，代之以底边在被除去线段上的等边三角形的另外两条边所得到的互相连接四线段形成的折线。把同样的过程应用到 E 的每个直线段而构造出 E_2，以此类推，于是 E_k 由 E_{k-1} 通过把每个直线段中间 1/3 用等边三角形另外两边来取代而得到。当 k 趋向无穷大，折线序列所趋向的极限曲线 F，称为 Von Koch 曲线，如图 6-17 所示。

Von Koch 曲线具有前面康托尔三分集列出的相应特征。例如它也是自相似的，它由四个与总体相似的"四分之一"部分组成，相似比例是 1/3。它有复杂的精细结构，但实际定义却很简单明确。称 F 为曲线显然是合理的，但它却很不规则，以至于在传统几何学的意义下它没有任何切线。简单的计算表明 E_k 的长度为 $(4/3)^k$，令 k 趋于无穷，知道 F 的长度是无穷大，而 F 在平面内的面积显然是零。所以长度和面积对 F 的形状和大小没有提供有意义的描述，使用传统的几何学很难描述它的性质。

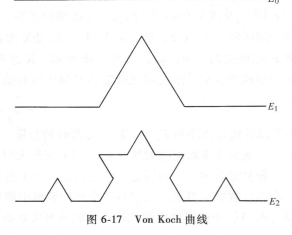

图 6-17　Von Koch 曲线

还可以举出大量分形的例子，所有分形都应该基本上具有前面提到的康托尔三分集列出的那些特征，但不同分形程度上可能有不同。例如自相似性所给出两例都是严格的几何相似，但许多分形自相似的程度可以弱一些。可以是近似的自相似，即集中任意小的局部放大后，经平滑的变形才能与整体一致。还可以是统计意义上的自相似，如果在生成 Von Koch 曲线时，在构造的每一步都用掷一枚硬币来决定一对新的直线段在曲线上的位置，赢得随机的 Von Koch 曲线，它就是统计自相似。

自然界和人类的社会生活中也有大量的可以认为是分形的例子。在自然界中有连绵起伏的群山，变幻飞渡的浮云，奇形怪状的海岸线，蜿蜒曲折的江河，各种姿态的花草树木；社会生活中如某个历史时期市场商品价格随时间的变化，城市商业网点的分布等，在一定的比例范围内，它们都具有某种整体与局部的自相似性及其他有关特征，因此可以认为是分形。但它们不是真正的分形，因为用充分小的比例观测时，分形特征可能就消失了。这并不奇怪，传统的几何学中讨论直线和圆，但自然界中并没有真正的直线和圆。在实际应用中把大量具有某种程度的分形特征的事物看作分形，使用分形的思想去理解和处理，已经取得了很大的成功。

从所述实例可以看出，为分形做出一个严格明确的定义非常困难，最好的办法是列出分形应该具有的特性。大部分分形都应该具有所列出的特性，也允许有极少数的例外。这种处理方法在许多学科中都有应用。例如，生物学中对"生命"的定义，就是列出一系列生命物体的特性，如繁殖能力、运动能力以及对周围环境的相对独立的存在能力等。大部分生物具有上述特性，少数生物可能对某些性质有例外。同样，对分形不必去寻找它的精确定义，而应该了解它应该具有的基本特性。

明确地说，称集合 F 是分形，即认为它具有下面典型的性质：

1）F 具有精细的结构，即有任意小比例的细节。

2）F 是如此的不规则以至它的整体和局部都不能用传统的几何语言来描述。

3）F 具有某种自相似的形式，可能是近似的或是统计的。

4）一般地，F 的"分形维数"大于它的拓扑维数。

5）在大多数令人感兴趣的情形下，F 以非常简单的方法定义，可能由迭代产生。

至此我们算是对"什么是分形"这一问题给出了回答。注意所列出第四条特性提到了"维数"的概念。前面已经提到，传统几何学的许多概念和方法不适合用来研究分形，需要另外的概念和方法。作为研究分形的分形几何学，它的主要工具是多种形式的维数。维数在数学中是一个非常古老的概念。提到维数，人们习惯于一条光滑曲线是一维的，曲面是二维的，空间是三维的，但对维数的确切含义长期缺乏研究。到 21 世纪初，人们才开始考虑维数应该如何严格定义，并将它从整数维推广到分数维。

应该指出，定义集合的维数有许多方法，有些能令人满意，有些则差一些。不同的定义可以有相当不同的性质，可能对同一个集得到不同的维数数值，这是在使用中应该注意的。

下面对维数概念做一些简要的说明。

欧氏空间中维数是确定一个点位置需要的独立的坐标数目。直线上的任一点，引入原点后，只需要一个数即可确定位置，故是一维的。平面上引入直角坐标系，其上任意一点的坐标是两个数，故平面是二维的。类似可知空间是三维的。若一个点的坐标是 n 个互相独立的数（x_1, x_2, $\cdots$, x_n），则相应空间是 n 维的。这是人们通常理解的传统的维数概念，常称为欧几里得维数，它只能是非负整数。

考虑一个简单的几何图形。取一个边长为 1 的正方形，若每边扩大 2 倍，则正方形面积扩大 4 倍，其数学表达式为 $2^2 = 4$，这是二维图形。对三维图形，如考虑边长为 1 的立方体，令每边长放大 2 倍，则立方体体积扩大 8 倍，其数学表达式为 $2^3 = 8$。

　　类似地，对一个 D_f 维的几何对象，若每边长扩大 L 倍，则这个几何对象相应地放大 K 倍，归纳前述结果，D_f、L、K 三者间的关系式应为

$$L_f^D = K$$

解出 D_f，有

$$D_f = \ln K / \ln L \tag{6-1}$$

这里 D_f 不必是整数。这就是 Hausdorff 引入的维数概念，可以称为 Hausdorff 维数。

　　上面是从放大几何对象做出定义，现在从缩小几何对象来定义分维。假定有一个单位正方形，把它每边三等分得 9 个小的正方形，9 个小正方形面积总和是原单位正方形面积，即 $9 \times (1/3)^2 = 1$。现在把 D_f 维的几何对象等分为 N 个小的几何图形，则每个小图形每维缩小为原来的 r 倍，而 N 个小图形的总和应有 $Nr^{D_f} = 1$。这时解出 D_f，有

$$D_f = \frac{\ln N}{\ln(1/r)} \tag{6-2}$$

　　容易看出式（6-1）和式（6-2）本质上是相同的，即这样引入的也是 Hausdorff 维数。

　　例如 Von Koch 曲线，每次分为 4 个小图形，每个小图形缩小 1/3，故其 Hausdorff 维数 D_f 为

$$D_f = \frac{\ln 4}{\ln 3} = 1.2619\cdots$$

二、分形一般算法

　　对于欧氏空间的任意子集，集合的拓扑维数与它的欧几里得维数是一致的。集合拓扑维数总是整数，当它是全不连通时维数为 0，而当它的任意小的邻域都具有维数为 0 的边界时，它的维数为 1，并以此类推。不难理解 Von Koch 曲线的拓扑维数为 1。最早提出分形概念的 Mande lbrot 曾把分形定义为是其 Hausdorff 维数大于拓扑维数的集会，按此定义知 Von Koch 曲线是分形。但进一步的研究表明，如上定义分形不算合理，因为该定义把一些明显是分形的集排除了。

　　下面转入讨论分形的图形显示问题，即怎样画出分形。容易理解，由于分形多种多样，其生成方法也必然多种多样，这里只讨论一些简单的基本方法，更多更好的分形方法正等待人们去寻找和发现。

　　规则分形指具有严格自相似性的分形。对任意给出的初始源形 E_0，按生成规则操作，得到序列 E_0，E_1，$\cdots$。容易理解，理论上的规则分形是上述序列的极限，是无法绘图并显示的。因此实践中可以对给出任意大的整数 k 生成并绘制 E_k 的图形，用作实际规则分形的近似表现。下面是一个规则分形的生成算法。对算法的输入是事先给定的一个整数 k、源形 E_0 及生成规则，算法操作步骤如下：

　　算法 6-5　分形成生算法

```
void    Fractal( Rule R, int k, Source E0, int m) {
    //R 分形规则, k 分形迭代层数, m 分形组成数, E0 源形
    //i 记层数, j 记生成部分图形的数目队列, Q 保存图形, A0 记源形
    i = 0; j = 1; Q = φ; A0 = E0;
    do {
```

```
    do{
        //由 A0 和 R 计算它的 m 个分解部分
        calculate(A0,R,A1,A2,…,Am);
        draw(A1,A2,…,Am);//图形绘制
        //生成各部分图形依次加到队尾
        insert(A1,A2,…,Am,Q);
        A0=delete(Q);   //从队头取出一个部分图形
        j=j+1;
    }while(j<=m^i);
    j=1;i++;//进入下一层
}while(i<=k);//结束判断
}
```

　　这里给出的算法可以看作是一个框架，适用于任意的规则分形。当要生成某个具体规则分形时，应该在算法的第二和第三步，将源形的表示及生成规则代入，说明实际可行的绘制方法。这时当然还可以结合具体分形的特点，使算法更有效率或更简便。

　　例如，前面提到的 Von Koch 曲线。容易看出其源形 E_0 可以是一条线段，如图 6-17 所示，记其端点坐标为 P_0、P_1。这样在算法第一，应令 $A_0=E_0=(P_0, P_1)$，在算法第二步，需要依据 P_0、P_1，计算图中 P_2、P_3、P_4 三点的坐标。这样 $m=4$，分别得到四个部分图形是 $A_1=(P_0, P_2)$，$A_2=(P_2, P_3)$，$A_3=(P_3, P_4)$，$A_4=(P_4, P_1)$。在算法第三步，可画出四条线段 P_0P_2、P_2P_3、P_3P_4、P_4P_1，擦去前次画线时可能画出的 P_2P_4 部分。算法继续运行，下次 A_0 是本次 A_1，等等，如此进行直到画出 E_k 的图形后，就算是绘制完成。

　　对其他任意规则分形，由于具有严格的自相似性，因此往往不难形式地描述其源形的构造和生成规则，于是给出的算法也就不难实现。实践表明这个算法的适用范围是很广泛的。

三、Von Koch 算法

　　下面看怎样利用自相似变换来绘制分形。设 D 是欧氏空间 R^n 的闭子集，映射 $S:D \to D$ 称为是 D 上的压缩，如果对所有 D 上的点 x、y，存在一个数 c，$0<c<1$，能使 $|S(x)-S(y)|$ $\leq c|x-y|$。如果其中等号成立，即若 $|S(x)-S(y)|=c|x-y|$，则 S 把一个集变成了它的几何相似集，此时映射 S 称为是相似的。

　　设 $S_1,\cdots,S_n$ 是压缩，称 D 的子集 F 对变换 $S_1,\cdots,S_n$ 是不变的，如果

$$F=\bigcup_{i=1}^{n}S_i(F)$$

　　最容易说明的例子是康托尔三分集的情形，这时令 S_1,S_2 是 $R \to R$ 的变换，分别由 $S_1(x)=\dfrac{1}{3}x, S_2(x)=\dfrac{1}{3}x+\dfrac{2}{3}$ 给出。不难验证 S_1 和 S_2 都是相似的变换，$S_1(F)$ 和 $S_2(F)$ 分别正好是 F 的左、右各"一半"，并且有 $F=S_1(F)\cup S_2(F)$。因此对变换 S_1 和 S_2，F 是不变的。这两个变换正表示了康托尔三分集的自相似性。

　　事实上对某一组变换是不变的集合一般都是分形。

　　Von Koch 曲线是平面曲线，也可以有自相似变换，下面看怎样求出这个变换。注意到作为图 6-18 所示序列极限的 Von Koch 曲线，可以看作由左右两半构成。左右两半在图 6-18

中点 P_3 处分开，每一半与整体自相似。

设图 6-18 中点 P_0 和 P_1 的坐标是 $(0，0)$ 和 $(1，0)$，则可以计算求出 P_2、P_3 和 P_4 的坐标是 $\left(\dfrac{1}{3}，0\right)$、$\left(\dfrac{1}{2}，\dfrac{\sqrt{3}}{6}\right)$ 和 $\left(\dfrac{2}{3}，0\right)$。为求出两个自相似变换 S_1 和 S_2，因为是平面变换，可一般地设变换矩阵为

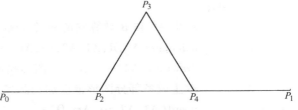

图 6-18　根据 P_0，P_1 坐标数值计算 P_2，P_3，P_4 坐标数值

$$\begin{pmatrix} a & b & 0 \\ c & d & 0 \\ m & n & 1 \end{pmatrix}$$

第一个变换 S_1 把点 P_0、P_1、P_3，依次变到 P_0、P_3、P_2，这就得到

$$\begin{pmatrix} 0 & 0 & 1 \\ 1 & 0 & 1 \\ \dfrac{1}{2} & \dfrac{\sqrt{3}}{6} & 1 \end{pmatrix}\begin{pmatrix} a & b & 0 \\ c & d & 0 \\ m & n & 1 \end{pmatrix} = \begin{pmatrix} 0 & 0 & 1 \\ \dfrac{1}{2} & \dfrac{\sqrt{3}}{6} & 1 \\ \dfrac{1}{3} & 0 & 1 \end{pmatrix}$$

于是有

$$\begin{pmatrix} a & b & 0 \\ c & d & 0 \\ m & n & 1 \end{pmatrix} = \begin{pmatrix} 0 & 0 & 1 \\ 1 & 0 & 1 \\ \dfrac{1}{2} & \dfrac{\sqrt{3}}{6} & 1 \end{pmatrix}^{-1}\begin{pmatrix} 0 & 0 & 1 \\ \dfrac{1}{2} & \dfrac{\sqrt{3}}{6} & 1 \\ \dfrac{1}{3} & 0 & 1 \end{pmatrix} = \begin{pmatrix} \dfrac{1}{2} & \dfrac{\sqrt{3}}{6} & 0 \\ \dfrac{\sqrt{3}}{6} & -\dfrac{1}{2} & 0 \\ 0 & 0 & 1 \end{pmatrix}$$

第二个变换 S_2 把点 P_0、P_1、P_3，依次变到 P_3、P_1、P_4，这就得到

$$\begin{pmatrix} 0 & 0 & 1 \\ 1 & 0 & 1 \\ \dfrac{1}{2} & \dfrac{\sqrt{3}}{6} & 1 \end{pmatrix}\begin{pmatrix} a & b & 0 \\ c & d & 0 \\ m & n & 1 \end{pmatrix} = \begin{pmatrix} \dfrac{1}{2} & \dfrac{\sqrt{3}}{6} & 1 \\ 1 & 0 & 1 \\ \dfrac{2}{3} & 0 & 1 \end{pmatrix}$$

那么有

$$\begin{pmatrix} a & b & 0 \\ c & d & 0 \\ m & n & 1 \end{pmatrix} = \begin{pmatrix} -1 & 1 & 0 \\ -\sqrt{3} & -\sqrt{3} & 2\sqrt{3} \\ 1 & 0 & 0 \end{pmatrix}\begin{pmatrix} \dfrac{1}{2} & \dfrac{\sqrt{3}}{6} & 1 \\ 1 & 0 & 1 \\ \dfrac{2}{3} & 0 & 1 \end{pmatrix} = \begin{pmatrix} \dfrac{1}{2} & \dfrac{\sqrt{3}}{6} & 0 \\ \dfrac{\sqrt{3}}{6} & -\dfrac{1}{2} & 0 \\ \dfrac{1}{2} & \dfrac{\sqrt{3}}{6} & 1 \end{pmatrix}$$

因此这两个自相似变换是

$$\begin{cases} S_1\begin{pmatrix} x \\ y \end{pmatrix} = \begin{pmatrix} \dfrac{1}{2} & \dfrac{\sqrt{3}}{6} \\ \dfrac{\sqrt{3}}{6} & -\dfrac{1}{2} \end{pmatrix}\begin{pmatrix} x \\ y \end{pmatrix} \\ \\ S_2\begin{pmatrix} x \\ y \end{pmatrix} = \begin{pmatrix} \dfrac{1}{2} & -\dfrac{\sqrt{3}}{6} \\ -\dfrac{\sqrt{3}}{6} & -\dfrac{1}{2} \end{pmatrix}\begin{pmatrix} x \\ y \end{pmatrix} + \begin{pmatrix} \dfrac{1}{2} \\ \dfrac{\sqrt{3}}{6} \end{pmatrix} \end{cases}$$

不难验证这两个变换确实是 Von Koch 曲线的自相似变换。

利用找到的自相似变换绘制分形图形，可以选取 x_0 为任意的初始点，S_1，$\cdots$，S_n 中随机选择一个压缩映射 S_{i1}，并令 $x_1 = S_{i1}(x_0)$。继续下去，对 $k=1$，2，$\cdots$，随机选取 S_{ik}，并令 $x_k = S_{i1}(x_k-1)$。对充分大的 k，点 x_k 与分形集 F 接近到无法辨别，所以序列 $\{x_k\}$ 将随机地分布在整个 F 上。绘制点序列 $\{x_k\}$ 的图形，例如从 100 项往后，给出了 F 的很好的表现。

作为例子，下面写出利用上述想法绘制 Von Koch 曲线的算法。可以设初始给出的线段就是从（0，0）到（1，0），这样绘制的初始点可选为（0，0），绘制时要使用前面给出的两个变换，为了简便，每一个找到点用两个变换各变一次。要对算法输入一个适当的大数 k，用以控制所做变换的次数和所绘制的点数，使算法在适当时刻结束。

算法 6-6　Von koch 曲线绘制算法

```
void   von_Koch_display(void){
    x1=0;y1=0;s=1;u=1;//(x1,y1)为初始点
    do{
        x2=1/2.0*x1+sqrt(3)/6*y1;y2=sqrt(3)/6*x1-1/2.0*y1;
        x3=1/2.0*x1+sqrt(3)/6*y1+1/2.0;//变换
        y3=-sqrt(3)/6*x1-1/2.0*y1+sqrt(3)/6;
        Setpixel(x2,y2,RGB(0,0,0));//画点
        Setpixel((x3,y3),RGB(0,0,0));
        Ps.x=x2;Ps.y=y2;Ps+1.x=x3;
        Ps+1.y=y3;s=s+2;//〔存储〕
        x1=Pu.x;y1=Pu.y;u++;//〔准备下次〕
    }while(u<=k);//〔结束判断〕
}
```

令人惊奇的是，选取适当的很少变换，能够产生自然界存在物体的非常好的图像。例如，下面的变换能产生松树树枝的图像：

$$S_1\begin{pmatrix} x \\ y \end{pmatrix} = \begin{pmatrix} -0.7 & 0.4 \\ 0.4 & 0.7 \end{pmatrix}\begin{pmatrix} x \\ y \end{pmatrix}$$

$$S_2\begin{pmatrix} x \\ y \end{pmatrix} = \begin{pmatrix} -0.66 & 0 \\ 0 & 0.5 \end{pmatrix}\begin{pmatrix} x \\ y \end{pmatrix} + \begin{pmatrix} 0 \\ 0.7 \end{pmatrix}$$

人们用这种方法利用计算机生成了许多相当生动逼真的图像，有羊齿叶、枫树叶、蕨类植物的叶子、青草、树、云彩等。该方法的最大困难是寻找所需变换。一个可以使用的方法

是描绘物体的粗略轮廓，然后用较少的变换样本尽可能地覆盖它。已经确定的相似变换可以用来计算不变集，它可以与已经建立起的物体模型做比较。如果样本的并集与物体很接近，可以用试验和处理误差的技术进一步修改，从而得到更好的图像。这一方法在模拟自然景物方面虽然用得不多，但在图像压缩方面取得了巨大的成功。

四、Julia 和 Mandelbort 集

在 1918 年前后数学家 Julia 潜心研究过如下问题：设有复数域上如下形式的二次函数：$f(z) = z^2 + c$，其中 c 是复数值常数，做迭代操作

$$z_{n+1} = z_n{}^2 + c, \quad n = 0, 1, 2, \cdots$$

要研究的问题是：

1）给定 z_0，当参数 c 在什么范围内取值能保证 $|z_n|$ 有界？

2）当 c 给定，如何选取 z_0 使 $|z_n|$ 有界？

这两个问题的解答是很艰难的。当计算机运算速度和绘图功能取得充分进步后，人们就可以利用计算机对复平面按计算机屏幕的像素点，逐一判断 $|z_n|$ 的有界性。若需要取得参数集合的细节，则将尺度放大，即所谓窗口放大技术，于是各种无穷嵌套的自相似结构，清晰地呈现在人们的面前。

对于上述迭代，当 $c = 0$ 时，可以有以下三种情况：

1）序列中的数按模来说越来越小，且趋于零。这时说零是 $z \to z_2$ 的吸引子。所有与坐标原点相距小于 1 的点都产生趋向零的序列。

2）序列中的数按模来说越来越大，且趋向无穷，这时"无穷"也称为过程的吸引子。与坐标原点的距离超过 1 的所有点都产生趋向无穷的序列。

3）距坐标原点为 1 的点，序列总是产生在上面两个吸引区域之间的边界上，此时边界恰为复平面上的单位圆周。

对于上述迭代，当 $c \neq 0$ 时，吸引子不再是零，吸引区域的边界不再是光滑的，而是具有自似形的分形结构，这种边界称为 Julia 集。

在复平面上，使 $z \to z^2 + c$ 的迭代过程成为有界的复参数 c 的集合叫作 Mandelbort 集。有一段时间，出现了在计算机上绘制各种 Julia 集及 Mandelbort 集的狂热，这可能是因为它给设置程序的人以创造性的灵感。下面给出两个例子，说明如何在计算机上得到 Julia 集和 Mandelbort 集。设复平面上的迭代过程是

$$z_{k+1} = z_k^2 + c$$

分离实部和虚部，记 $z_k = x_k + y_k i$，$c = p + qi$，有

$$\begin{cases} x_{k+1} = x_k^2 - y_k^2 + p \\ y_{k+1} = 2x_k y_k + q \end{cases}$$

设计算机显示屏幕的图形分辨率是 $a \times b$ 点，可显示颜色是 $k+1$ 种，以数字 $0 \sim k$ 表示，0 表示黑色。

第一个例子，取定 p 和 q 的值，考虑平面上每一点 (x, y)，目的是探讨吸引区域的结构及其边界即 Julia 集。

因为无穷远点是这个过程的吸引子，所以根据点 (x, y) 逃向无穷远点的不同速度决定吸引区域中点的着色。

输入选定的参数 p、q、a、b、K、M，设定 x 与 y 的范围，可依照下面算法绘制 Julia 集。

算法 6-7　Julia 集绘制算法

```
void    Julia( int a,int b,int K,int M,double p,double q) {
    double xmin = -1.5,ymin = -1.5,xmax = 1.5,ymax = 1.5;
    int nx,ny,k;
    double tx,ty,x0,y0,xk,yk,r;
    tx = ( xmax-xmin) /( a-1) ;ty = ( ymax-ymin) /( b-1) ;//计算步长
    for( nx = 0 ;nx < = a-1 ;nx++)
        for( ny = 0 ;ny < = b-1 ;ny++) {
        x0 = xmin+nx * tx ;
        y0 = ymin+ny * ty ;
        k = 0 ;
        xk = x0 * x0-y0 * y0+p ;//计算复数 z
        yk = 2 * x0 * y0+q ;
        k++;
        r = x0 * x0+y0 * y0 ;//计算长度
        x0 = xk ;y0 = yk ;
        while( r < = M&&k<K) {
            xk = x0 * x0-y0 * y0+p ;
            yk = 2 * x0 * y0+q ;k++;
            r = x0 * x0+y0 * y0 ;
            x0 = xk ;y0 = yk ;
        }
        if( r>M) SetPixel( nx,ny,RGB( k,k,k) ) ;
        if( k = = K) SetPixel( nx,ny,RGB( 0,0,0) ) ;
    }
}
```

Julia 集 $a = 600$, $b = 400$, $M = 100$, $K = 100$, $p = -0.605$, $q = -0.43$, $-1.5 \leq x \leq 1.5$, $-1.5 \leq y \leq 1.5$, 如图 6-19 所示。

第二个例子，选择一个固定点 (x, y)，在不同的 p 和 q 值之下追踪其迭代点列，在 (p, q) 平面上记录结果，从而产生 Mandelbrot 集。设要考察的 (p, q) 平面范围是 $-2.25 < p < 0.75$, $-1.5 \leq q \leq$

图 6-19　Julia 集 $a = 600$, $b = 400$, $M = 100$, $K = 100$, $p = -0.605$, $q = -0.43$, $-1.5 \leq x \leq 1.5$, $-1.5 \leq y \leq 1.5$

1.5。输入选定的参数 a、b、K、M、x、y，依照下面算法绘制 Mandelbrot 集：

算法 6-8　Mandelbrot 集绘制算法

```
void    Mandelbrot( int a,int b,int K1,int M1) {
    double pmin = -2.25,qmin = -1.5,pmax = 0.75,qmax = 1.5;
    int M = M1,np,nq,k,K ;K = K1 ;
    double tp,tq,p0,q0,p,q,xk,yk,r,x0,y0 ;
```

```
tp = ( pmax-pmin )/( a-1 ); tq = ( qmax-qmin )/( b-1 );
for( np = 0; np < = a-1; np++)
    for( nq = 0; nq < = b-1; nq++){
        p0 = pmin+np * tp;
        q0 = qmin+nq * tq;
        k = 0; x0 = y0 = 0. 0;
        xk = x0 * x0-y0 * y0+p0;
        yk = 2 * x0 * y0+q0; k++;
        r = x0 * x0+y0 * y0;
        x0 = xk; y0 = yk;
        while( r< = M&&k<K ){
            xk = x0 * x0-y0 * y0+p0;
            yk = 2 * x0 * y0+q0; k++;
            r = x0 * x0+y0 * y0;
            x0 = xk; y0 = yk;
        }
        if( r>M ) SetPixel( np, nq, RGB( k,0,0) );
        if( k = = K ) SetPixel( np, nq, RGB( 255,255,255) );
    }
}
```

Mandelbrot 集 $a = 400$, $b = 400$, $M = 100$, $K = 100$, $x = 0$, $y = 0$, 如图 6-20 所示。

以上是对分形理论的简单介绍。分形是 20 世纪 80 年代科学家议论得最为热烈、最为兴奋的"热门"之一，受到了多方面的重视。在世界正经历深刻巨大变化的今天，分形理论将为满足人们开拓视野、启迪思维、更新观念、激发智慧的愿望做出应有的贡献。但分形理论毕竟还很年轻，我们应当密切关注它的发展。

图 6-20　Mandelbrot 集 $a = 400$, $b = 400, M = 100, K = 100, x = 0, y = 0$

第四节　粒　子　系　统

在自然环境里，存在着如云、焰火、水滴、烟、瀑布、火等对象，它们具有流动、飞溅、膨胀、翻腾、爆炸等特性，这类对象采用传统方式难以描述。1983 年 Reeves 提出粒子系统（Particle System）这一重要理论，依据该理论可利用简单有效的算法来实现具有不规则形状且变化复杂的自然场景。

粒子系统具有很大的随机性，其是由大量的粒子元素构成的粒子集合。粒子系统中的粒子形状因应用而不同，可以是小球、立方体、椭球等形状。这些粒子定义在某个空间，随时间的变化而改变。影响粒子变化的包括其运动路径、颜色和形状。粒子有自身的生命周期，它会随时间而消亡。粒子的大小和形状随时间而变，其透明度、颜色和移动随机变化。通常，粒子的运动路径可以用符合物理学的运动方式来描述。

粒子系统与传统物理方法建模相比具有较多的特点。例如粒子选择的灵活性，形状、数量的多样性；粒子动态灵活性，建模是一个动态过程，粒子属性的变化使得系统的形态发生改变；粒子随机灵活性，粒子系统的运行通过其中的粒子属性的随机改变而呈现。为模拟较真实的场景通常需要大量的粒子，要达到实时显示，系统需要大量开销，因此必须考虑真实性与实时性的平衡。

粒子系统的粒子一般都有这样一组属性，如位置、速度、颜色、大小、生命周期等。每一个粒子在系统中都要经历完整的生命周期：从产生、运动直至死亡。粒子通常在指定的区域由随机过程产生，并不断更新属性，最后死亡。由于粒子的不断运动，使得模拟的场景具有一定的动态性，因此可以采用粒子系统模拟战场爆炸和烟雾的效果。

采用粒子系统模拟自然场景时的步骤可描述如下：

1）粒子系统初始化。依据模拟绘制的场景确定所需粒子的数量、位置，并对每个粒子进行初始化属性赋值，将粒子加入粒子系统中。

2）粒子属性更新。依据设定的运动规律及时更新粒子的运动位置、速度、生命周期、颜色、透明度等属性。

3）将"死亡"粒子从系统中删除。随着粒子属性的不断更新，一些粒子已经达到了自己的生命周期，或者颜色与背景重合，为了提高整个系统的性能，需要将"死亡"粒子从系统中除去。

4）绘制图像。对于系统中尚存在的那些粒子，选择一定的绘制算法将其绘制成图像并通过屏幕显示出来。

可把上述过程描述为如下步骤：

1. 产生新的粒子。

2. 赋予每一新粒子一定的属性。

3. 删去那些已经超过生存周期的粒子。

4. 根据粒子的动态属性对粒子进行移动和变换。

5. 显示由有生命的粒子组成的图像。

习 题

1. 两条用带树表示的曲线求交时要判断两个矩形带段相互位置可能的三种情形，试为实现这一判断写出算法。

2. 设在图 6-21 中加标记的像素表示了一个平面图形，试画出它的四叉树表示，写出它的线性四叉树表示及一对四式四叉树表示。

3. 对如何将平面图形的像素阵列转换为四叉树，以及如何将四叉树转换为像素阵列，分别提出可行方案，并考虑方案如何用程序具体实现。

4. 只用 0、1、-1 这三个数表示出正四面体、正六面体和正八面体的顶点坐标，为这几种正多面体建立顶点表、边表和面表。

5. 注意到正十二面体 V_{12} 与正二十面体 V_{20} 是对偶的，即 V_{12} 的每个顶点，恰是 V_{20} 的每个正三角形的形心。试利用这一关系，引入 $\varphi = (1+\sqrt{5})/2$ 后，考虑怎样用 0、1、-1、ϕ、$-\phi$、$\phi-1$ 和 $1-\phi$ 这七个数，来表示 V_{12} 的所有 20 个顶点坐标，然后以此为 V_{12} 建立顶点表、边表和面表。

6. 设已经形成了某多面体的顶点表、边表和面表，怎样写程序检查三张表中数据的整体一致性？试写出程序检查是否每个顶点至少是两条边的端点，检查是否每条边是两个多边形面的公共边，检查每个多边形面是否封闭。

7. 编写计算机程序，使能够接受键盘输入并为实体建立顶点表、边表和面表，然后接受对其平移、旋转或比例变换的请求，完成指定的变换，再分别用平行投影或透视投影的方式显示出来。为了明确看出变换的效果，应将顶点、边及面表都加上不同的标记，或采用不同的颜色。

8. 考虑对用八叉树表示的三维形体，通过对树尽可能简便的调整，实现下面几种变换：放缩 2^m 倍，关于原点或某坐标轴对称，旋转 $90°$ 的整数倍，平移。请简要叙述做法及理由。

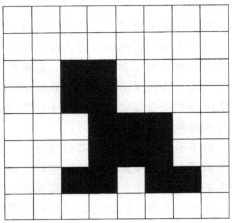

图 6-21　一个像素表示的图形

9. 试为采用线性八叉树表示的形体写出求并和求交算法。

10. 试为显示用线性八叉树表示形体时对树中线性序列重新排序并写出算法。

11. 计算下列分形的 Hansdorff 维数：

1）康托尔三分集。

2）仿照康托尔三分集的构造过程，但依次四等分，舍去中间两段，保留两侧各一段。

3）仿照 2），但每次 n 等分，舍去中间 $n-2$ 段，保留两侧各一段。考察 n 从 3 递增时维数 D_f 的变化，令 n 趋向无穷大，问 D_f 趋向于多少。

4）Sierpinski 垫，它由一个初始的等边三角形反复去掉中间相反方向小三角形得到，如图 6-22 所示。

图 6-22　Sierpinski 垫

5）Sierpinski 地毯。取一正方形，将它等分为 9 个小正方形并舍去中间一个，保留的 8 个小正方形在同样处理，如图 6-23 所示。

图 6-23　Sierpinski 地毯

12. 写出利用源形生成法绘制 Sierpinski 地毯图形的算法。

13. 设给出变换

$$S_1\binom{x}{y} = \begin{pmatrix} -0.7 & 0.4 \\ 0.4 & 0.7 \end{pmatrix}\binom{x}{y}, \quad S_2\binom{x}{y}\begin{pmatrix} -0.667 & 0 \\ 0 & 0.5 \end{pmatrix}\binom{x}{y} + \binom{0}{0.7}$$

对初始点（0，0），进行两次变换，对所得结果继续变换，在坐标纸上画出得到各点，观察各点如何逐渐形成树枝形状。编写程序实现上述过程，画出一幅很像松树的图像。

14. 对 $c=p+qi$ 的如下一些取值，实现所介绍绘制 Julia 集的过程。

$c=0.1+0.1i$

$c=0.5+0.5i$

$c=-1+0.05i$

$c=-0.2+0.75i$

$c=0.25+0.52i$

$c=0.5+0.55i$

$c=0.66i$

$c=-i$

第七章 消 隐 算 法

给出一个三维形体，要画出确定的立体感强的投影视图，必须决定形体上哪些线或哪些面是不可见的，不可见的部分不显示，这就是消除隐藏线与隐藏面的问题。哪些部分是隐藏的，显然与观察位置有关系，相对于观察位置，前面的就可见，背面或被其他面遮挡的部分就不可见。用计算机显示三维场景的时候，需要将这种遮挡关系反映出来，它是使观察者产生真实感的重要方法之一。要反映物体之间的遮挡关系就要确定对一个视点来说，哪些物体的哪些表面是可见的，即可见面的确定。确定可见面等价于消除场景中物体的不可见面，即消除隐藏面，有时也简称面消隐。当显示采用表面模型表示物体时，需要进行面消隐；而显示采用线框模型表示物体时，要消除不可见的线，即隐藏线的消除，简称线消隐。确定可见性的基本思想非常简单，但用计算机程序实现时，一般涉及相当复杂的计算。有许多消除隐藏线和隐藏面的算法，但却很难说哪个算法更好。各种不同的算法，是由于不同的需要而产生的。

在本章的讨论中，为了简便，总是把任意的三维形体看作是若干个多边形表面形成的集合，把投影过程认为是沿着 z 轴正向的正交投影。

可以把消除隐藏面的算法大体上分为两个大类，即图像空间算法和客体空间算法。图像空间算法把注意力集中在最终形成的图形上。这种算法对显示设备上每一个可分辨像素进行判断，看组成物体的多个多边形表面中哪一个在该像素上可见，即要对每一像素检查所有的表面。客体空间算法把注意力集中在分析要显示形体各部分之间的关系上，这种算法对每一个组成形体的表面，都要与其他各表面进行比较，以便消去不可见的面或面的不可见部分。这种算法的每步比较，都可能涉及较多的计算。

本章第一节说明消除隐藏线的线面比较法，后面几节讨论几个比较重要的消除隐藏面的算法。

第一节 线面比较法消除隐藏线

在消除隐藏线和隐藏面的问题中，解决多面体的面可见性问题是很重要的。

一、凸多面体的可见性

对于凸多面体，这个问题很简单。可见面就是朝向观察位置的面。设观察方向由指向观察位置的一个方向向量 k 给出，所考察的面的外法向量是 n，则这两个向量的夹角 α 满足 $0 \leqslant \alpha < \pi/2$ 时，所考察面是可见的，否则就是不可见的，如图 7-1 所示。

这里并不实际求出夹角 α 的数值。把 n 和 k 记作 $n = (n_x,\ n_y,\ n_z)$，$k = (k_x,\ k,\ k_z)$ 则有

$$\cos\alpha = \frac{nk}{|n||k|} = \frac{n_x k_x + n_y k_y + n_z k_z}{\sqrt{n_x^2 + n_y^2 + n_z^2}\sqrt{k_x^2 + k_y^2 + k_z^2}} \tag{7-1}$$

因为分母为正，故只需看分子 $n_x k_x + n_y k_y + n_z k_z$ 的符号，若为正，则 $0 \leqslant \alpha < \pi/2$，面为可见；若为负，则 $\pi/2 < \alpha \leqslant \pi$，面为不可见；若为零，则 $\alpha = \pi/2$，此面退化为线。

例如，设空间有一个四面体，顶点 A、B、C、D 的坐标依次是 （0，0，0）、 （2，0，1）、（4，0，0）、（3，2，1）。从 z 轴正向无穷远处观察，求各面的可见性。

如图 7-2 所示，观察方向向量是 $k=(0,0,1)$，三角面 DAB 的法向量是

$$n = \overrightarrow{DA} \times \overrightarrow{AB} = (-3,-2,-1) \times (2,0,1) = (-2,1,4)$$

因此，$nk=4>0$，面 DAB 为可见面。

类似计算可知面 DBC 是可见面，面 ADC 是不可见面，面 ACB 退化为线。

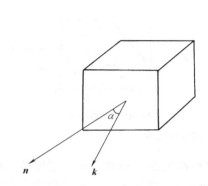

图 7-1 夹角法可见性测试

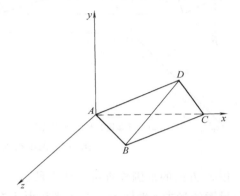

图 7-2 凸多面体可见性测试的例子

二、非凸多面和多个形体的可见性

利用外法线就可以判断空间凸多面体上各表面的可见性，由此就能解决对单个凸多面体的消除隐藏线和隐藏面问题。因为对一个凸多面体，若某个面可见，则该面上所有线均可见；若某个面不可见，则该面轮廓线以外的线都不可见。于是判断出可见面，只显示有可见面及与之有关的线段，就画出了消隐后的图形。这个方法只适用于单个凸多面体。对于非凸多面体或多个形体，这个方法通常作为预处理步骤，即先使用这个方法排除往后不必考虑的不可见面。只考虑选出的可能可见面中哪些是可见或部分可见的。

消除隐藏线的线面比较法最先一步就是利用外法线判断出所有可能的可见面，可能可见面上的线段是可能可见线。要依次用每一条可能可见线，与每一个可能可见面比较，从而确定出可见线、隐藏线及可见线上的隐藏部分。

以下考虑一条可能可见线和一个可能可见面的比较情况。显然，如果不发生遮挡，就必定不是隐藏线。可以通过简单的范围检查发现这类情况，以避免往后不必要的 z 方向的深度比较。如图 7-3a 所示，多边形表面 $ABCD$ 在 $z_v = 0$ 平面上的正投影是 $A'B'C'D'$，包含 $A'B'C'D'$ 且四边分别平行于 x_v 和 y_v 轴的最小矩形 $PQRS$ 就是 $A'B'C'D'$ 的范围，找出 $PQRS$ 的方法被称为包围盒方法。显然空间任一线段，只有其投影与多边形表面的投影范围发生交叠时，才可能与多边形表面有遮挡关系，如图 7-3b 所示投影为 l_1 的线段与多边形表面没有遮挡关系，投影为 l_2、l_3 和 l_4 的线段都属于用这种范围检查不能得出的情况。

范围检查也称为最大最小检验，因为它很容易通过比较有关的最大或最小值来实现。例如，按 x 方向对投影范围的检查，可分别计算出投影线段和多边形表面投影范围 x 坐标的最大值和最小值，设分别是 $x_{\max 1}$、$x_{\min 1}$、$x_{\max 2}$、$x_{\min 2}$，于是若 $x_{\max 1} \leqslant x_{\min 2}$ 或者 $x_{\max 2} \leqslant x_{\min 1}$，线段和多边形表面就没有遮挡关系。图 7-4 显示出的是 $x_{\max 1} \leqslant x_{\min 2}$ 的情形。显然按 x_v 方向

或按 y_v 方向都可以类似地做范围检查，这时可避免消除隐藏面时很多不必要的深度比较。

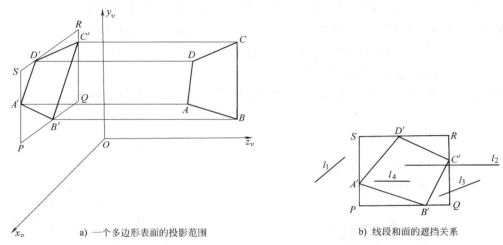

a) 一个多边形表面的投影范围　　　　　　b) 线段和面的遮挡关系

图 7-3　范围检查可避免不必要的深度比较

按 z_v 方向的范围检查可以认为是沿 z_v 方向观察时粗略的深度检验。在此范围检查中若线段投影的最大 z 坐标 z_{max1} 小于多边形表面投影范围最小的 z 坐标 z_{min2}，则线段完全在表面前面，根本不发生遮挡现象，可以不必再往下做精确的深度检验。

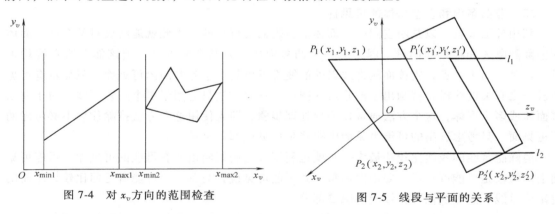

图 7-4　对 x_v 方向的范围检查　　　　　　图 7-5　线段与平面的关系

下面看需要做精确深度检验的具体情形。设空间的一条线段 P_1P_2 和一个平面多边形表面如图 7-5 所示，过线段两端 P_1、P_2 各做一条与 z_v 轴平行的直线 l_1 和 l_2，这两条直线与平面相交于点 P_1' 和 P_2'。这两点就是直线两端点在平面上的投影点。显然两组对应点 P_1 和 P_1'，P_2 和 P_2' 的 x_v 坐标和 y_v 坐标相同，比较 z_v 坐标可以知道，如果 $z_1 \leqslant z_1'$ 并且 $z_2 \leqslant z_2'$，则线段不会被遮挡；如果 $z_1 \geqslant z_1'$ 并且 $z_2 \geqslant z_2'$，则线段有可能被遮挡，还需要做进一步检查。如果不是上述两种情况，必发生线段与表面相交，可以用求直线与平面交点的方法求出交点，显然这时被交点分开而得到的两条线段，恰好分别属于前面说明的两种情形。

设多边形表面所在平面方程是 $Ax+By+Cz+D=0$，因为直线 l_1 和 l_2 平行于 z_v 轴，所以这里所需要判断的 z_1 与 z_1'，z_2 与 z_2' 的关系可以更简单地求得。以判断 z_1 与 z_1' 的关系为例，因为直线 l_1 的参数方程可写成 $x=x_1$，$y=y_1$，$z=z_1+t$，代入平面方程得

$$Ax_1 + By_1 + C(z_1 + t) + D = 0 \qquad (7\text{-}2)$$

解出 t 就是对应于点 P'_1 的 t 值

$$t = -\frac{Ax_1 + By_1 + Cz_1 + D}{C} \qquad (7\text{-}3)$$

显然，若 $t \geqslant 0$ 则 $z_1 \leqslant z'_1$；若 $t < 0$ 则 $z_1 > z'_1$。

现在看需要做进一步检查的情形。这时要对平面遮挡了线段的哪些部分做精确的计算。图 7-6 是平面遮挡了线段某些部分的情形。图中可见需要计算线段的投影与多边形表面边框的投影的交点，因为是那些交点把线段的可见部分与不可见部分分开。

利用第五章第一节中介绍的计算线段交点的方法可以依次计算出它的投影与多边形表面各边框投影的交点。设这些交点在所给线段的投影上对应的参数从小到大依次是 λ_1，λ_2，…，则这些交点将投影线段分成各线段，可见性应该是可见与不可见交替出现。图 7-6 所就是这种情况的一个例子。

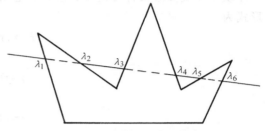

图 7-6　平面遮挡了线段的某些部分

需要检查某一段子线段是否可见。为此可以取子线段上任意一点，若这点在多边形表面各边线的投影所形成的封闭多边形内，这子线段就不可见，否则就可见。

这就遇到了第五章已经介绍过的点与平面图形的包含性检验问题。

至此可以把这里讨论的空间一条线段可能被一个多边形表面遮挡而产生的消除隐藏线问题解决算法的大体步骤说明如下：

首先做 x_v 方向和 y_v 方向的范围检查；若不能判断，则接着做 z_v 方向的范围检查，即粗略的深度比较；若还不能判断就再进行精确的深度比较。比较时应计算线段两端点在可能遮挡它的平面上的投影点，比较相应的 z 坐标。这时，可能出现线段与平面相交，则需要计算交点，这些交点把线段分成两部分。判断得知线段确实被平面遮挡了哪些部分后，做精确计算。计算是求出线段的投影与遮挡平面上多边形表面边框投影的所有交点，这些交点把线段的投影分成可见和不可见的一些子线段。对子线段的可见性，先取上面一点做点的包含性检验来进行判断。

考虑一条线段被多个多边形表面遮挡，而需要消除隐藏线时，可依次判断被每个多边形表面遮挡产生的隐藏部分。只有被每一个多边形都不能遮挡的公共部分才需要显示。线消隐中，最基本的处理和运算是判断面和线的遮挡关系，三维形体都可以分解为面，再判断面和线的遮挡关系。具体线面遮挡判断算法如下：

1）视点和线段在给定平面的同侧，线段不被给定平面遮挡。

2）线段的投影和平面的投影的包围盒不相交，线段不被平面遮挡。

3）计算直线与平面是否相交。若无相交转 4）；否则交点在线段内部或外部。若交点在线段的内部，交点将线段分成两段，与视点同侧的一段不被遮挡，另一段在视点异侧，转 4）；若交点在线段外部，转 4）步。

4）求所剩线段的投影和平面边界的投影的所有交点，根据交点在原直线参数方程中的参数值求出 z 值。若无交点，转 7）步。

5）所求的各交点将线段的投影分成若干段，求出第一段中点。

6）若第一段中点在平面的投影内，则相应的段被遮挡，否则不被遮挡，其他段依次交替取值进行判断。

7）算法结束。

第二节　浮动水平线算法

浮动水平线算法又称峰值线算法，它适用于绘制双变量函数表示的空间曲面。这类函数的形式为

$$F(x,y,z)=0 \qquad\qquad (7\text{-}4)$$

或

$$y=f(x,z) \qquad\qquad (7\text{-}5)$$

或

$$x=g(y,z) \qquad\qquad (7\text{-}6)$$

例如，函数 $y^2=x^2+z^2$ 表示顶点在原点的圆锥面；又如函数 $y^2=x^2+z^2$ 表示顶点在原点的旋转抛物面。但对于函数 $y=-8\mathrm{e}^{-x^2-z^2}(x+y)$，直观上就难于描述曲面的形状。由于曲面方程的这种特定的表示形式，它的消隐绘图常采用浮动水平线算法，并且在图像空间中实现。算法的基本思想是，用一系列与坐标平面平行的平面（x，y 或 z 为定值）去切割曲面，得到一系列平面曲线，用这些平面曲线表示曲面，把三维问题转化为二维问题。

考虑

$$\begin{cases} y=f(x,z) \\ z=z_1,z_2,\cdots \end{cases} \qquad\qquad (7\text{-}7)$$

$z=z_i(i=1,2,\cdots)$ 是一个平行于 xOy 平面的平面，它与曲面 $y=f(x,z)$ 的交线 $y=f(x,z_i)$ 是一条平面曲线（见图7-7）。假设它是关于单自变量 x 的单值函数，把这些曲线一一投影到 $z=0$ 平面上，立即可得到一个消隐算法。首先将 $z=z_i$ 的平行平面按其离观察点距离的递增顺序排序，然后从离观察点最近的平面开始，求出这一平行平面族交于曲面的剖面曲线，即对于图像空间中的每一 x 值，求出其对应的 y 值。在相邻两个 x 值之间，用直线段表示曲线。最后由近及远，逐条画出已消去不可见部分的曲线。算法的实现相当简单，只要设置两个长度等于图像空间在 x 方向分辨率的一组数组即可。一个为上水平线数组，用于存储每一 x 值处平面曲线所取到的最大 y 值；一个为下水平线数组，用于存储每一 x 值处平面曲线所取到的最小 y 值。

显然，两个数组中的值记录了当前的水平线位置，每画出一条新的曲线，就要相应修改这两个数组。这两条浮动水平线在 $z=0$ 平面上形成了三个带（见图7-8）。设在任意时刻所画最后一点为 x_n，当前要画的点是 x_{n+k}，根据 x_n 和 x_{n+k} 在三个带中的位置，算法可表述为：

对于当前平面曲线上的任一给定 x 值，若其对应的 y 值均大于先前曲线上同一 x 对应的最大 y 值或小于对应的最少 y 值，则曲线可见；否则不可见。

若从上一 x 值（x_n）至当前 x 值（x_{n+k}）之间的曲线段变成可见或不可见，则求交点（x_i）。

若从 x_n 至 x_{n+k} 之间的曲线段全部可见，则画出整个曲线段；若该曲线段由可见变成不

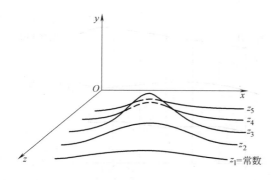

图 7-7　坐标值为常数的剖切平面上的曲线

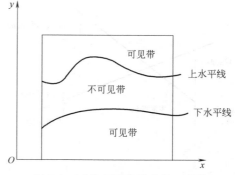

图 7-8　两条水平线形成的三个带

可见，则画出从 x_n 至 x_i 之间的曲线段；若该曲线段由不可见变成可见，则画出从 x_i 至 x_{n+k} 之间的曲线段。

最后，修改上、下水平线数组。

下面，来探讨位于 x_n，y_n 和 x_{n+k}，y_{n+k}（见图 7-9）的当前曲线段与先前曲线段的交点求解问题。联立以下两式，可求出交点（x，y）：

当前曲线为

$$\frac{x-x_n}{x_{n+k}-x_n}=\frac{y-y_n}{y_{n+k}-y_n} \tag{7-8}$$

先前曲线为

$$\frac{x-x_n}{x_{n+k}-x_n}=\frac{y-y_{n,p}}{y_{n+k,p}-y_{n,p}} \tag{7-9}$$

解得

$$x=\frac{y_n x_{n+k}-y_n+kx_n-y_{n,p}x_{n+k}+y_{n+k,p}x_n}{y_{n+k,p}-y_{n,p}-y_{n+k}+y_n} \tag{7-10}$$

$$y=\frac{y_n-y_{n+k,p}-y_{n+k}y_{n,p}}{y_{n+k,p}-y_{n,p}-y_{n+k}+y_n} \tag{7-11}$$

这里 p 表示先前曲线。

值得注意的是，如果对于某些 x 值，相对应的 y 值不存在，那么上、下水平线数组的值将无法确定。这时，需对已知点做线性插值，以便求得上、下水平线数组中相应元素的值，如图 7-10 所示。

设

$$y=ax+b \tag{7-12}$$

在点（x_n，y_n）处有 $y_n=ax_n+b$，在点（x_{n+k}，y_{n+k}）处有 $y_{n+k}=ax_{n+k}+b$，解得

$$a=\frac{y_{n+k}-y_n}{x_{n+k}-x_n},b=\frac{y_n x_{n+k}-y_{n+k}x_n}{x_{n+k}-x_n} \tag{7-13}$$

把式（7-13）代入直线方程（7-12），这样，可以用循环变量 I 从 x_n+1 到 x_{n+k}，步长为 1 求得插值点的 y 坐标。

算法允许观察者在任何角度下对曲面进行观察，并且可以有透视投影和平行投影两种选

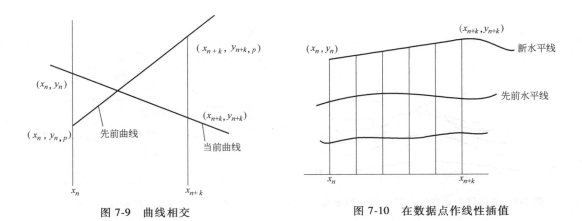

图 7-9　曲线相交　　　　　　　　　　图 7-10　在数据点作线性插值

择。为了保证图形总是自左至右出现在屏幕上，若 $0°<\theta<180°$，z 按递减顺序变化，同一平面内，x 按递增顺序变化；若 $180°<\theta<360°$，z 按递增顺序变化，同一平面内，x 按递减顺序变化。

　　图 7-11 给出了浮动水平线算法的流程图。

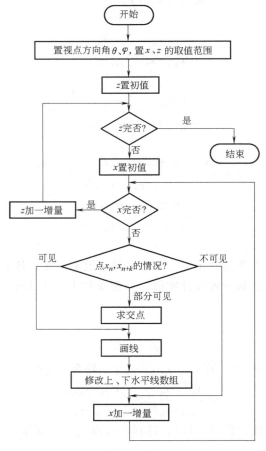

图 7-11　浮动水平线算法流程图

第三节　深度排序算法

深度排序算法也叫优先级算法，是 M. E. Newell 和 T. L. Sancha 提出的一个比较简洁的消除隐藏面的算法。这个算法的主要步骤是：

1）把所有的多边形按顶点最大 z 坐标值进行排序。

2）解决当多边形 z 范围发生交叠时出现的不明确问题。

3）按最大 z 坐标值逐渐减小的次序，对每个多边形进行扫描转换。

这个算法的基本思想是按多边形离开观察位置的距离进行排序，然后按照距离减少的次序，把每个多边形内部点应有的像素值送入帧缓冲存储器中。由于距离较近的多边形较后被扫描转换，所以就能覆盖或遮挡已经送入更新缓冲器中的多边形，这个算法考察多边形的深度次序是在客体空间中进行，而图形显示时覆盖步骤是在图像空间中实现，所以可以说是一个客体空间和图像空间的混合算法。

图 7-12 是算法的第二步，即要解决不明确问题的一些情形。需要为处理所有这类情形找到一个切实可行的检验方法。

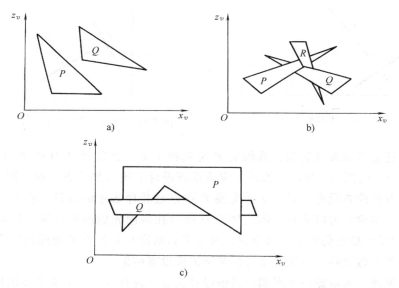

图 7-12　多边形 z 坐标范围交叠的一些情形

所有多边形按顶点最大 z 坐标值排序后得到一个排序表，设 P 是排在表中最后的那个多边形。在把 P 扫描转换送入更新缓冲存储器中之前，必须对 z 坐标范围与其发生交叠的每个多边形进行检查。设 Q 是排在 P 前面并且 z 坐标范围与其发生交叠的一个多边形，考虑应该如何对 Q 与 P 的次序关系进行检查。

检查可以按下面列出的五个步骤进行，每个步骤判断一种情况。各步骤实现检查的复杂程度逐渐增加，只要某一个步骤成功，就可以立即结束检查。

1）多边形的 x 坐标范围不相交叠，所以多边形不相交叠。

2）多边形的 y 坐标范围不相交叠，所以多边形不相交叠。

这两步检查的实现方法，可以用前节说明过的范围检查方法进行，只需注意这时是对两个多边形表面的投影范围进行检查。若这两步检查有一个为真，则两个多边形事实上互不遮挡，它们排在表中的先后次序是无紧要的。

3）P 整个在 Q 远离观察点的一侧。设观察者位置是在负 z 轴方向上的无穷远处，因此这个检查，对图 7-13 为真，对图 7-12a 是假。

4）Q 整个在 P 的靠近观察点的一侧。这个检查，以图 7-14 为真，但对图 7-12a 仍然是假。

这两步检查的实现方法，可以检查一个多边形是否整个地在另一个多边形所在平面的一侧。根据空间解析几何知识，知道完成这项工作，可以将一个多边形各顶点的坐标，代入到另一个多边形所在平面的方程，然后通过考察得到的符号来确定。若这两步检查有一步为真，则多边形 P 排在 Q 后面是正合适的。

5）多边形在 $z=0$ 平面上的投影本身不相交叠。实现这个检查，可以对一个多边形的每条边，检查与另一个多边形的每条边是否相交。若这步检查为真，两个多边形也是互不遮挡。

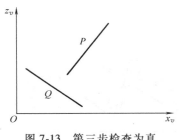

图 7-13　第三步检查为真

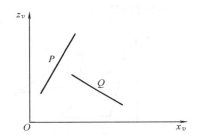

图 7-14　第三步检查为假，第四步检查为真

如果所有这五步检查都为假，就假定 P 是遮挡了 Q，交换 P 和 Q 在排序表中的位置。事实上，P 不一定遮挡 Q，所以交换后，应该重新进行上述五步检查。对于图 7-12a 所示的情形，第一次五步检查没有结果。于是交换 P 和 Q 在排序表中的位置。在进行第二次五步检查时，到第三步检查可以为真，因此知道 Q 应排在后面先做扫描转换。但对于图 7-12b、c，再次进行的五步检查仍然是全部为假，因为实际情况是并没有平面能将图中那些多边形完全隔开。如果仍做交换，算法会永远循环下去而没有结果。

为了避免循环，可以做一个限制。当做过首次五步检查后，发生某个多边形被移到排序表的末尾时，就立即加上一个标记，以后就不能再做移动。出现再次移动时，用一个多边形所在的平面，把另一个多边形剪裁分为两个。在对某个多边形一分为二完成后，把原来的多边形舍弃，把得到的两个新多边形按深度次序插入到原来的排序表中，然后就可以再开始五步检查，算法和以前一样进行下去。

使用这个算法时，客体后面的多边形首先显示，然后可能被覆盖。这可以帮助观察者理解深度关系，但却包含有对多边形的某些实际上并不需要的扫描转换。

这个算法可以应用于对隐藏边的消除。这时可以将更新缓冲器全部用某个像素值 v_0 加以初始化，然后每次对一个多边形做扫描转换时，都将其边界置为不同于 v_0 的某个像素值 v_1，将其内部置为原来的像素值 v_0。这样，先被扫描转换的某个多边形，如果与后扫描转换的某个新的多边形发生交叠，原多边形的边被遮挡部分将被新多边形填充的内部值 v_0 所湮没，从而实现了隐藏线的消除。其他一些用于隐藏面消除的算法，基本上也可以采用类似的思想，修改成可以应用于隐藏线消除的算法。

第四节　z-缓冲算法

z-缓冲算法也称为深度缓冲算法，是一种最简单的图像空间算法。对每一个点，这个算法不仅需要有一个更新缓冲存储各点的像素值，而且还需要有一个 z-缓冲存储器存储相应的 z 值。帧缓冲存储器初始化为背景值，z-缓冲存储器初始化为可以表示的最大 z 值。对每一个多边形，不必进行深度排序算法要求的初始排序，立即就可以逐个进行扫描转换。在扫描转换时，对每个多边形内部的任意点 (x, y)，实施如下步骤：

1）计算在点 (x, y) 处多边形的深度值 $z(x, y)$。

2）如果计算所得的 $z(x, y)$ 值，小于在 z-缓冲存储器中点 (x, y) 处记录的深度值，那么就进行如下操作：

① 把值 $z(x, y)$ 送入 z-缓冲存储器的点处。

② 把多边形在深度 $z(x, y)$ 处应有的像素值，送入更新缓冲存储器的点 (x, y) 处。

当这里的第二步的条件为真时，说明正在考察的多边形的点，比当前在 z-缓冲存储器记录深度的那一点要更靠近观察者，因此要把新的深度值记入 z-缓冲存储器，把应有的像素值记入更新缓冲存储器。这个算法相当简单，但需要很大的存储空间供 z-缓冲存储器使用。客体在屏幕上显示时，将按照多边形被处理的顺序出现，不必一定是从后到前或从前到后，如图 7-15 所示。

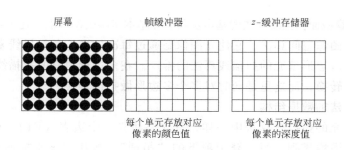

图 7-15　z-缓冲算法示意图

算法中需要的深度计算，可利用考虑的多边形表面都是平面这一情况，先通过多边形的顶点坐标求出所在平面的方程，然后再使用平面方程，对每个点 (x, y)，解出相应的 z。

对面方程 $Ax+By+Cz+D=0$，解出 z 是

$$z = \frac{-D-Ax-By}{C} \tag{7-14}$$

设在点 (x, y) 处的深度值是 z_1，即

$$\frac{-D-Ax-By}{C} = z_1 \tag{7-15}$$

则在点 $(x+\Delta x, y)$ 处的深度值就是

$$\frac{-D-A(x+\Delta x)-By}{C}=\frac{-D-Ax-By}{C}-\frac{A}{C}\Delta x=z_1-\frac{A}{C}\Delta x \qquad (7-16)$$

这里商 $\frac{A}{C}$ 是常数，取 $\Delta x=1$，就知道在点 $(x+1,\ y)$ 处的深度值是 $z_1-\frac{A}{C}\Delta x$，这里只需要一个减法。用这样的方法，可以较快求出需要的深度值。

下面给出 z-缓冲算法的工作流程：

算法 7-1　z-缓冲算法

帧缓冲区置成背景色；

z-缓冲区置成最小 z 值；

for(各个多边形)｛

　　扫描转换该多边形；

　　for(计算多边形所覆盖的每个像素 (x,y))｛

　　　　计算多边形在该像素的深度值 $z(x,y)$；

　　　　if($z(x,y)$ 小于 z 缓冲区中的 (x,y) 处的值)｛

　　　　　　把 $z(x,y)$ 存入 z 缓冲区中的 (x,y) 处；

　　　　　　把多边形在 (x,y) 处的颜色值存入帧缓冲区的 (x,y) 处；

　　　　｝

　　｝

｝

第五节　扫描线算法

本节叙述消除隐藏面扫描线算法的基本步骤。在基本步骤的基础上，还可以有许多改进。

扫描线算法是图像空间算法，它建立图像是通过每次处理一条扫描线来完成的。这个算法是第二章讨论的多边形填充的扫描线算法的推广。在多边形填充的扫描线算法中，只是对一个多边形做扫描转换，而这里是同时对多个多边形做扫描转换。

一、扫描线算法的数据结构

像在多边形填充的扫描线算法中一样，首先要建立一个边表（ET）。ET 中各登记项按边的较小的 y 坐标递增排列；每一登记项下的"吊桶"，按所记 x 坐标递增排列。"吊桶"中各项的内容依次是：

1）与较小的 y 坐标对应的端点的 x 坐标 $x_{\min}$。

2）边的另一端点的较大的 y 坐标 $y_{\max}$。

3）x 的增量 Δx，它实际上是边的斜率的倒数，是从一条扫描线走到下一条扫描线时，按 x 方向递增的步长。

4）边所属多边形的标记。

例如，设有两个空间的三角形，各顶点的坐标依次是 $(1，1，10)$、$(2，5，10)$、$(5，3，10)$、$(3，4，5)$、$(4，6，5)$、$(6，2，5)$，它们在 $z_v=0$ 平面上的投影如图 7-16 所示，构造出来的表面 ET 如图 7-17 所示。注意像在多边形填

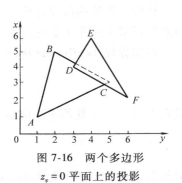

图 7-16　两个多边形
$z_v=0$ 平面上的投影

充的扫描线算法中一样，其中有两条边缩短了扫描线的一个单位。

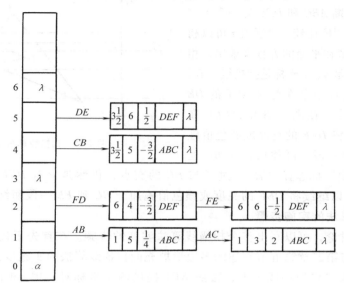

图 7-17　两个多边形建立的"吊桶"已排序的边表

还需要一个多边形表（Polygon Table，PT），其中要包含下列信息：

1）每个多边形所在平面方程的系数。在需要比较深度时，要通过对所在（x，y），根据平面方程解出深度 z。

2）每个多边形的亮度或颜色值。实际做扫描转换时应用。

3）一个"进入/退出"标志，初值为"假"。在扫描转换处理时，用以标记扫描线对该多边形是"进入"，还是"退出"。

像在多边形填充的扫描线算法中一样，操作通过一个活动边表（AET）进行。在图 7-16 中，有两个空间三角形在 $z_v = 0$ 平面上的投影。初始化的 ET 中依次登记有边 AB、AC、FD、FE、CB、DE。PT 中有两个登记项 ABC 和 DEF。

当扫描转换进行到扫描线 $y = \alpha$ 时，活动边表中依次存有边 AB 和 AC，要从左至右处理，如图 7-18 所示。于是在进入 AB 边处要将 PT 中相应的三角形 ABC 的"进入/退出"标志改为"真"，这表示现在扫描线进入了三角形 ABC。这时，扫描线只在一个多边形内，因此这个多边形一定是可见的。于是就应该对这条扫描线，在 AB 到 AC 之间，用相应多边形的亮度或颜色值，进行扫描转换。这个扫描转换完成后，接着扫描线自 AC 边"退出"，于是 ABC 的"进入/推出"标志改为"假"，表示再不需要做填充处理。这时对 $y = \alpha$ 扫描线根据 AET 的处理已经完成，应该让 AET 中的每个 x 增加 Δx，根据 ET 表情况，对 AET 进行修改，处理下一条扫描线。

当扫描转换进行到扫描线 $y = \beta$ 时，AET 中依次包含 AB、AC、FD 和 FE。处理过程跟前面一样。这时有两个多边形被处理，但每一时刻，只处理其中一个。

对于扫描线 $y = \gamma$，进入 ABC 使 ABC 的"进入/退出"标志置"真"，从而将 ABC 的亮度或颜色值施加于扫描线 $y = \gamma$ 上的 AB 到 DE 一段。接着，扫描线开始同时进入两个多边形 ABC 和 DEF，这时 DEF 的"进入/退出"标志也是"真"，实际工作中，累计一下有多少个多边形的"进入/退出"标志同时被置为"真"。现在就要判断 *ABC* 和 *DEF* 哪一个更靠近观察者，即要做深度比较。深度值 z 可以利用 PT 存储的多边形在平面的方程来求出，相应的点 y 的坐标就是 γ，x 坐标是扫描线与 *DE* 交点的对应值，它被记录在此时 AET 的 *DE* 边对应的登记项中。在图 7-18 中，*DEF* 在 *ABC* 前面，因此要将 *DEF* 的亮度或颜色值施加于 *DE* 到 *BC* 的一段。再往后，在 *BC* 处

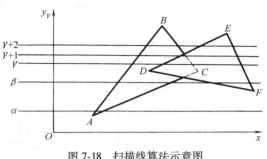

图 7-18　扫描线算法示意图

ABC 的"进入/退出"标志置"假"，过了与 *BC* 的交点，仍然是只有 *DEF* 的"进入/退出"标志为"真"，所以继续将 *DEF* 的亮度或颜色值施加于 *BC* 到 *FE* 一段而结束。

二、扫描线算法的实施步骤

通过以上的讨论，可以写出整个扫描线算法实施的步骤。在首先正确形成 ET 和 PT 之后，实施步骤就与第二章第五节叙述的多边形填充的扫描线算法的实施步骤基本相同，只是需要把那里的步骤"在扫描线 y 上，按照 AET 提供的 x 坐标对，用 color 实施填充"修改如下：

1）将实施扫描转换时遍查 *AET* 中各"吊桶"的指针 i 初始置为 1，扫描线正在多少个多边形内的累计数值 s 初始置为零，将活动多边形表，即扫描线正在通过的多边形按深度递增次序排列而形成的表，记为 P，初始置为空。

2）设第 i 个"吊桶"记录的相应多边形是 A。若 A 的"进入/退出"标记 F_A 为"假"，则改 F_A 为"真"，将 A 加到表 P 的前面，s 增加 1；否则，F_A 为"真"，则改 F_A 为"假"，将 P 中的 A 去掉，s 减少 1。

3）若 $s=0$，则转到步骤 5（这时扫描线不在任何多边形内，正通过背景，不必做扫描转换）。若 $s=1$，则转到步骤 4（这时扫描线只在一个多边形内，不必做深度比较，去做扫描转换）。若前面两个判断都为"假"，扫描线至少在两个多边形内，应做深度比较。对表 P 前面两个多边形做深度比较，比较后放回，应保证 P 表中的多边形按深度递增的次序。

4）对第 i 个和第 $i+1$ 个"吊桶"存有的 x 坐标指示的扫描线上的一段，按照 P 表最前面多边形指示的亮度或颜色，实施扫描转换。

5）i 增加 1，若 i 所指已无"吊桶"，填充步骤结束，转到多边形填充算法的下一步。否则，回到步骤 2。

如果对前面图 7-16 说明的例子实施这个算法，那么，AET 的变化如图 7-19 所示。在扫描线 $y=4$，实施前面各步骤，情形见表 7-1。

表 7-1　算法对两个多边形运行时 AET 的变化

i	s	P	PT		说　明
			F_{ABC}	F_{DEF}	
1	1	(*ABC*)	true		1.5 到 3 填 *ABC* 的亮度或颜色值
2	2	(*DEF*, *ABC*)		true	在步骤 3 发生深度比较，比较结果 *DEF* 更靠近观察者，它仍在 P 表前面，3 到 3.5 填 *DEF* 的亮度或颜色值
3	1	(*DEF*)	false		3.5 到 5 填 *DEF* 的亮度或颜色值
4	0	(　)		false	

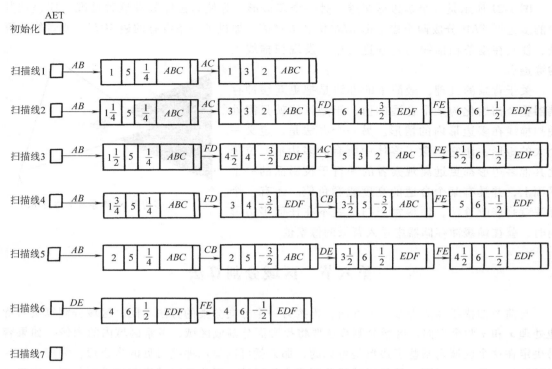

图 7-19 算法对两个多边形运行时活动边表 AET 的变化

如果按照步骤 3 的条件决定是否做深度比较，会有许多深度比较是不必要的。例如，假定有一个大的多边形 GHIJ 在两个三角形 ABC 和 DEF 的后面，如图 7-20 所示。在扫描线 $\gamma = \gamma$ 离开边 CB 时，按步骤 3 的条件判断，扫描线还同时在 DEF 和 GHIJ 中，应该做深度比较，但是在大多数可以假定没有多边形穿透另一个多边形的情况下，DEF 和 GHIJ 的深度关系并没有变化，深度比较是不必要的。这表明，如果扫描线从一个被遮挡的多边形中走出，深度比较将是不必要的。扫描线从一个遮挡了其他多边形的多边形中走出，深度比较才可能必要。想办法充分利用活动多边形表 P 保持的深度递增次序，避免更多不必要的深度比较，是可以对算法做出改进的一个途径。

事实上前面给出的算法基本步骤没有很好地利用深度的相关性。深度相关性是指多个多边形之间的深度关系，常常对于一组相邻的扫描线来说是不变化的。如果在某条扫描线上，AET 中保存的边及次序关系与在前面一条扫描线上时完全相同，那么深度关系就不会变化，深度比较也就并不必要了。例如，图 7-18 中的扫描线 γ

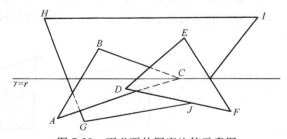

图 7-20 不必要的深度比较示意图

到 $\gamma+1$ 就是这种情形，在两条扫描线上 AET 中的边及次序关系都是 AB、CB、DE、FE。但从 $\gamma+1$ 到 $\gamma+2$，DE、CB 的次序要变化为 CB、DE，次序关系产生变化。利用深度的相关性可以对算法做出改进。

图 7-21 所示是一个多边形穿透了另一个多边形。为使算法能处理这种情况，应该把其中的多边形 *KLM* 分成两个多边形 *KLL'M'* 和 *L'MM'*，加进了一条没有的边 *M'L'*。或者修改算法，使其在逐条扫描线的处理进行中，发现扫描线上的穿透点。

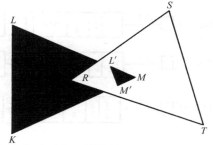

关于背景的处理，最简单的办法是把更新缓冲存储器整个初始化为某个合适的值，于是算法就只需处理扫描线在多边形内的情形。另一个办法是，定义一个大的矩形，让它包含了客体中所有的多边形，位于比其他多边形都更远离观察者的平行于投影面的一个平面上，并具有某个合适的亮度或颜色值。还有一个办法就是修改算法，使得每当扫描线不在任何多边形内时，就往帧缓冲存储器中送入背景的像素值。

图 7-21　多边形 *KLM* 穿透多边形 *RST*

第六节　区域分割算法

与前节扫描线算法先按一个方向，再按另一个方向分类的方法不同，区域分割算法对称地处理 *x* 和 *y* 两个方向。区域分割算法要将投影面分割成区域，考察区域内的图像。如果容易决定在这个区域内某些多边形是可见的，那么就可以显示那些可见的多边形，完成对这一区域的显示任务。否则，就将区域再分割成小的区域，对小的区域递归地进行判断。由于区域逐渐变小，在每个区域内的多边形逐渐变小，最终总可以判定哪些多边形是可见的。该算法利用的区域的相关性，这种相关性是指位于适当大小的区域内的所有像素，表示的其实是同一个表面。显然，该算法是图像空间算法。

一、多边形和区域的关系

在递归分割的每一步，要显示客体中每个多边形的投影多边形与所考察区域之间的关系，必然是下列四种之一，如图 7-22 所示。

1）包围的多边形，即多边形全部包含了所考察的区域。

2）相交的多边形，即多边形与所考察的区域相交。

3）被包含的多边形，即多边形全部在所考察的区域之内。

4）分离的多边形，即多边形与所考察的区域完全分离。

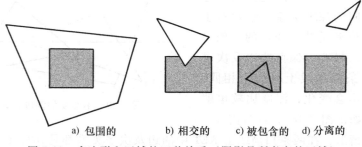

a) 包围的　　　　b) 相交的　　　c) 被包含的　　d) 分离的

图 7-22　多边形和区域的四种关系（阴影是所考察的区域）

分离的多边形显然不影响区域相交的多边形，其在区域之外的部分也不影响区域，而在区域之内的部分可以和被包含的多边形同样处理。

下面的四种情形，可以很容易地做出决定，而不必再做进一步的分割。

1）所有的多边形与区域分离，所以在区域内只需显示背景值。

2）只有一个相交的多边形，或者只有一个被包含的多边形。这时可以对区域首先填充背景值，然后对多边形进行扫描转换。在某些显示设备上，将整个帧缓冲存储器都初始化为背景值，可能更为方便。对于相交的多边形，只是被包含的部分被扫描转换。

3）只有一个包围的多边形，没有其他的多边形。这时整个区域可填充这个包围多边形的像素值。

4）有多于一个的包围的、相交的或被包围的多边形，并且至少有一个包围的多边形。这时，可以检查是否能有一个包围的多边形，它位于所有其他多边形的前面。如果有，就可以让整个区域都填充为这个多边形的像素值。具体的检查方法是，对所有的多边形，计算其所在平面在区域的四个角点的应有深度，即相应的 z 坐标，如果有一个包围的多边形的对应四个 z 坐标，都小于其他多边形的对应 z 坐标，那么这个包围的多边形就位于所有其他多边形的前面。

四种情形的检验，前三种都很简单。第四种情形的例子如图 7-23 所示，其中情形 1，包围的多边形的四个交点都更靠近观察点。这里观察点位于负 z 轴上的无穷远处。因此这时应该填充这个包围的多边形的像素值。对于情形 2，现在不能做出决定，因为包围的多边形在左边的那两个交点，位于相交的多边形对应交点的后方。事实上，图中相交的多边形整个地在包围的多边形的后方。修改算法，通过将相交多边形各顶点坐标代入包围的多边形所在平面的方程，判断出两个多边形有如上位置关系，可以使这种情形不必对区域再做分割。

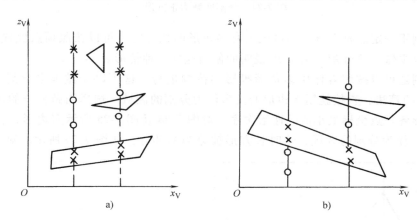

图 7-23 第四种情形的两个例子

×—包围的多边形平面交点   *—被包围的多边形平面交点   ○—相交的多边形平面交点

区域经过分割变小以后，只需要考虑被包含的多边形和相交的多边形的变化，因为对变小的区域，分离的或包围的多边形仍然保持是分离的或包围的。分割进行到达到显示设备的分辨能力之后就可以停止，即最小的区域可以是显示表面上的一个像素单位。如果在做了最大数目的分割之后，仍然不能做出应该如何填充的决定，那么，就计算所有有关多边形在这个不可再分区域对应点的范围的中心处的 z 坐标值，取 z 坐标最小的多边形像素值填充这个区域。

二、区域分割方法

由 Warnock 首先提出的最初的区域分割算法是每次把区域分成四个正方形。图 7-24 是对投影分别是一个三角形和一个长方体的场景做了五次区域分割的情形，其中区域内标出的数字表示可以做出决定的前面所说的四种情形中的一种，没有标出数字的区域则表示还不能做出决定。

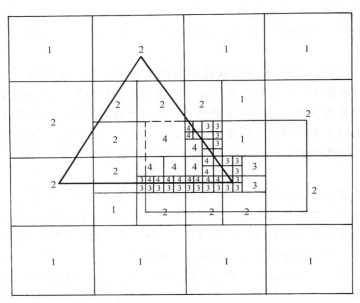

图 7-24　分割区域为正方形

区域分割不一定总是等分，当区域内有多边形的顶点时，可以按照顶点位置来做分割，这样显然可以少做一些分割。图 7-25 说明的便是这样一种情形。

区域分割还可以按照客体中多边形投影的范围进行，这可以少做很多分割。Weiler 和 Atherton 提出的算法，直接就用多边形的投影作为分割的区域。选择用做分割的区域时，可以按照多边形各顶点坐标最小值的递增次序。对图 7-24 及图 7-25 所示多边形，首先就选择三角形区域 C 作为分割的区域，这时长方形被分为两部分，如图 7-26 所示。对 C 考察，B

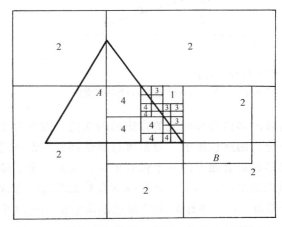

图 7-25　围绕多边形顶点分割（先是 A，后是 B）

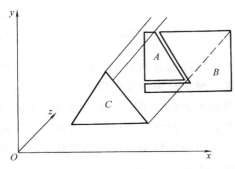

图 7-26　按照多边形投影选择区域做分割

是分离的多边形，*A* 是被包含的多边形，由前述可决定情形 4 的条件为真，于是区域 *C* 用三角形的像素值填充。然后考察区域 *B*，情形 3 为真，于是区域 *B* 用长方形的像素值填充。这种方法极大地减少了再分的次数，但每次分割的工作量加大了。

第七节　BSP 树算法

二叉空间剖分（Binary Space-Partitioning，BSP）树算法是一种判别物体可见性的有效算法。它类似于深度排序算法，将表面由后往前地在屏幕上绘出。该算法特别适用于场景中位置固定不变，仅视点移动的情况。

一、构造 BSP 树

BSP 树取场景中的一个多边形作为分割面，递归地将空间分为两个子空间。场景中的其他多边形中，完全位于剖分平面某一侧的多边形被归入相应的子空间，与剖分面相交的多边形沿剖分面被分割成两部分，分别放入相应的子空间。这两个子空间再分别选一个多边形作分割面递归地子分下去，直到每个子空间只剩一个多边形为止。上述划分过程可用二叉树方便地表示出来，二叉树的根为最初被选作分割面的多边形。BSP 树的构造在景物空间内完成。

图 7-27 给出了一个简单场景及它的 BSP 树构造过程。为简单起见，这里假设每个多边形和分割面都垂直于纸面。先取多边形 1 作为分割面，分割面与多边形 2 相交，将其分为多边形 2*a* 和 2*b*，多边形 2*a* 和 3 在分割面的前面，多边形 2*b*、4 和 5 在分割面的后面，见图 7-27 中 BSP 树生成的中间过程。然后从"树"枝中选取多边形 3 作为分割面，其"前"枝子空间包含多边形 2*a*，"后"枝子空间为空。至此，树的这一分枝分割完毕，返回到根，处理树的"后"枝。取多边形 5 作为分割面，分割后，多边形 4 归入其前枝，多边形 2*b* 归入其后枝。因为每一子空间都仅包含了一个多边形，故这个分枝也分割完毕。实际上，多边形 4 和多边形 5 是共面的，在这种情况下，可放入任一分枝。

因为初始分割面和后面每一子空间的分割面的选取是任意的，表示同一场景的 BSP 树并不唯一。

二、BSP 树遍历

BSP 树算法的一个明显优势在于 BSP 树不依赖于视点的位置，其显示算法在图像空间执行。依据 BSP 树确定可见面时，仅需知道视点与树的根结点多边形的相对位置关系即可。对树的中序遍历算法稍加修改就可确定可见面，即先遍历一子树，访问根结点、再遍历其另一子树。

BSP 树可见面算法的基本思想是，先将离视点最远的多边形写入帧缓冲或进行显示，然后再将离视点较近的多边形写入帧缓冲，即按从后到前的顺序对多边形绘制。这有两种情况，如果视点在根结点多边形的前面，则 BSP 树可按下面顺序遍历：

1）后枝（所有位于根结点的后半空间的多边形）。

2）根（结点）多边形。

3）前枝（所有位于根结点的前半空间的多边形）。

如果视点在根结点多边形的后面，则按下面顺序遍历：

1）前枝（所有位于根结点的前半空间的多边形）。

2）根（结点）多边形。

3）后枝（所有位于根结点的后半空间的多边形）。

如果把不包含视点的根结点半空间称为远半空间，包含视点的半空间称为近半空间，则这两种遍历情况可统一表示为：

1）远分枝。

2）根（结点）多边形。

3）近分枝。

如图 7-27a 所示的 BSP 树，设视点 v_1 在根结点多边形后侧，因此 BSP 树遍历顺序为前枝→根→后枝。在多边形 3 处递归地应用该算法，这时，v_1 在多边形 3 前侧，该分枝的遍历顺序为后枝→根→前枝，由于该结点无后枝，故直接显示根多边形 3。再遍历前枝，它只包含叶结点多边形 2a，直接显示 2a。至此，前枝显示完毕，返回到根，显示根多边形 1。遍历根结点 1 的后枝，子树的根为多边形 5，视点位于其前侧，因此按后枝→根→前枝的顺序遍历该子树。多边形 2b 是叶结点多边形，可直接显示。接着显示子树的根多边形 5，最后是子树的前枝。多边形 4 是叶结点多边形，可直接显示。至此，场景全部显示完毕。最终的显示顺序依次为 3、2a、1、2b、5、4。

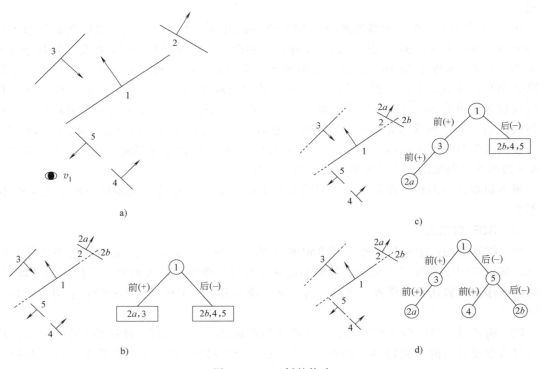

图 7-27　BSP 树的构造

第八节　光线投射算法

光线投射算法的思想是，考察由视点出发穿过观察屏幕的一个像素而射入场景的一条射线，则可确定出场景中与该射线相交的物体，如图 7-28 所示。

在计算出光线与物体表面的交点之后，离像素
最近的交点的所在面片的颜色为该像素的颜色；如
果没有交点，说明没有多边形的投影覆盖此像素，
用背景色显示它即可。算法简单描述如下：

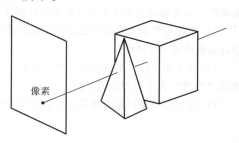

算法 7-2　光线投射算法

for(屏幕上的每一像素)

{

　　　形成通过该屏幕像素(u,v)的射线；

图 7-28　将通过屏幕各像素的投影线与
场景中的物体表面求交

　　　for(场景中的每个物体)

　　　　　将射线与该物体求交；

　　　if(存在交点)

　　　　　以最近的交点所属的颜色显示像素(u,v)；

　　　else

　　　　　以背景色显示像素(u,v)；

}

光线投射算法与 z-缓冲算法相比，它们仅仅是内外循环颠倒了一下顺序，所以它们的算
法复杂度类似。区别在于光线投射算法不需要 z-缓冲。为了提高本算法的效率可以使用包围
盒技术、空间分割技术以及物体的层次表示方法等。

习　　题

1. 用本章第一节介绍的方法，编写判断平面内两条线段是否相交及相交时再求交点的子程序。

2. 用本章第一节介绍的方法或其他方法，编写完成点的包含性检验的子程序。

3. 总结本章第一节讨论的考虑空间一条直线被多个平面遮挡时消除隐藏线的方法，写出一个完整的可
消除隐藏线的算法，并编写出实现所写算法的计算机程序。

4. 设计一个算法，判断空间由两点 (x_1, y_1, z_1) 和 (x_2, y_2, z_2) 决定的一条直线是否穿透了一个
由对角顶点 $(x_{min}, y_{min}, z_{min})$ 和 $(x_{max}, y_{max}, z_{max})$ 确定的长方体区域。

5. 设空间一个多边形表面用组成它的顶点序列给出，另一个平面 $Ax+By+Cz+D=0$ 将所给多边形表面分
成了两部分，问怎样求得分成的两个多边形表面顶点序列？写出完整算法并编出实现算法的计算机程序。

6. 编写计算机程序实现本章讨论的各隐藏面消除算法。

7. 多边形表面 Q 各顶点的坐标代入到另一个多边形表面 P 所在平面的方程中去，结果为正值时，如何
判断它是在面 P 的哪一侧？

8. 把任意三维形体看作是若干多边形表面形成的集合，有时会出现有公共边的若干个多边形，多面体
的两个相邻表面就是两个有公共边的多边形。在公共边处做深度比较时自然深度是相等的。在本章第五节
讨论的消除隐藏面的扫描线算法中会出现扫描线在公共边处同时进入两个多边形，这时哪个多边形应该认
为是可见的呢？修改扫描线算法使之能够处理这种情形。

9. 在本章第五节讨论消除隐藏面扫描线算法时所举出填写的 ET 表例子中，有两条边缩短了扫描线的
一个单位。考虑这种缩短还是不是必需的？做了缩短和不做缩短有什么区别？不做缩短时算法应如何修改？

10. 可以修改扫描线算法，使之更充分地利用扫描线相关性，而减少许多处理扫描线的工作量。所用
的想法是，在处理一条扫描线时，预测一下最早可能发生深度变化的点。深度变化或是由于一条边线在 y
方向上终止或进入，或是由于两条边线相交。在可能遇到深度变化那条扫描线之前的所有扫描线处，各条

边线的 x 位置可以改变，但可见线段的本性不会改变。说明如何能使此方案可行。这个想法可以用于消除隐藏线，试应用这种想法设计消除隐藏线的算法。

11. 考虑如何修改本章讨论的各隐藏面消除算法，使成为隐藏线消除算法。考虑如何使隐藏线消除算法将隐藏线显示成虚线。

12. 对于本章讨论的各隐藏面消除算法，考虑都是如何处理"穿透"的多边形的。试找出一个判断和处理"穿透"多边形的适当方法。

13. 如何把本章讨论的各隐藏面消除算法加以修改，使之能处理含有孔洞的多边形。

第八章　真实感图形的绘制

用计算机在图形设备上生成连续色调的真实感图形必须完成四个基本的任务。第一，用数学方法建立所构造三维场景的几何描述，并将它们输入至计算机。这部分工作可由三维立体造型或曲面造型系统来完成。场景的几何描述直接影响图形的复杂性和图形绘制的计算费用，选择合理而有效的数据表示和输入手段是极其重要的。第二，将三维几何描述转换为二维透视图。这可通过对场景的透视变换来完成。第三，确定场景中的所有可见面，这需要使用隐藏面消除算法将被其他物体遮挡的不可见面消去。第四，计算场景中可见面的颜色，严格地说，就是根据基于光学物理的光照明模型计算可见面投射到观察者眼中的光亮度大小和颜色组成，并将它转换成适合图形设备的颜色值，从而确定投影画面上每一像素的颜色，最终生成图形。

在光栅图形系统上显示的三维图形的真实感取决于能否成功地模拟明暗效应，这要求设计较好的明暗模型，用以计算可见表面应该显示的亮度和彩色。明暗模型并不需要精确地考虑真实世界中光线和表面的性质，而只需要在兼顾精确程度和计算成本的要求下，追求更好的显示效果。通常设计一个明暗模型需要考虑的主要问题是照明特性、表面特性和观察角度。

照明特性是指可见表面被照明的情况，主要有光源的数目和性质，环境光及阴影效应等。表面特性主要是指表面对入射光线的反射、折射或透明的不同情形，还有表面的纹理及颜色等。观察角度是指观察景物时观察者相对可见表面所在的位置。已经有许多不同的明暗模型都较好地处理了上述各问题。不同明暗模型的区别主要在于模拟的方法，实现的复杂程度，及取得的显示效果等方面。

一般来说，明暗模型可以分解为三个部分，即漫射照明、具体光源的照射及透射效应。具体光源照射产生的效果又分为漫反射和镜面反射两部分。

物体表面向空间给定方向辐射的光亮度可应用光照模型进行计算。简单的光照模型仅考虑光源照射在物体表面产生的反射光。这种光照模型通常假定物体是光滑的且由理想材料构成，所生成的图形可以模拟出不透明物体表面的明暗过渡，具有一定的真实感效果。复杂的光照模型除了考虑上述因素之外，还要考虑周围环境的光对物体表面的影响。如光亮平滑的物体表面会将环境中其他物体映像在表面上，而通过透明物体也可看到其后的环境景象。这类光照模型称为整体光照模型，它能模拟出镜面映像、透明等精细的光照效果。为了表现自然界中的阴影，在应用光照模型时还需要物体表面是否位于阴影区内，以取舍响应光源的照明影响。更精致的真实感图形绘制还要考虑物体表面的细节纹理，这可以通过一种称为"纹理映射"的技术把已有的平面花纹图案映射到物体表面上，并在应用光照模型时将这些花纹的颜色考虑进去。物体表面细节的模拟使绘制的图形更接近自然景物。

第一节　漫反射及具体光源的照明

一、环境光

在多数实际环境中，存在由于许多物体表面多次反射而产生的均匀的照明光线，这就是环境光线。环境光线的存在使物体得到漫射照明，例如阴天就可以看作是仅有漫射照明。这时亮度可以如下简单地计算：

$$I = I_a K_a \qquad (8\text{-}1)$$

式中，I 是可见表面的亮度；I_a 是环境光线的总亮度；K_a 是物体表面对环境光线的反射系数，它在 $0 \sim 1$ 之间，与表面的性质有关，表明了有多少环境光线从物体的表面反射出去。

二、漫反射

具体光源在物体表面可以引起漫反射和镜面反射。漫反射是指来自具体光源的能量到达表面上的某一点后，就均匀地向各个方向散射出去，使得观察者从不同角度观察时，这一点呈现的亮度是相同的。这样漫反射与观察者的位置是无关的。通常不光滑的粗糙表面总是呈现出漫反射的效果。对于这种情况，Lambert 定律指出，漫反射的效果与表面相对于光源的取向有关，即

$$I_d = I_p K_d \cos\theta \qquad (8\text{-}2)$$

式中，I_d 是漫反射引起的可见表面上一点的亮度；I_p 是点光源发出的入射光线引起的亮度；K_d 是漫反射系数，它的取值在 $0 \sim 1$ 之间，随物体材料的不同而不同；θ 是可见表面法向量 N 和点光源方向 L 之间的夹角，即入射角，它应该在 $0° \sim 90°$ 之间，如图 8-1 所示。

为了简化式（8-2）中余弦值 $\cos\theta$ 的实际计算，可以假定向量 N 和 L 都已经正规化，即已经是长度为 1 的单位向量，这样就可以使用向量的数量积或内积。因为这时 $\cos\theta = L \cdot N$，于是得

$$I_d = I_p K_d (L \cdot N) \qquad (8\text{-}3)$$

若考虑将环境光线和漫反射的效果结合起来，计算亮度的公式应该写成

$$I = I_a K_a + I_p K_d (L \cdot N) \qquad (8\text{-}4)$$

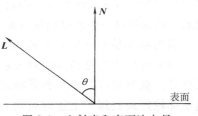

图 8-1　入射光和表面法向量

通常认为具体光源对可见表面产生的照明作用，是随着光源与表面之间距离的增加而下降的。式（8-4）并没有反映这一点。例如，假定有两个除去与光源距离不同以外，其他有关性质都相同的表面，边缘又是相互搭接的，这时用式（8-4）计算亮度，就会因为亮度相同而不能区别。所以，式（8-4）应该考虑到光线随距离增加而减弱这一情况。设 R 是光线从光源发出到达表面再反射到视点的距离，可以把式（8-4）改为

$$I = I_a K_a + I_p K_d (L \cdot N) / R^2 \qquad (8\text{-}5)$$

但事实上，式（8-5）的实际应用效果不好。因为对于平行投影，光源在无穷远处，故距离 R 成为无穷大。对于透视投影，$1/R^2$ 也常常有很大的数值范围，从而使效果不好。可通过用 $r + k$ 代替 R^2，来获得一种比较逼真的效果

$$I = I_a K_a + I_p K_d (L \cdot N) / (r + k) \qquad (8\text{-}6)$$

式中，r 是光源到表面的距离；k 是根据经验选取的一个常数。

在许多情形中，与景物的内部距离相比，光源与景物之间的距离大得多，例如太阳光照射一个城市的情形。在这种情形中，可以假定从光源发出的照明作用在整个景物上是恒定的，可以完全不考虑由于距离所引起的变化。

三、镜面反射与 Phong 模型

镜面反射是指来自具体光源的光线到达可见表面上的某一点后，主要沿着和入射角相等

的反射角所决定的方向传播，从而使得观察者从不同角度观察时，这一点呈现的亮度并不相同。在任何有光泽的表面上都可以观察到镜面反射的效果。例如，用很亮的光照射一个红色的苹果，会发现最亮点不是红色的，而是有些呈现白色，这是入射光线的颜色。这个最亮点就是有镜面反射引起的。如果观察者移动位置，会看到最亮点也随之移动，这是因为光泽表面在不同方向对光线的镜面反射是不同的。在理想的光泽表面上，例如在非常好的镜面上，反射光线只是在由入射角等于反射角所确定的方向上才有。这意味着此时在图 8-2 所示的镜面反射示意图中，只有当观察者相对表面的观察方向 V 与反射光线的方向 R 之间的夹角 α 为零时，才能看到镜面反射引起的反射光线。对于不是非常理想的光泽表面，例如一个苹果，反射光线引起的亮度随着 α 的增大而迅速下降。

由 Phong Bui-Tuong 提出的光照模型，用 $\cos^n\alpha$ 来近似表示反射光线引起的亮度随着 α 增大而下降的速率。n 的取值一般在 $1\sim2000$ 之间，取决于反射表面的有关性质。对于理想的反射表面，n 就是无穷大。这里选用 $\cos^n\alpha$ 是以观察经验为基础的。

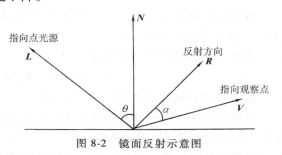

图 8-2 镜面反射示意图

对实际物质来说，被镜面反射的入射光的数量是与入射角 θ 有关的。如果将镜面反射光的百分数记为 $W(\theta)$，那么就可以将计算表面亮度的式（8-6）修改而得到

$$I=I_aK_a+\frac{I_p}{r+k}\left[K_d\cos\theta+W(\theta)\cos^n\alpha\right] \tag{8-7}$$

这里可以假定反射光线的方向向量 R 和指向观察点的向量 V 都已经正规化，即已经是长度为 1 的单位向量，于是可以简单地利用向量内积计算余弦值：$\cos\alpha=R\cdot V$。对 $W(\theta)$，通常根据经验选取一个常数 K_s 来代替，这样式（8-7）可写成下面更容易计算的形式：

$$I=I_aK_a+\frac{I_p}{r+k}\left[K_d(L\cdot N)+K_s(R\cdot V)^n\right] \tag{8-8}$$

实验表明，应用式（8-8）已经可以得到很好的具有明暗表现的画面，这个公式是形成具有明暗表现画面的良好基础。

对于彩色表面，上述各公式也可以应用，只需对各颜色分量分别计算。例如，选择通常的红、绿、蓝颜色系统时，上述公式中有关亮度及反射系数等，就要看作是三元向量。通过分别对各颜色分量进行计算，就可以完成对彩色表面的亮度计算。

在对真实感图像的不断研究探索中，人们还不断提出一些更为完美的光照模型，或者对已有的光照模型做出改进。这方面的研究工作是很多的。

四、光的衰减

光在传播过程中，其能量会衰减。光的传播过程分为两个阶段：从光源到物体表面的传播及从物体表面到人眼的传播。第一个传播阶段的衰减使物体表面的入射光强度变弱，第二个阶段的衰减使人眼接收到的物体表面的反射光强度变弱，总的效果是使物体表面的亮度下降。下面讨论如何将光的衰减效果结合到光照模型中。

1. 光在光源到物体表面过程中的衰减

在同一光源的照射下，距光源近的物体看起来亮，而距光源较远的物体看起来暗。这是因为光在从光源到物体表面的传播过程中发生了衰减，衰减比例为光的传输距离二次方的倒数。若以衰减函数 $f(d)$ 来表示衰减的比例，则有

$$f(d)=1/d^2 \tag{8-9}$$

式中，d 为光的传播距离。

以上的衰减函数很简单，但应用于本节的光照模型常常不能产生好的效果。当 d 很大时，$f(d)$ 变化得非常慢；而当 d 很小时，$f(d)$ 变化得非常快。虽然这种变化规律对点光源来说是正确的，但真实世界中的物体并不是以点光源照射的。为了弥补点光源的不足，产生真实感更强的图形，一个有效的衰减函数的取法如下：

$$f(d)=\min\left[1/(C_0+C_1d+C_2d^2),1\right] \tag{8-10}$$

用户可以调节 C_0、C_1、C_2 的值以控制 $f(d)$ 变化的快慢，常数 C_0 用来防止 $f(d)$ 变得过大。$f(d)$ 的最大值为 1。

考虑 $f(d)$，得到光照计算式为

$$I=I_aK_a+f(d)I_p\left[K_d(\boldsymbol{L}\cdot\boldsymbol{N})+K_s(\boldsymbol{R}\cdot\boldsymbol{V})^n\right] \tag{8-11}$$

2. 光在物体表面到人眼过程中的衰减

为模拟光在这段传播过程中的衰减，许多系统采用深度暗示技术（Depth Cueing）。深度暗示技术最初用于线框图形的显示，使距视点远的点比近的点暗一些。经过改进，这种技术现在同样适用于真实感图形的显示。

首先，在投影坐标系（为方便起见，记为 xyz,）中定义两个平面 $z=z_f$ 和 $z=z_b$，分别为前参考面与后参考面，并赋予比例因子 S_f 和 S_b（S_f, $S_b\in[0,1]$）。给定物体上一点的深度值 Z_0，该点对应的比例因子 S_0 这样来确定（见图 8-3）：

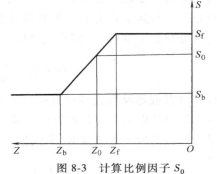

1）当 $Z_0<Z_f$ 时（Z_0 较 Z_f 更近），取 $S_0=S_f$。

2）当 $Z_0>Z_b$ 时（Z_0 较 Z_f 更远），取 $S_0=S_b$。

图 8-3　计算比例因子 S_0

3）当 $Z_0\in[Z_f,Z_b]$ 时，$S_0=S_f+\dfrac{S_b-S_f}{Z_b-Z_f}(Z_0-Z_f)=\dfrac{Z_b-Z_0}{Z_b-Z_f}S_f+\dfrac{Z_0-Z_f}{Z_b-Z_f}S_b$。

原亮度 I（由光照模型计算出来的值）按比例 S_0 与亮度 I_{dc} 混合，目的是获得最终用于显示的亮度 I'，I_{dc} 由用户指定，则有

$$I'=S_0I+(1-S_0)I_{dc} \tag{8-12}$$

特别地，若取 $S_f=1$，$S_b=0$，$I_{dc}=0$，则当物体位于前参考面之前（$Z_0<Z_f$）时，$I'=I$，即亮度没有被衰减；当物体位于后参考面之后（$Z_0>Z_b$）时，$I'=I_{dc}=0$，即亮度被衰减为 0。而当 $Z_0\in[Z_f,Z_b]$ 时，$I'=S_0I$，亮度被部分衰减。由此可以产生真实效果较好的图形。

第二节　多边形网的明暗处理

多边形网方法是指用若干多边形表面去拟合任意形状复杂形体的方法。对用多边形网方法表现的任意形体，形成明暗有三种基本的方法，即常数明暗法（均匀着色法）、亮度插值明暗法（Gouraud 着色方法）及法向量插值明暗法（Phong 着色方法）。各种实际计算亮度

的明暗模型都可以使用这三种方法。

一、常数明暗法

常数明暗法又称均匀着色法，就是对每个多边形表面全部使用一个亮度值（或颜色值）。应用这种方法，应有以下假设成立：

1）光源在无穷远处。对多边形表面上的任意点，上节讨论过的 $N \cdot L$ 是常数。

2）观察者在无穷远处。对多边形表面上的任意点，上节讨论过的 $R \cdot V$ 也是常数。

3）该多边形表面代替了被模拟的真实表面，而并不是对一个曲面的近似。

如果前两个假设有任一个不成立，那么有关的量（例如 L 和 V）可以采用平均值，如采用在多边形表面中心处求得的值。

第三个假设常常会产生较大误差。这时用来逼近曲面的各多边形表面可能会被分辨出来。由于每个小面与其相邻的小面在亮度上常有差别，所以在显示图形时就能看到这种差别。这种差别由于 Mach 带效应而得到加强。Mach 带效应指的是当亮度发生不连续的突然变化时，看上去会有一种边缘增强的感觉。视觉上会感到边缘的亮侧更亮，暗侧更暗。Mach 带效应是一种由人类视觉系统加工处理而产生的一种感受现象。图 8-4 对两种不同情况，表示出实际的和感觉的亮度变化。图 8-5 给出了 Mach 带效应实例。

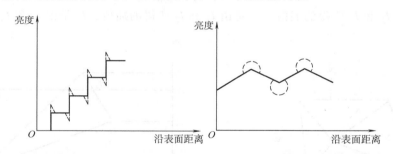

图 8-4　Mach 带效应（实际的和感觉的效果：虚线表示感觉的，实线表示实际的）

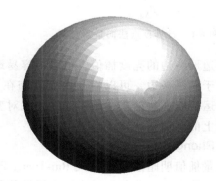

图 8-5　Mach 带效应实例

二、Gouraud 方法

Gouraud 着色方法也称为亮度（或颜色）插值明暗法。这种方法可以消除多边形面上亮度变化的不连续性。若增加逼近空间形体的多边形表面的数目，Mach 带效应会减弱。

亮度（或颜色）插值明暗法处理过程有以下四个步骤：

1）计算各多边形表面的法向量。

2）计算各顶点的法向量。这里，顶点的法向量指共享该顶点的所有多边形表面法向量的平均值。图 8-6 是如何计算顶点法向量的示意图。如果有一条边是作为边界准备显示出来的，可以对这条边的每个顶点计算两个法向量，分别是一侧各多边形表面法向量的平均值。

3）计算各顶点的亮度。因为各顶点的法向量已经求得，所以已经可以利用上节讨论的计算亮度的公式进行计算。当然，也可以应用其他合乎要求的光照模型来进行计算。

4）计算各多边形表面上任意点处的亮度值，实现对多边形表面的明暗处理。做法是先利用顶点的亮度值，在边上做线性插值，求得边上的亮度值，再用它在扫描线上做线性插值，从而求得多边形面内任意点处的亮度值。图 8-7 所示是做这种线性插值的示意图。从图中容易看出：

$$I_a = I_1 \frac{y_s - y_2}{y_1 - y_2} + I_2 \frac{y_1 - y_s}{y_1 - y_2}$$

$$I_b = I_1 \frac{y_s - y_3}{y_1 - y_3} + I_3 \frac{y_1 - y_s}{y_1 - y_3}$$

$$I_c = I_a \frac{x_b - x_p}{x_b - x_a} + I_b \frac{x_p - x_a}{x_b - x_a} \tag{8-13}$$

式中，I_a 是由 I_1 和 I_2 所得的插值；I_b 是由 I_1 和 I_3 所得的插值；I_c 是由 I_a 和 I_b 所得的插值。

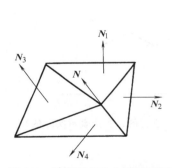

图 8-6　计算顶点法向量示意图

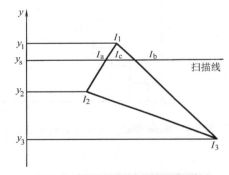

图 8-7　沿多边形边的亮度插值

沿多边形各边的亮度插值，可以很容易地与以前讨论过的多边形填充的扫描线算法结合起来。对于每一条边，可以将起始亮度和在 y 方向上单位长度所发生的亮度变化值存储起来。算法运行时，每前进一条扫描线，就对变化值做一次加法。在每条扫描线上，用获得的多边形线上的亮度做线性插值。

三、Phong 方法

法向量插值明暗法是越南人 Bui-Tuong Phong 提出的，通常称为 Phong 明暗法，进行颜色处理时，称 Phong 着色方法或法向量插值着色方法。这个方法是对法向量进行插值，而不是对亮度进行插值。在求得各顶点法向量后，求多边形边上各点及多边形面内任意点处法向量。所用的插值方法，与亮度插值明暗法中进行插值计算的方法相同。因此，这个插值也可以很好地应用前面提到的扫描线算法。

求得扫描线上每点的法向量后，在每点处计算实际亮度，可以应用任何一种光照模型。如果应用镜面反射，比起亮度插值法会得到明显的改进，因为强光能更加真实地得到反映。即使不应用镜面反射，法向插值的结果也比亮度插值的结果好。这是因为对每一点都使用法向量的近似值，减少了 Mach 带效应引起的问题。但另一方面，也使得计算量大为增加。下面给出用该种方法绘制多边形的步骤：

1）计算多边形的单位法向量。

2）计算多边形顶点的单位法向量。

上面两步的计算与 Gouraud 方法相同。

3）在扫描线消隐算法中，对多边形顶点的法向量进行双线性插值，计算出多边形内部（扫描线上位于多边形内部）各点的法向量。

双线性插值的方法如图 8-8 所示，N_A 由 N_1、N_2 线性插值得到

$$N_A = \frac{y_A - y_2}{y_1 - y_2} N_1 + \frac{y_1 - y_A}{y_1 - y_2} N_2 \tag{8-14}$$

类似地

$$N_B = \frac{y_B - y_3}{y_1 - y_3} N_1 + \frac{y_1 - y_B}{y_1 - y_3} N_3 \tag{8-15}$$

$$N_P = \frac{x_B - x}{x_1 - x_2} N_A + \frac{x - x_A}{x_B - x_A} N_B \tag{8-16}$$

同样，采用如下增量方法可以提高计算速度：

① 当扫描线 y 递增一个单位变为 $y+1$ 时，N_A、N_B 的增量分别为 ΔN_A、ΔN_B，即

$$N_{A,y+1} = N_{A,y} + \Delta N_A$$
$$N_{B,y+1} = N_{B,y} + \Delta N_B \tag{8-17}$$

式中

$$\Delta N_A = \frac{1}{y_1 - y_2}(N_1 - N_2)$$

$$\Delta N_B = \frac{1}{y_1 - y_3}(N_1 - N_3) \tag{8-18}$$

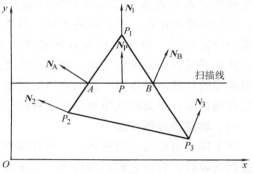

图 8-8　沿多边形的边及扫描线
进行法向量双线性插值

② 当 x 递增一个单位（P 点沿扫描右移一个单位）时，N_P 增量为 ΔN_P，即

$$N_{P,x+1} = N_{P,x} + \Delta N_P \tag{8-19}$$

式中

$$\Delta N_P = \frac{1}{x_B - x_A}(N_B - N_A) \tag{8-20}$$

4）利用光照模型计算 P 点的颜色。

Phong 着色方法中，多边形上每一点需要计算一次光照模型，因此计算量远大于 Gouraud 着色方法。但是 Phong 着色方法绘制的图形更加真实，特别体现在如下两个场合（考虑要绘制一个三角形）：

① 如果镜面反射指数 n 较大，三角形左下角顶点的 α（R 与 V 的夹角）很小，而另两个顶点的 α 很大，以光照模型计算的结果是左下角顶点的亮度非常大（高光点），另两个顶点的亮度小。若采用 Gouraud 方法绘制，由于是对顶点的亮度进行插值，导致高光区域不正常地扩散成很大一块区域。而根据 n 的意义，当 n 较大时，高光区域实际应该较集中。采用

Phong 方法绘制的结果更符合实际情况。

② 当实际的高光区域位于三角形中间时，采用 Phong 方法能产生正确的结果，而若采用 Gouraud 方法，由于按照光照模型计算出来的三个顶点处的亮度都较小，线性插值的结果是三角形中间不会产生高光区域。

第三节 阴 影

当观察方向与光源方向重合时，观察者将看不到任何阴影，一旦两者不一致，就会出现阴影，阴影使人感到画面上景物远深近浅，从而极大地增强了画面的真实感。

阴影由两部分组成：本影和半影，位于中间全黑的轮廓分明的部分称为本影，本影周围半明半暗的区域称为半影，在计算机图形学中常用的点光源只产生本影，位于有限距离内的分布光源则将同时形成本影和半影，如图 8-9 所示。

本影是任何光线都照不到的区域，而半影区域则为可接收到从分布光源来的部分光线的区域，为避免大量计算，一般只考虑由点光源形成的本影。阴影计算的开销与光源的位置有关，处于无穷远处的点光源是最容易计算的，其影子可以由正投影决定；而对视区之外有限距离处的点光源的计算就难得多，最困难的情况是点光源位于视区之内的情形。下面将简单地介绍几种阴影生成算法。

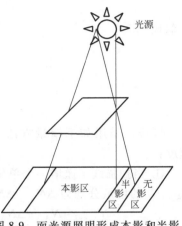

图 8-9 面光源照明形成本影和半影

一、影域多边形方法

对于用多边形表示的物体，一种计算本影的方便方法是使用影域多边形的方法。由于物体遮挡光源后，将在它们后面形成一个影域（见图 8-10），所以确定某点是否落在阴影中只要判别该点是否位于影域中即可。环境中物体的影域定义为视域多面体和光源在景物空间中被该物体轮廓多边形遮挡区域的空间布尔交。组成影域的多边形称为影域多边形。

为了判别一可见多边形的某部分是否位于影域内，可将影域多边形置入景物多边形表中，位于同一影域多面体两侧面之间的任何面均按阴影填色。

注意：影域多边形只是假想面，它们作为景物空间中阴影区域的分界面，故无须着色处理。

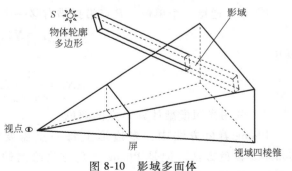

图 8-10 影域多面体

在使用扫描线算法生成画面时，可通过以下处理进行阴影判断：S_1，S_2，$\cdots S_N$ 为当前扫描线平面和影域多边形的 N 个交线，P 为当前扫描线平面和景物多边形的交线（见图 8-11），若连接视点与 P 上任一点的直线需穿越偶数（包括 0）个同一光源生成的影域多边形 S_i，则该点不在阴影中，否则该点在阴影中，在图 8-11 中，扫描线区间 1 和 3 中的 P 不在阴影中，但在区间 2 内，P 位于阴影区域内。

　　如果规定影域是凸多面体、影域多边形均取外法向，那么可根据 P 前后两侧的影域多边形属于前向面（其法矢量和视线矢量夹角小于 $\pi/2$ 的影域多边形）或后向面（其法矢量和视线矢量夹角大于 $\pi/2$ 的影域多边形）来确定阴影点。若沿视线方向，P 上任一点的后面有一后向面，前面有一前向面，那么该点必在阴影中，否则该点不在阴影中。

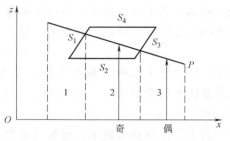

图 8-11　利用影域多边形进行阴影判断

　　使用影域多边形计算本影的方便之处在于不必专门编制阴影程序，而只需对现有的扫描线消隐算法稍加修改即可。

二、曲面细节多边形方法

　　Atherton 等人提出了另一种阴影算法，这种算法基于多边形区域分类的隐藏面消去算法。通过从光源和视点两次消隐生成阴影。算法首先取光源方向为视线方向对景物进行第一次消隐，产生相对光源可见的景物多边形（称为曲面细节多边形）。并通过标识数将这些多边形与它们覆盖的原始景物多边形联系在一起。位于编号 i 的原始景物多边形上的曲面细节多边形也注以编号 i。接着算法取视线方向对景物进行第二次消隐，虽然曲面细节多边形不加入第二次消隐，但它们影响点的光亮度计算。如果多边形某部分相对视点可见，但没有覆盖曲面细节多边形，那么这部分的光亮度按阴影处理。反之，如果某部分可见，但为曲面细节多边形所覆盖，则计算这部分点的光亮度时需计入相应光源的局部光照效果。由于曲面细节多边形在景物空间中保存了整个场景的阴影信息，因此，它不仅可用于取不同视线方向时对同一场景的重复绘制，而且还可用于工程分析计算。

第四节　透　　明

　　自然界中许多物体是透明的，透明物体允许它后面物体发出的光通过它本身到达观察者。透过透明性能好的透明物体，如玻璃窗，能很清楚地看到其后面的物体。尽管也存在着很难察觉的折射现象，但观察到的景物基本不发生变形。而透过半透明的物体，如磨砂玻璃，我们只能看到后面模糊的景物。这种景物的模糊是由于透明体表面粗糙或透明体内部材料混有杂质，使进入的光线向各个方向漫反射而造成的，同时透明物体的颜色影响透明体的透明性能。另外，透过一些透明物体，尤其是曲面体如水晶球、花瓶等，其后的物体会发生严重的变形，这是由于光线穿过透明介质时发生折射而引起的，这是一种几何变形。

一、非折射透明

　　模拟透明的最简单方法是忽略光线在穿过透明物体时所发生的折射。虽然这种模拟方法产生的结果不真实，但在许多场合往往非常有用。例如，有时希望能够透过某透明物体观察其背后的景物，而又不希望景物因为折射而发生变形。

　　透明的插值模型和透明的过滤模型是在两种不同情况下对无折射透明物体透明现象的近似。

　　1. 插值透明

　　当一个透明平面多边形位于视点与另一个不透明平面多边形之间时（见图 8-12），对于透明物体 1 和不透明物体 2 的投影重叠区域，透明的插值模型用线性插值法来计算物体表面像素的光亮强度和颜色，像素的颜色 I_λ 由 A、B 两点的颜色 $I_{\lambda1}$ 和 $I_{\lambda2}$ 的插值产生，即

$$I_\lambda = (1-K_{t1})I_{\lambda1} + K_{t1}I_{\lambda2} \tag{8-21}$$

式中，多边形 1 的透射系数是 K_{t1}，它反映了多边形 1 的透明度，在 0~1 之间变化。$K_{t1}=0$ 表示多边形完全不透明，则 $I_\lambda = I_{\lambda1}$，即看不到多边形 2 的表面；$K_{t1}=1$ 表示多边形 1 完全透明，有 $I_\lambda = I_{\lambda2}$。

为了产生逼真的效果，通常只对两个多边形表面颜色的环境光分量和漫反射分量采用式（8-21）进行插值计算，将得到的结果再加上多边形 1 的镜面反射分量作为像素的颜色值。

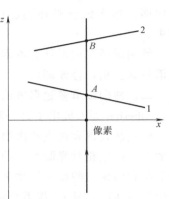

2. 过滤透明

过滤透明方法将透明物体看作一个过滤器，它有选择地允许某些光透过而屏蔽其余的光。例如，在图 8-12 中，像素的颜色表示为

$$I_\lambda = I_{\lambda1} + K_{t1}C_{t\lambda}I_{\lambda2} \tag{8-22}$$

图 8-12　简单透明的模拟

式中，K_{t1} 仍然是透射系数，但它的变化范围不再局限于 0~1 之间。K_{t1} 越大，多边形 2 的颜色透过来得越多。$C_{t\lambda}$ 对不同的颜色各不相同，若 $C_{t\lambda}=0$，则表示某种颜色的光不能透过多边形 1。

简单透明很容易结合到多边形绘制算法中。

二、考虑折射的透明

考虑折射的透明计算要比不考虑折射的透明计算困难得多。因为光通过透明体后，它的几何方向发生了变化，如图 8-13 所示。如果没有折射，按视线的方向，通过透明体 T 后，我们会看到物体 A。但是当考虑了折射后，我们却看到了物体 B。

光线通过透明体时，发生了折射。光线的折射符合斯涅尔（Snell）折射定律，即折射光与入射光位于平面法线的两侧，而且折射角与入射角的关系符合

$$\frac{\sin\theta_i}{\sin\theta_t} = \frac{\eta_t}{\eta_i} \tag{8-23}$$

式中，η_i 和 η_t 分别为光线在第一种媒质和第二种媒质中的折射率。由定义，物体的折射率是光在真空中的传播速率与光在该物体内传播速率之比，因此，物体的折射率是大于 1.0 的常数。空气的折射率可近似看作 1.0。即当光线通过不同折射率媒质间的界面时，入射光不会全部透过第一物体，总有一部分光要从界面上反射回来。

如图 8-14 所示，记单位入射光矢量为 I（它的方向与光线的入射方向相反），单位法矢量为 N，单位透射光矢量为 T，则

$$T = M - N\cos\theta_t \tag{8-24}$$

矢量 M 与矢量 $N\cos\theta_i - I$ 同向，且它的长度满足折射定律，即

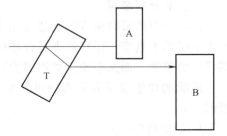

图 8-13　光的折射

$$\frac{\sin\theta_i}{\sin\theta_t} = \frac{|N\cos\theta_i - I|}{|M|} = \frac{\eta_t}{\eta_i} \tag{8-25}$$

则有

$$|M| = \eta|N\cos\theta_i - I| \tag{8-26}$$

式中，$\eta = \dfrac{\eta_i}{\eta_t}$。

由式（8-26）得

$$M = \eta|N\cos\theta_i - I|\frac{N\cos\theta_i - I}{|N\cos\theta_i - I|} = \eta(N\cos\theta_i - I) \tag{8-27}$$

将式（8-27）带入式（8-24）并整理，得到透射光矢量的表达式为

$$T = (\eta\cos\theta_i - \cos\theta_t)N - \eta I \tag{8-28}$$

当光线从高密度介质射向低密度介质时，$\eta_i > \eta_t$，即 $\theta_t > \theta_i$，如果入射角不断增大到一定的程度，使折射角为 90°，则透射光沿着平行于分界面的方向传播，此时的 θ_i 称为临界角度，记为 θ_c。当 $\theta_i > \theta_c$ 时，发生全反射现象，透射光与反射光合二为一。

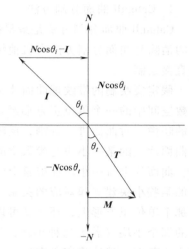

图 8-14　计算透射光矢量

第五节　纹　理

现实世界中物体的表面通常有它的表面细节，即各种纹理，如刨光的木材表面上有木纹，建筑物墙壁上有装饰图案，机器外壳表面有文字说明它的名称、型号等。它们是通过颜色色彩或明暗度变化体现出来的表面细节，这种纹理称为颜色纹理。另一类纹理则是由于不规则的细小凹凸造成的，例如，橘子皮表面的皱纹。可以用纹理映射的方法给计算机生成的图像加上纹理。

表面纹理主要有颜色纹理和几何纹理两种。颜色纹理主要指同一表面各处呈现出不同的花纹和颜色，如大理石地面、木质家具表面等。此外，墙上贴画、搪瓷器皿上喷花等也都属于颜色纹理。几何纹理主要指景物表面在微观上呈现出的起伏不平，例如橘子的折皱表皮、混凝土墙面、高尔夫球表面等。有的纹理是相当有规律的，例如新砌成的砖墙及高尔夫球的表面等；而有的纹理看上去毫无规律，例如树皮和橘子皮。下面分别介绍两种纹理的模拟方法。

一、颜色纹理

颜色纹理通常采用纹理映射（Texture Mapping）的方法进行模拟，即将在纹理空间中 *uv* 平面上预先定义的二维纹理（函数、图形、图像等）映射到景物空间的三维景物表面上，通过投影变换，再进一步映射到图像空间的二维图像平面上。有时两步映射合并为一步并采用由纹理空间至图像空间的有理线性映射函数。

纹理映射主要有两种实现方法。一种是正向映射方法，即由纹理空间向图像空间映射。在纹理空间中，对二维纹理函数依序采样并一一映射到图像平面上，取同一像素内各纹理函

数采样值的平均值作为该像素的显示光强。另一种是逆向映射方法，即由图像空间映射到纹理空间，将屏幕像素映射到纹理空间中的 uv 平面上。此外，在提高纹理映射的生成速度方面，Mip 图映射方法是一种较为典型和有效的方法。下面分别进行介绍。

1. Catmull 曲面分割方法

Catmull 曲面分割方法是最早提出和典型的正向映射方法。该方法将纹理映射、图形失真的消除与曲面分割方法有机地结合在一起，对曲面的显示可以不必先用多面体来逼近，而是直接绘制。

假定要绘制的带纹理曲面片可以由两个变量的参数方程来描述。这种曲面片可以看成是参数空间中的一个单位正方形经参数方程所代表的函数（例如双变量的三次多项式）映射后的映像。对曲面进行分割，反映在参数空间是对正方形进行切割。据此可以很容易地建立起曲面片上的某一小块与参数空间中的某一小范围之间的对应关系。这样，当经过充分分割后，曲面片上每一小块在屏幕上的投影就可能至多只覆盖一个像素。这时，像素就与曲面片上的某些小块建立起对应的关系。假定要在曲面片上绘制的纹理恰好也定义在同一参数空间的那个单位正方形上，那么就可以这样来确定像素的显示值：由像素找出投影后会覆盖在其上的那个小块（若无这种小块，该像素置背景值）上，再由该小块确定它在参数空间中的那个小范围，然后将定义在这个小范围上的纹理值取平均后作为该像素的显示值（如此可控制图形的失真）。

在上面介绍的方法中，我们做了一个过于苛求的假定，这就是定义曲面片的参数空间与定义纹理的空间是一致的。实际上，当定义曲面片的参数空间与定义纹理的空间不一致时，只需在这两个空间中规定一个变换即可。例如，当曲面片定义在正交坐标系 (s, t) 中，而纹理定义在另一个正交坐标系 (u, v) 中，若能在这两个坐标系之间找到一个恰当的变换，则问题即告解决。实际中经常使用的是一个双线性变换

$$\begin{cases} s = Au+B \\ t = Cv+D \end{cases} \tag{8-29}$$

式中，常数 A、B、C、D 可以通过指定已知点之间的对应关系来求得。

该方法的缺点是图像生成不符合扫描线顺序，因此需占用较大的存储区域存储纹理映射值并对它们进行排序和归并。再有，用于确定何时已分割好的运算量可能很大，而且一般也不能保证这样的分割能精确地覆盖一个像素，难免会带来一定的误差。此外，由于纹理映射的非线性，某些显示像素内可能不包含任何纹理采样值。下面要介绍的另一种方法能避免上述缺陷。

2. 像素逆映射方法

逆映射方法与正映射方法相比，一个主要的差别在于此方法是从屏幕空间中像素所占的小矩形出发的，而不是从对象空间中曲面片的某一小块出发。求像素的逆，实际上是求它四个顶点的逆，即找出显示对象上与之对应的四个点，从而确定与该像素对应的曲面片上的一小块。通过描述曲面片的参数方程的逆，又可以将这一小块曲面片与参数空间上的某个范围建立对应。最后利用参数空间与纹理空间的映射确定在后者中的区域，从而计算其上纹理的平均值，并将其作为一开始讨论的那个像素的显示值。上述像素逆映射过程可用图 8-15 来表示。

由此可见，该方法的基本思路很清晰，但在具体实现时尚有一些细节问题需认真对待。一个突出的问题是要知道在投射到屏幕之前各个位置的深度值。因为只有在屏幕坐标值 x、

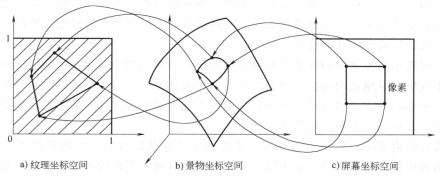

a) 纹理坐标空间　　　　　b) 景物坐标空间　　　　　c) 屏幕坐标空间

图 8-15　像素逆映射过程

y 及该位置深度 z 知道后，才可能通过逆视见变换来求取显示对象上的点（x'，y'，z'）。该问题可以通过深度缓冲消隐算法来解决。对于其他位置上的深度值可以通过插值的方法来求得。

像素逆映射方法十分费时，实现起来也很麻烦。要使该方法能够实用，必须提高求像素逆的效率。利用局部线性逼近来代替直接求像素逆的方法，可使纹理映射的运算量大为减少。在扫描线算法中，常采用逆映射方法来生成表面纹理。

3. Mip 图映射方法

Mip 图映射方法是一种以牺牲部分精度来提高速度的纹理绘制方法。它将任一位置的纹理值用一个正方形区域上的样本平均值来近似，即采用一个正方形区域来近似表示屏幕像素在纹理空间的对应区域。尽管这样做可能会带来较大的误差，引起图形混淆，但由于计算量小，仍得到了广泛的应用。

Mip 图实际上是一张查找表。设 $t(u, v)$ 是纹理函数，那么给定一分辨率 $N \times N$（如 512×512），可将纹理空间划分成 $N \times N$ 个小正方形区域。取每个小正方形区域中的纹理函数值的平均即得 $N \times N$ 个纹理函数平均值，按红、绿、蓝分量分别存放于三个 $N \times N$ 的二维数组中，即为 Mip 图的第一级数据。将第一级数据压缩一倍（即取每相邻的 4 个数据的算术平均得到一个数据）就得到 Mip 图的第二级数据，对第二级数据压缩一倍就得到第三级数据。依此压缩下去，可得到 $\log_2 N + 1$ 个不同等级的 Mip 图数据，其中某一级的数据由比它高一级的数据压缩一倍（进行算术平均）形成。这个由不同级纹理函数平均值组成的表称为 Mip 图，这种纹理映射方法称为 Mip 图映射（Mip 是希腊文 "multum in parvo" 的缩写，意为 "聚集在一块小地方的许多东西"）。

由于纹理映射需计算各屏幕像素在纹理空间中对应区域上的纹理函数平均值，而 Mip 图事先已算出纹理平面上不同大小区域的纹理函数平均值并存放于表中，因此在求某个纹理区域的纹理函数平均值时只需查找 Mip 图即可。这就是设计 Mip 图的用意所在。

Mip 图的查找由 u、v、D 三个量决定，其中，(u, v) 是屏幕像素中心的纹理空间坐标，而 D 为屏幕像素在纹理空间中所近似对应的正方形区域的边长，一般可取 D 为像素 e 映射至纹理空间后的曲边四边形的最大边长。

二、几何纹理

运用上面介绍的颜色纹理方法可以将平面花纹覆盖到任意景物的表面上。但自然界中的许多景物，如山脉、岩石、树木、云彩、平原、各种植物表皮等，它们的表面呈现出随机的不规则情况，这种几何纹理不能简单地采用纹理映射方法得到满意的模拟，原因是纹理映射方法并不改变景物表面的几何性质。

目前几何纹理模拟常用的方法大致可分为两种。一种是对常规景物模型进行随机扰动，从而获得不规则的景物表面形状，典型的方法如法向扰动法；第二种就是所谓算法模型，即通过使用一种递归模式，引入随机变量，实现对不规则景物几何纹理的模拟，典型算法如分形纹理方法。下面具体介绍法向扰动法。

法向扰动法由 Blintz 在 1978 年提出，主要用于产生几何纹理，模拟凹凸不平的物体表面，如自然界中植物的表皮等。它采用一个扰动函数对物体表面的微观形状进行扰动，由于扰动函数的幅度比较小，所以不影响物体表面的整体形状。类似于纹理，扰动函数既可以用离散的数组来表示，也可以定义为连续的函数。通过适当地选取扰动函数，能够模拟各种不同的几何纹理。假设原物体表面由参数曲面 $P(u,v)=[x(u,v),y(u,v),z(u,v)]$ 表示，它的法矢量定义为

$$N=\frac{\partial P}{\partial u}\times\frac{\partial P}{\partial v} \qquad (8-30)$$

若记扰动函数为 $B(u,v)$，则扰动后得到的新物体表面 $Q(u,v)$ 为

$$Q(u,v)=P(u,v)+B(u,v)\frac{N}{|N|} \qquad (8-31)$$

对上式分别关于 u,v 求偏导，有

$$\frac{\partial Q}{\partial u}=\frac{\partial P}{\partial u}+\frac{\partial B}{\partial u}\frac{N}{|N|}+B(u,v)\frac{\partial\left(\frac{N}{|N|}\right)}{\partial u} \qquad (8-32)$$

$$\frac{\partial Q}{\partial v}=\frac{\partial P}{\partial v}+\frac{\partial B}{\partial v}\frac{N}{|N|}+B(u,v)\frac{\partial\left(\frac{N}{|N|}\right)}{\partial v} \qquad (8-33)$$

由于 $B(u,v)$ 非常小，式（8-32）和式（8-33）右端的第三项均可以忽略不计，于是得

$$\frac{\partial Q}{\partial u}=\frac{\partial P}{\partial u}+\frac{\partial B}{\partial u}\frac{N}{|N|} \qquad (8-34)$$

$$\frac{\partial Q}{\partial v}=\frac{\partial P}{\partial v}+\frac{\partial B}{\partial v}\frac{N}{|N|} \qquad (8-35)$$

从而，$Q(u,v)$ 的法矢量近似为

$$\overline{N}=\frac{\partial Q}{\partial u}\times\frac{\partial Q}{\partial v}=N+\frac{\frac{\partial B}{\partial u}\left(N\times\frac{\partial P}{\partial v}\right)+\frac{\partial B}{\partial u}\left(\frac{\partial P}{\partial u}\times N\right)}{|N|} \qquad (8-36)$$

式（8-36）右端第二项即为法向的扰动因子，$\overline{N}$ 为扰动后的曲面法矢量。

用法向扰动方法模拟不光滑物体表面的效果相当不错，它的困难在于不容易选取合适的扰动函数。图 8-16 说明了使用一维模拟的概念，法矢量的方向被扰动。

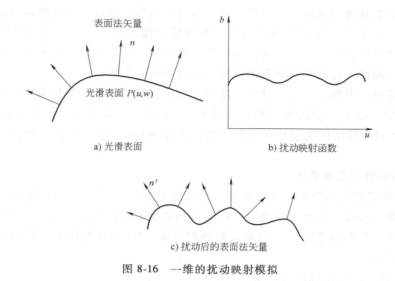

a) 光滑表面　　　　　　　b) 扰动映射函数

c) 扰动后的表面法矢量

图 8-16　一维的扰动映射模拟

第六节　整体光照模型

一、整体光照模型的概念

光照模型用来计算由图像中的每一像素射到观察者眼中的光强。物体的简单光照模型，只考虑光源和被照表面的朝向，以确定到达观察者眼中的反射光的光强，而将周围环境对物体表面光强的影响简单地概括为环境光，忽略了物体间光线的相互影响，如图 8-17a 所示。实际上，这是一种局部光照模型。然而，从整体上考虑，场景中其他物体反射或透射来的光以及其他光源的入射光都不能忽略。因为光源照射到某一物体后的反射光，以及经由透明物体的折射光，对另一个物体而言则成光源，如图 8-17b 所示。为增强图像的真实感，就必须考虑这些反射光与透射光的影响。为了精确模拟光照效果，应考虑四种情况：镜面反射到镜面反射、镜面反射到漫反射、漫反射到镜面反射，以及漫反射到漫反射。对于透射，可分为漫透射与规则透射（镜面透射）。为了使问题简化，可分两步进行。首先，只考虑光线在物

a) 简单光照模型　　　　　　　　　b) 整体光照模型

图 8-17　简单光照模型与整体光照模型的对比

体表面的镜面反射和规则透射，这样得到的图像可表现出在光亮平滑的物体表面上呈现出其他物体的映像，以及通过透明物体看到其后的环境映像；其次，考虑光照从漫反射到漫反射，这样得到的画面较为柔和，并能模拟彩色渗透现象。这种考虑了整个环境的总体光照效果和各种景物之间的互相映照或透射的模型，称为整体光照模型。

从以上讨论可以看出，消隐算法中，除了光线投射算法外，其他所有消隐算法都无法采用整体光照模型。因此，整体光照模型和光线投射算法是结合在一起实现的。Whitted 和 Kay 首先在光线投射算法中采用整体光照模型，由于 Whitted 算法更具一般性，因此被广泛采用和推广。

二、Whitted 整体光照模型

Whitted 整体光照模型保留了式（8-37）给出的简单光照模型中的环境光、朗伯漫反射和 Phong 的镜面反射项，增加了环境镜面反射光和环境规则透射光，以模拟周围环境的光投射在景物表面上产生的理想镜面反射和规则透射现象。Whitted 整体光照模型的镜面反射和透射基于以下假设：

如图 8-18 所示，被跟踪的入射光 V 到达物体表面上点 P，观察者位于 $-V$ 方向上，光线 V 在点 P 处按 R 方向反射和按 T 方向折射（假定表面透明）。I_s 为逆镜面反射方向到达表面点 P 并反射到观察者眼中的光线光强，I_t 为逆折射方向进入表面点 P 并投射到观察者眼中的光强，I_{t_j} 方向为第 j 个光源所在的方向。由上可知，到达观察者眼中的光线光强 I 由三部分组成：一是由光源直接照射产生的反射光强，另外两部分则是 I_s 和 I_t，于是到达观察者眼中的光线光强为

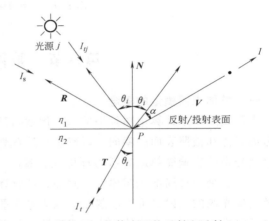

图 8-18　物体表面的反射和透射

$$I = K_\alpha I_\alpha + I_{tj} \sum_{j}^{m} (K_d \cos\theta_i + K_s \cos^n\alpha) + K_s I_s + K_t I_t \qquad (8-37)$$

式中，K_α、K_d、K_s、K_t 分别为环境光照射系数、漫反射系数、镜面反射系数和透射系数。

三、光线跟踪算法

光线跟踪算法利用了光线的可逆性原理，不是从光源出发，而是从视点出发，沿视线方向进行跟踪。这里讨论的整体光照模型中的可见面计算，与不透明面光线投射算法的不同之处在于，并非求出光线第一次和表面交点时就结束。考虑图 8-19a，观察者的视线 V 沿屏幕上一像素 e 的投射光线，与场景中表面 1 交于点 P_1。在交点 P_1 处，光线沿 R_1 方向反射和沿 T_1 方向折射，于是在点 P_1 处生成两束光线。再继续跟踪这两束光线，找出它们与场景中表面 2 的交点 P_2 和表面 3 的交点 P_3，在交点 P_2 和 P_3 处生成的两束光线分别为 R_2、T_2 和 R_3、T_3。重复以上跟踪过程，直到每一束光线都不再与场景中的物体表面相交为止。整个跟踪过程可用一棵树（称为光线树）来描述，如图 8-19b 所示。树的每一节点表示光线与表面的交点（根节点除外），其左子树表示表面的反射光线，右子树表示折射光线。

跟踪过程从光线树的叶节点开始，累计光强贡献以确定像素 e 处的光强大小。树中每个

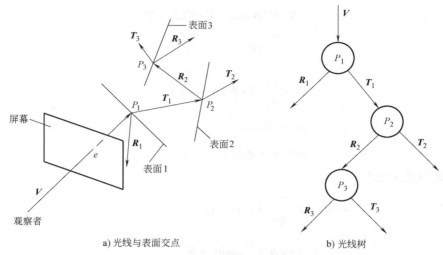

a) 光线与表面交点

b) 光线树

图 8-19 表面反射和折射的光线跟踪

节点处的光强由树中子节点处继承而来，但光强大小随距离长短而衰减。像素光强是光线树根节点处的衰减光强的总和。若像素光线与所有物体均不相交，光线树为空，则该像素光强为背景光强。光线跟踪的最大深度可由用户设定。

下面以图 8-18 为例说明物体表面反射和折射光强的计算。根据几何光学定律，在光线与表面相交处，反射光线和入射光线位于同一平面内，并处于表面法线的两侧，反射角与入射角相等，透射光线服从 Snell 折射定律。

假定 V 为单位入射光矢量，N 为表面单位法矢量，R 为单位反射光矢量，T 为单位折射光矢量，其几何关系如图 8-20 所示。因为 V、R、T 均为单位矢量，因此

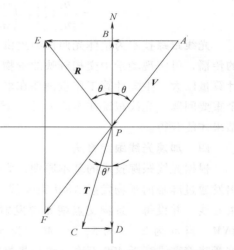

图 8-20 反射光和折射光矢量的计算

$$|\overrightarrow{PC}| = |\overrightarrow{AP}| = |\overrightarrow{PE}| = 1, |\overrightarrow{PB}| = \cos\theta, |\overrightarrow{FE}| = 2\cos\theta$$

$$\overrightarrow{PE} = \overrightarrow{PF} + \overrightarrow{FE}$$

于是单位反射光矢量为

$$R = V + 2N\cos\theta = V + 2N(N \cdot V)$$

设 η_1 是 V 方向空间媒质的折射率，η_2 是物体的折射率，由

$$\frac{\overrightarrow{AB}}{\overrightarrow{CD}} = \frac{\sin\theta}{\sin\theta'} = \frac{\eta_2}{\eta_1}$$

可解得

$$\cos\theta' = \left[1 - \left(\frac{\eta_1}{\eta_2} \right)^2 (1 - \cos^2\theta) \right]^{\frac{1}{2}} = \left[1 - \left(\frac{\eta_1}{\eta_2} \right)^2 (1 - (N \cdot V)^2) \right]^{\frac{1}{2}}$$

$$\vec{AB} = V + N\cos\theta = V + N(N \cdot V)$$

$$\vec{CD} = \frac{\eta_1}{\eta_2}\vec{AB}$$

$$\vec{CD} = \frac{\eta_1}{\eta_2}[V + N(N \cdot V)]$$

$$\vec{PD} = -N\cos\theta'$$

$$\vec{PC} = \vec{PD} - \vec{CD}$$

于是单位折射光矢量为

$$T = -N\cos\theta' - \frac{\eta_1}{\eta_2}(V + N\cos\theta)$$

$$= -\frac{\eta_1}{\eta_2}V - \left(\cos\theta' + \frac{\eta_1}{\eta_2}\cos\theta\right) \cdot N$$

$$= -\frac{\eta_1}{\eta_2}V\left\{\left[1 - \left(\frac{\eta_1}{\eta_2}\right)^2(1-(N \cdot V)^2)\right]^{\frac{1}{2}} + \frac{\eta_1}{\eta_2}(N \cdot V)\right\} \cdot N \tag{8-38}$$

光线跟踪技术为整体光照模型提供了一种简单有效的绘制手段。它可模拟自然界中光线的传播,可实现场景中交相辉映的景物、阴影、透明等高度真实感图像的显示。但它的实现计算量巨大,主要计算工作量消耗在求交点问题上。因此,提高求交计算的效率是算法的一个重要问题。光线跟踪在本质上是一个递归算法,每个像素的光强必须综合各层递归计算的结果才能获得。

四、加速光线跟踪算法

根据光线跟踪技术的基本原理,为在 $N×M$ 显示分辨率的屏幕上生成图形,必须从视点出发通过屏幕向景物发射 $N×M$ 束光线。设每束光线在场景中经过反射和折射平均派生出 d 束光线,并设每一景物交点朝光源发射 m 束阴影探测光线,则总的光线数将增至 $(m+1)dNM$。当 m 为 2, d 为 5, N、M 均为 512 时,其光线数目是 3932160,即近 400 万束光线。这意味着需进行近 400 万次直线与景物的求交计算才能完成图形的绘制。庞大的求交计算量使图形绘制时间大大增加,生成一幅中等复杂程度的真实画面需要数十分钟甚至数小时。若不寻求一种快速的直线与景物求交的方法,光线跟踪技术的实用性将受到很大限制。

光线跟踪的求交计算和场景的复杂程度有密切关系。当景物仅由为数不多的平面和二次曲面片组成时,计算耗时不长。但是较为复杂的场景,常蕴含多个景物表面,不仅数量多,而且还可能具有复杂的形状与解析表示,若求取光线与场景交点需与场景中所有景物表面一一进行求交测试,则计算耗时将大大增加。

实际上,一束光线只和场景中极少数场景表面相交,该光线与场景中所有表面一一做求交运算显然是无意义的。为此,可采用场景的分层次表示和包围盒技术。所谓场景的分层次表示,是指将场景中的所有表面按景物组成和景物间的相对位置分层次组织成一棵景物树。树的根节点表示整个场景,而其子节点则表示由若干景物表面组成一个个局部场景。图 8-21 即为景物树及其包围盒的例子。包围盒技术是指用几何形状相对简单的封闭表面(如长方形/球/圆柱等)将一复杂景物包起来。若被跟踪的光线与包围盒不交,则它与包围盒内所含所有景物表面均不相交。由于判别光线与包围盒相交或不相交较容易，从而避免了许多不必要的求交计算。图 8-21 中的虚线为最简单的球形包围盒。包围盒技术与场景的分层次表示结合使用时可大大减少求交的计算量。

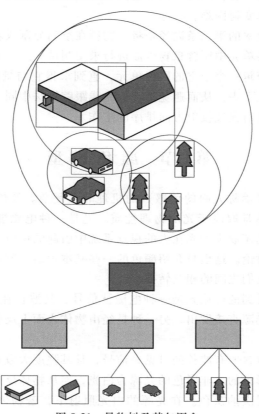

图 8-21　景物树及其包围盒

算法 8-1　基于层次包围盒结构的光线跟踪算法

一个采用上述技术的高效率的求交算法如下：

```
void intersection( ray, scene )
{
//ray:光线
//scene:场景树节点
    if( ray 与 scene 的包围盒有交点){
        if( scene 是终节点){
            ray 与 scene 求交。若相交,则将交点置入交点表中。
        } else {
            for( scene 的所有子节点 child-of-scene){
                intersection( ray, child-of-scene);
            }
        }
    }
}
```

　　场景分层次表示法和包围盒技术用光线与少量形状简单的包围盒求交测试取代与大量景物表面的求交计算，从而提高了算法效率。这种方法的问题在于许多情况下简单的包围盒不能紧密地包裹其中所含的景物，因此降低了包围盒测试的可靠性，而复杂的包围盒又将导致光线和包围盒的求交计算变得困难。

　　改善光线跟踪求交效率的第二条途径是将景物所在空间分割成若干网格单元，被跟踪的光线仅同它所穿越的网格单元中所含景物表面进行求交测试。这一方法利用相邻网格单元的空间连贯性，使光线能跨越一个个空的网格单元，直到求得它与景物的第一个交点时为止。此后光线无须再继续跟踪下去，从而避免了一般光线跟踪算法中同一光线对场景中其他景物表面的求交计算及各交点沿光线投射方向排序的工作。

第七节　颜色模型

　　人们能够看到颜色（简称人眼的色感）的机理非常复杂。颜色是一种心理生理和心理物理现象。人对颜色的感觉取决于光的物理性质。光是一种电磁能，并与周围环境互相作用。同时，对颜色的感觉还取决于光在人的视觉系统中引起的反应。这是一个庞大、复杂的领域，本书不进行深入讨论。这里只介绍颜色的一些基本术语、颜色所涉及的物理现象、各种颜色描述系统，以及它们之间的相互转换。

　　人的视觉系统所能看到的可见光是一种电磁波信号，其波长在 400～700nm 之间。光通常有两种来源，一种是光源直接发出，另一种是经由物体表面上反射或折射间接而来。

一、色度

　　当眼睛接收到的光包含所有波长的可见光信号，且其强度大致相等时，则发出光线的光源或所看到的物体是非彩色的。非彩色的光源为白光，而从物体反射或透射的非彩色光可能呈现白色、黑色或不同层次的灰色。在光源的白光照射下，若物体可反射 80% 以上的入射光，则物体看上去是白色的；若反射率小于 3%，则物体看去是黑色的；介于它们之间的反射率，则形成了各种深浅不同的灰色。通常，反射光强取值在 0～1 之间，0 对应黑色，1 对应白色，而各中间值对应灰色。

　　下面来说明亮度和明度这两个难于严格区分的概念。通常亮度是指发光体本身所发出的光为眼睛所感知的有效数量（多—少），而明度是指本身不发光而只能反射光的物体所引起的一种视觉（黑—白）。物体的亮度或明度取决于眼睛对不同波长的光信号的相对敏感度。图 8-22 所示为眼睛的相对敏感度曲线。从图中可见，人的眼睛在白天对 50nm 左右波长的光最为敏感。在可见光谱的两端，眼睛的敏感程度迅速减弱。这一曲线称为光效率曲线。由图可知，人的眼睛对绿色光较敏感。

　　如果眼睛感受到的光信号中各波长的光占任意比例且各不相同，则形成彩色光。实际上，一定波长的电磁能本身不带颜色，所谓颜色不过是人的眼睛、大脑结合在一起对客观现象产生的一种感觉而已。物体呈现出来的颜色

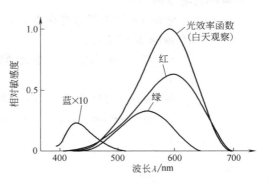

图 8-22　眼睛的相对敏感度曲线

既取决于光源中各种光的波长分布，也取决于物体本身的物理性质。如果一个物体仅反射或透射很窄频带内的光而吸收其他波长的光，则它会显示出颜色来。具体颜色由反射光或透射光的波长决定。一定颜色的入射光照射在某种能够反射或透射光谱的材料表面可能导致意想不到的结果。例如，用绿光做入射光照射在一个红色物体上，物体呈现黑色，这是因为无反射光生成的缘故。

颜色在心理生物学上可用色彩、色饱和度和明度三个参量来描述。色彩是某种颜色据以定义的一个名称，如红色、绿色、蓝色等；色饱和度是单色光中掺入白光的度量，单色光的色饱和度为 100%，白光加入后，其色饱和度下降，非彩色光的色饱和度为 0；明度为非彩色光的光强值。

同样的，颜色在心理物理学上也有三个与色彩、色饱和度和明度相对应的参量，它们是：主波长、色纯和亮度。在可见光谱上，单一波长的电磁能所产生的颜色是单色的。我们用 E_1 表示单色光的能量，E_2 表示单色光中掺入白光的能量，于是色纯可由 E_1、E_2 值的相对大小来决定。显然，当 E_2 降至 0 时色纯增到 100%，当 E_2 增至 E_1 时色纯降至 0，此时光呈白色。色纯可表示为

$$\left(1-\frac{E_2}{E_1}\right)\times100\%\,,E_1\geqslant E_2 \tag{8-39}$$

亮度是单位面积上所接受的光强，它与光的能量成正比。

二、三色学说

1807 年，托马斯杨（T. Young）和赫尔曼·赫姆霍尔兹（H. Helmholtz）根据红、绿、蓝三原色可以产生各种色调及灰度的颜色混合规律，假设在人眼内有三种基本的颜色视觉感觉纤维。后来发现这些假设的纤维和视网膜的锥体细胞的作用类似，所以近代的三色理论认为三种颜色感觉纤维实际上是视网膜的三种锥体细胞。每一种锥体细胞包含一种色素，三种锥体细胞色素的光吸收特性不同，所以在光照射下它们吸收和反射不同的光波。当色素吸收光时，锥体细胞发生生物化学变化，产生神经兴奋。锥体细胞吸收的光越多，反应越强烈；吸收的光少就没有什么反应。因此，当光谱红端波长的光射到第一种锥体细胞上时其反应强烈，而光谱蓝端的光射到它上面时其反应就很小。黄光也能引起这种锥体细胞的反应，但比红光引起的反应要弱。由此可见，第一种锥体细胞是专门感受红光的。相似的，第二和第三种锥体细胞则分别是感受绿光和蓝光。

红、绿、蓝三种原色以不同比例混合可以产生白色和其他各种颜色。白光包括光谱中各种波长的成分。当用白光刺激眼睛时，会同时引起三种锥体细胞的兴奋，在视觉上就会产生白色感觉。当用黄光刺激眼睛时，将会引起红、绿两种锥体细胞几乎相等的反应，而只引起蓝细胞很小的反应。这三种细胞不同程度的兴奋结果产生黄色的感觉。这正如颜色混合时，等量的红和绿加上少量的蓝会产生黄色一样，一个短波长的蓝紫光在引起第三种锥体细胞强烈反应的同时，也引起第二种锥体细胞的一些活动，而几乎不能引起第一种锥体细胞的活动。与此相应，用大量的蓝光、少量的绿光和极少量的红光进行混合就能复现这种蓝紫光。由此可见，这三种锥体细胞不同的光谱吸收曲线，使不同波长的光所造成的三种锥体细胞反应的强度不同。三者不同程度兴奋的比例关系决定我们看到的将是什么颜色，赫姆霍尔兹假定的三种锥体细胞的吸收特性不完全一致，但却非常接近。现代研究测得存在长、中、短三种色素，它们分别单独存在于三种锥体细胞中。这些锥体细胞可分别被称为 L、M、S 锥体

细胞。它们的三种色素的吸收峰分别在 445nm、535nm 和 570nm 附近，并具有较宽范围的光谱感觉性。这个学说现在通常称为杨-赫姆霍尔兹学说，也叫作三色学说。

杨-赫姆霍尔兹学说的最大优越性是能充分说明各种颜色的混合现象。赫姆霍尔兹用简明的三种神经纤维的假设，使颜色实践中颜色混合这一核心问题得到满意的解释。

杨-赫姆霍尔兹学说是真实感图形学的生理视觉基础，我们所采用的 RGB 颜色模型以及其他的计算机图形学中的颜色模型都是根据这个学说提出来的，还可以根据这个学说用 RGB 来定义颜色。三色学说是颜色视觉中最基础、最根本的理论。

三、原色混合系统与颜色匹配实验

在计算机图形学中有两种原色混合系统，它们是红、绿、蓝（RGB）加色系统和青、品红、黄（CMY）减色系统，如图 8-23 所示。两种系统中的颜色互为补色。所谓一种颜色的补色是从白色中减去该颜色后所得到的颜色。可见青色是红色的补色，或说青色是白色减去红色所得颜色。其他颜色的互补关系照此类推。通常将红、绿、蓝作为原色，而将青、品红、黄用为它们的补色。有趣的是彩虹和棱镜色散形成的光谱中并不存在品红色，它只是由眼睛大脑视觉系统形成的。

对于反射体，例如印刷油墨、胶卷以及非发光显示器，常采用 CMY 减色系统。在减色系统中，应从白光光谱中减去其补色的光波。

对于发光体，例如彩色 CRT 显示器或彩色灯光，常采用 RGB 加色系统。通过试验可知，三种单色是得以匹配可见光谱中几乎所有颜色的最小数量的原色，但要求这三种匹配光在可见光谱中相距远，并且其中任意两种匹配光混合后都不能生成第三种匹配光，这三种光的颜色就是原色。然而，仍然有不少试验光无法用三色光相加的方法获得匹配。

人们通过大量实验统计得出结论：人的视觉系统大约可以分辨 35000 种颜色。当颜色仅在色彩上不同时，人眼大约可以分辨 128 种不同的色彩。如果仅改变颜色的色饱和度，则人眼大约可以分辨 16 种不同色饱和度的黄色和 23 种不同色饱和度的红色或紫色。

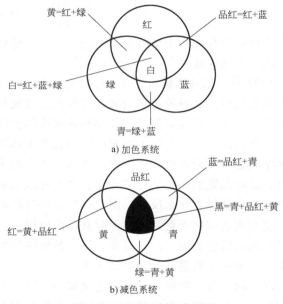

图 8-23　两种原色混合系统

四、CIE 色度图

一般称具有如下性质的三种颜色为原色：用适当比例的这三种颜色混合，可以获得白色，而且这三种颜色中的任意两种的组合都不能生成第三种颜色。我们希望用三种原色进行混合去定义可见光谱中的每一种颜色。在彩色图形显示器上，通常采用的红、绿、蓝三种基色就具有以上的性质，因此是三种原色。

国际标准照明委员会（CIE）1931 年规定这三种色光的波长是：红色光（R）的波长为

700nm；绿色光（G）的波长为 546.1nm；蓝色光（B）的波长为 435.8nm。自然界中各种颜色都能由这三种原色按一定比例混合而成，混合比例即三刺激值。

在以上定义的基础上，光的匹配可用式子表示为

$$c = S_R R + S_G G + S_B B \qquad (8\text{-}40)$$

式中，等号表示两边所代表的光看起来完全相同；加号表示光的叠加（当对应项的权值 S_R，S_G 或 S_B 为正时）；c 为光谱中某色光，R，G，B 为红、绿、蓝三种原色光；权值 S_R，S_G、S_B 表示匹配等式两边所需要的 R、G、B 三色光的相对量，也就是三刺激值。由此国际标准照明委员会建立了 1931 CIE-RGB 颜色系统，其光谱三刺激值曲线如图 8-24 所示。

图 8-24 给出了 CIE-RGB 系统的颜色匹配函数图。从图中可以看到 500nm 附近的光波颜色中 S_R 为负值，这表示不可能靠叠加红、绿、蓝三原色来匹配给定光，而只能在给定光上叠加负值对应的原色，去匹配另两种原色的混合。

如果要用红、绿、蓝三原色来匹配任意的可见光，则其权值中将会出现负值。由于实际上不存在负的光强，人们希望找出另外一组原色，用于替代 R、G、B 使得匹配时的权值都为正。

1931 年，CIE 规定了三种标准原色 X、Y、Z，用于颜色匹配。这三种原色是假想的颜色，并同时给出了颜色匹配函数图，如图 8-25 所示。对于可见光谱中的任何主波长的光，都可以用这三个标准原色的叠加（即正权值）来匹配。即对于可见光谱中任一种颜色 c，可以找到一组正的权值（S_X　S_Y　S_Z），使得

$$c = S_X X + S_Y Y + S_Z Z \qquad (8\text{-}41)$$

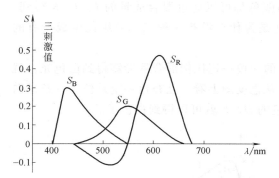

图 8-24　CIE-RGB 系统的颜色匹配函数图

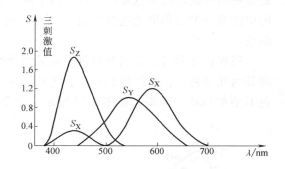

图 8-25　CIE-XYZ 系统的颜色匹配函数图

值得注意的是，三原色 X、Y、Z 并不是实际存在的颜色，而是假想的颜色，选取它们的目的是使得在 CIE-XYZ 中，任一颜色的三个坐标分量都非负。如图 8-26 所示，所有的可见光对应的颜色在 $OXYZ$ 坐标系中组成了一个锥体，它落在第一象限内。把权值 S_X、S_Y、S_Z 规格化，即

$$x = \frac{S_X}{S_X + S_Y + S_Z}, \quad y = \frac{S_Y}{S_X + S_Y + S_Z}, \quad z = \frac{S_Z}{S_X + S_Y + S_Z} \qquad (8\text{-}42)$$

使得 $x + y + z = 1$，即获得颜色 c 的色度权值（x　y　z）。

所有的色度值落在锥体与 $x+y+z=1$ 平面的相交区域上。把这个区域投影到 XY 平面上，所得的马蹄形区域称为 CIE 色度图。如图 8-27 所示，马蹄形区域的边界和内部代表了所有可见光的色度值（因为当 x、y 确定之后，$z = 1 - x - y$ 也随着确定）。弯曲部分上的每一点，

对应光谱中某种饱和度为百分之百的色光。线上标明的数字为该位置所对应的色光的主波长。从最右边的红色开始，沿边界逆时针前进，依次是黄、绿、青、蓝、紫等颜色。图 8-27 中央一点 C 对应一种近似于太阳光的标准白光。C 点接近于但不等于 $x=y=z=1/3$ 的点。

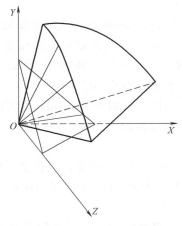

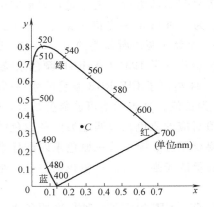

图 8-26　所有可见光组成的第一象限　　　　图 8-27　CIE-XYZ 色度图
　　　　内的锥体以及 $x+y+z=1$

　　色度图可以为不同的基色组比较整个颜色范围。基色组所确定的颜色范围表示成直线段或多边形。如图 8-28 所示，I、J、K 为所选择的基色组，则 I、J、K 三点所围成的三角形就是基色组所确定的颜色范围，该三角形内所有的颜色都可以通过混合适量的 I、J、K 得到。图中没有一个三角形能包含所有的颜色，这也就是为什么没有一种三基色组能生成所有的颜色。

　　根据色度图可以识别互补色。如果两种颜色的光按一定比例混合后能够得到白色光，就称其为互补色。例如红色和青色，蓝色和黄色。从色度图上看，互补色一定是位于一条过白色 C 点的线段的两端。如图 8-29 所示，混合适量的 D、E 就可以得到白色了。

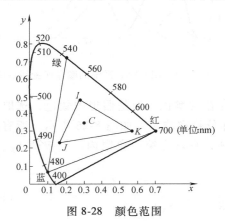

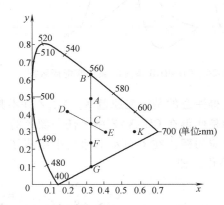

图 8-28　颜色范围　　　　　　　　图 8-29　计算颜色的主波长、饱和度及其补色

　　根据色度图还可以确定所选颜色的主波长和饱和度。可以通过三基色颜色范围的解释来确定一种颜色的主波长。如图 8-29 中的 A 点，从 C 点过 A 点作一条线段与光谱曲线相交，得到 B 点，这样颜色 A 就可以表示为颜色 B 和白光的混合。那么 A 的主波长就为 B 与 C 的

主波长接线段 AC 与 BC 长度之比混合而成的波长。A 越靠近 C，它包含的白光越多，因而饱和度越低。

五、几种颜色系统

虽然色度图和三刺激值给出了描述颜色的标准精确方法，但是，色度图的应用还是比较复杂的。在计算机图形学中，通常使用一些通俗易懂的颜色系统。下面介绍几种常用的颜色系线，它们都是基于三维颜色空间讨论的。

1. YIQ 系统

1953 年，美国电视标准委员会（NTSC）采用了一种新的颜色标准，即 YIQ 系统。该系统建立在 CIE-XYZ 系统的基本概念上。考虑到频带宽度的限制，取其中一个 Y 信号表示亮度信息。在 Y 信号中，NTSC 红、绿、蓝三原色按适当比例混合以获得标准的光谱光效率曲线。NTSC 标准中的标准白色原为 CIE 中的标准照明体 C 的颜色，但目前已广泛采用 CIE 中标准照明体 D_{6500} 作为标准白色。

YIQ 系统采用红色、绿色、蓝色之差的线性组合和 Y 信号表示色彩和色饱和度等彩色信息。它和 RGB 系统可以互相转换。

2. 颜色立方体

如同 CIE-XYZ 三刺激值一样，RGB 和 CMY 颜色空间也是三维空间，它们可用一个三维颜色立方体来表示，如图 8-30 所示。

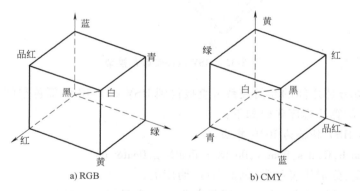

图 8-30　颜色立方体

这两个系统中的各种层次的灰色均位于黑色至白色的对角线上，而原色的补色位于立方体上的对角顶点处。由 RGB 至 CMY 颜色空间的变换为

$$(R\quad G\quad B)=(1\quad 1\quad 1)-(C\quad M\quad Y)$$

3. Qstwald 颜色系统

画家用色泽、色深和色调表现颜色。如图 8-31 所示，给定一纯色颜料，画家可在其上加白色获得色泽，加上黑色获得色深，如同时调节，则获得具有不同色调的颜色。这样，可构成一个实用的主观颜色的三维表示，以克服上述颜色系统难于描述用户主观感觉的颜色这一缺点。

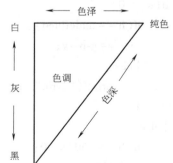

4. HSV 颜色系统

HSV（色彩、色饱和度、明度值）颜色体是史密斯于　图 8-31　纯色的色泽、色深和色调

1978 年提出的一个颜色模型。假如沿 RGB 颜色立方体（见图 8-30a）的主对角线由白端向黑端看过去，它在平面上的投影将构成一个六边形，RGB 三原色及相应的补色分别位于六边形的各顶点上。显然，降低各原色的色饱和度就得到一个较小的 RGB 颜色立方体，其在平面上的投影生成的六边形也较小。若将 RGB 颜色立方体和其子立方体的投影，沿着主对角线层层叠加就形成一个六棱锥体。图 8-32 给出了 HSV 六棱锥颜色模型。它的中心轴线表示颜色的明度 V，对应黑色一端 $V=0$，而对应白色一端 $V=1$。明度 V 沿轴线由棱锥顶点的 0 逐渐递增到顶面时取最大值 1，色饱和度 S 由棱锥上的点至中心轴线的距离决定，而色彩 H 则表示成它与红色的夹角（0°～360°）。在图 8-32 中，红色置于 0°处。色饱和度取值范围由轴线上的 0 至外侧边缘上的 1，只有完全饱和原色及其补色有 $S=1$，由三色构成的混合色值不能达到完全饱和。在 $S=1$ 处，由三原色构成的混合色值不能达到完全饱和。在 $S=0$ 处，色彩 H 无定义，相应的颜色为某层次的灰色。沿中心轴线，灰色由浅变深，形成不同的层次。

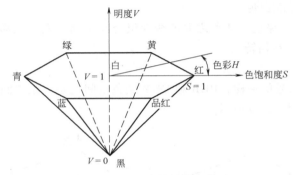

图 8-32　HSV 六棱锥颜色模型

由六棱锥和立方体之间的几何关系可直接得到 HSV 和 RGB 两颜色空间之间的变换。由 HSV 转换为 RGB 的算法程序代码如下：

算法 8-2　由 HSV 转换为 RGB 算法

```
HSV-TO-RGB(float h,float s,float v,float& r,float& g,float& b)
// h,s,v 是已知量,分别代表色彩、色饱和度、明度值;
// h 介于[0,360]之间,代表与红色之间的夹角;s,v 介于[0,1]之间;
//查找与 HSV 对应的 RGB 颜色值,其中 r,g,b 介于[0,1]之间。
{
    if(s==0){
        if(h==undefined){
            r=g-b=v;
        }else{
            printf("error");
        }
    }else{
        if(h==360)h=0;
        h=h/60;
        i=(int)h;
```

```
        f=h-i;
        p=v*(1-s);
        g=v*(1-s*f);
        t=v*(1-(s*(1-f)));
        switch(i){
        case 0:(r,g,b)=(v,t,p);break;
        case 1:(r,g,b)=(g,v,p);break;
        case 2:(r,g,b)=(p,v,t);break;
        case 3:(r,g,b)=(p,g,v);break;
        case 4:(r,g,b)=(t,p,v);break;
        case 5:(r,g,b)=(v,p,q);break;
        default:break;
        }
}/*HSV-TO-RGB*/
```

从 RGB 转到 HSV 的算法程序代码如下：

算法 8-3　由 RGB 转换为 HSV 算法

```
RGB-TO-HSV(float r,float g,float b,float& h,float& s,float& v)
// r,g,b 是已知量,分别代表红、绿、蓝三个颜色分量;
// r,g,b 介于[0,1]之间;
//查找与 RGB 对应的 HSV 颜色值,其中 h 介于[0,360]之间,s、v 介于[0,1]之间。
{
    m=max(r,g,b);
    n=min(r,g,b);
    v=m;
    if(m!=0)
        s=(m-n)/m;
    else
        s=0;
    if(s==0)
        h=undefined;
    else{
        delta=m-n;
        if(r==m)
            h=(g-b)/delta;
        else if(g==m)
            h=2+(b-r)/delta;
            else if(b==m)
                h=4+(r-g/)delta;
            h*=60;
            if(h<0)
```

```
                    h+ = 360;
        }
}/ * RGB_TO_HSV * /
```

5. HLS 颜色系统

HSV 六棱锥模型可推广为双六棱锥 HLS（色彩、亮度、色饱和度）模型。在 HLS 模型中，RGB 颜色立方体投影在平面的两侧形成一个双六棱锥，如图 8-33 所示。亮度值 L 沿轴方向逐渐变化，黑色顶点处 $L=0$，而白色顶点处 $L=1$。如同 HSV 模型一样，其色饱和度由与中心轴线的径向距离决定，其完全饱和原色及其补色有 $S=1$。当 $S=0$ 时，色彩 H 无定义。

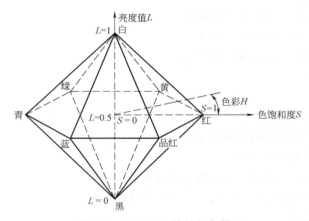

图 8-33　HLS 双六棱锥颜色模型

HLS 模型主要用于描述发光体的颜色。从 RGB 转到 HLS 的算法程序代码如下：

算法 8-4　由 RGB 转换为 HLS 算法

```
RGB_TO_ HLS( float r,float g,float b,float& h,float& l,float& s)
//已知 r,g,b 介于[0,1]之间;
//查找与 RGB 对应的 HLS 颜色值,其中 h 介于[0,360]之间;l,s 介于[0,1]之间。
//如果 s=0,则 h 无定义。
{
    m = max( r,g,b);
    n = min( r,g,b);
    l = ( m+n)/2;
    if( m = = n) {
        s = 0;
        h = undefined;
    } else {
        if( l< = 0.5)
            s = ( m-n)/( m+n);
        else
            s = ( m-n)/( 2-m-n);
        delta = m-n;
        if( r = = m)
```

```
                h＝(g-b)/delta;
          else if(g==m)
                h＝2+(b-r)/delta;
          else if(b==m)
                h＝4+(r-g)/delta;
          h*＝60;
          if(h<0.0)
                h+＝h+360;
      }
}/*RGB-TO-HLS*/
```

从 HLS 转换到 RGB 的算法程序代码如下：

算法 8-5　由 HLS 转换为 RGB 算法

```
HLS_TO_RGB(float h,float l,float s,float& r,float& g,float& b)
//已知 h 介于[0,360]之间或无定义(undefined),l 和 s 介于[0,1]之间;
//查找与 HLS 对应的 RGB 颜色值,其中 r,g,b 介于[0,1]之间。
{
      if(1<-0.5)
          m2＝1*(1+s);
      else
          m2＝ 1+s-1*s;
      m1＝2*1-m2;
      if(s==0)
          if(h==undefined)
                t＝g＝b＝1;
          else
                printf("error");
      else{
          r＝value(m1,m2,h+120);
          g＝value(m1,m2,h);
          b＝value(m1,m2,h-220);
      }
}/*HLS _TO_RGB*/
float value(float n1,float n2,float hue)
{
      float v;
      if(hue>360)
          hue＝hue-360;
      if(hue<0)
          hue＝hue+360;
```

```
    if( hue<60)
        v = n1+( n2−n1 ) * hue/60;
    else if( hue<180)
        v = n2;
    else if( hue<240)
        v = n1+( n2−n1 ) * ( 240−hue)/60;
    else
        v = n1;
    return( v);
} / * value * /
```

习 题

1. 在对多边形表面形成明暗的亮度插值中，实际形成明暗的亮度插值部分的算法，可以通过扩展多边形填充的扫描线算法得到。

（1）写出实现上述想法的亮度插值部分的完整算法。

（2）设有一个六个顶点的平面多边形，各顶点坐标依次是（7，1）、（2，3）、（2，9）、（7，7）、（13，11）、（13，5），为简便，设各顶点的亮度值已求出，依次是1、2、3、4、5、6，要用（1）小题中写出的算法形成明暗：

① 写出先要形成的边表（ET）。

② 写出算法运行时活动边表（AET）的变化情形。

③ 对扫描线 $Y = 8$，说明亮度插值时发生的具体情形。

2. 对消除隐藏面的扫描线算法稍加修改，就可以应用于处理无折射的透明表面。本章介绍了一个修改的设想，试写出实现这一处理的完整算法。

3. 说明应该如何修改消除隐藏面的深度排序算法和区域分割算法，使得其能够应用于处理不考虑折射的透明表面。

4. 许多显示器及硬拷贝设备都是两个等级的，即仅仅可以产生两个亮度等级。下面的设想可以扩充得到其他亮度等级。在一个只有两个亮度等级的显示器上，可以用 2×2 像素的面积产生五个不同的亮度等级，如图 8-34 所示。当然这里要付出代价，就是沿每一坐标轴的空间分辨率降低一半。试采用这个设想处理表面的亮度，编写计算机程序，在二等级的图形显示器上画出有明暗表现的效果较好的图形来。

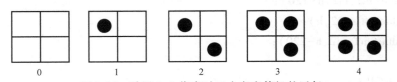

图 8-34 采用 2×2 像素时五个亮度等级的近似

5. 试编写出可以实现阴影的计算机程序。

6. 在计算机上绘出 RGB 三原色叠加效果。

7. 在光线跟踪算法中，终止递归的条件是什么？

参 考 文 献

[1] Rogers D F. 计算机图形学算法基础 [M]. 石教英, 彭群生, 等译. 北京: 机械工业出版社, 2002.

[2] Herarn D, Baker M P. 计算机图形学 [M]. 蔡士杰, 吴春榕, 孙正兴, 等译. 北京: 电子工业出版社, 2002.

[3] 孙家广. 计算机图形学 [M]. 3 版. 北京: 清华大学出版社, 1998.

[4] 陈元琰, 张晓竞. 计算机图形学实用技术 [M]. 北京: 科学出版社, 2000.

[5] 倪明田, 吴良芝. 计算机图形学 [M]. 北京: 北京大学出版社, 1999.

[6] 李文辉, 钟慧湘, 王钲旋, 等. 计算机图形学教程 [M]. 长春: 吉林大学出版社, 1997.

参考文献

[1] Rogers D F. 计算机图形学算法基础[M]. [illegible], 等译. 北京: 机械工业出版社, 2002.
[2] Hearn D, Baker M P. 计算机图形学[illegible][M]. [illegible], 等译. [illegible]出版社, 2002.
[3] [illegible]. 计算机图形学[M]. [illegible]版. [illegible]: 清华大学出版社, [illegible].
[4] [illegible]. 计算机图形学实用技术[M]. 北京: [illegible]出版社, 2000.
[5] [illegible], 吴[illegible]. 计算机图形学[M]. [illegible]: [illegible]大学出版社, [illegible].
[6] [illegible], [illegible]. 计算机图形学[illegible][M]. [illegible]出版社, [illegible].